"十三五"国家重点出版物出版规划项目

国际化焊接工程技术人员基础教程

焊接生产

Welding Production

- 主　编　贺文雄
- 副主编　杨秀英　周慧琳　韩彩霞

哈尔滨工业大学出版社

内容提要

本书主要内容包括：焊接工艺评定与工艺规程、焊接母材的备料及成形加工、焊接工艺装备、弧焊电源的要求与选用、焊接基本操作与焊工考试、焊接结构的装配与焊接、焊接生产质量标准与质量控制、焊接质量检测与评定、焊接生产的组织与管理、典型焊接结构的生产。本书对焊接生产各个环节的介绍既全面又简明，而且实用，特别是结合了与焊接生产相关的一些国际、国内以及行业标准。

本书既可以作为焊接专业方向本科、高职、高专的教材或参考书，也可以作为从事焊接生产的工程技术人员的培训教材或参考书。

图书在版编目（CIP）数据

焊接生产/贺文雄主编. —哈尔滨:哈尔滨工业大学出版社,2014.8(2022.3 重印)
ISBN 978-7-5603-4793-6

Ⅰ.①焊…　Ⅱ.①贺…　Ⅲ.①焊接-高等学校-教材　Ⅳ.①TG4

中国版本图书馆 CIP 数据核字(2014)第 131255 号

材料科学与工程
图书工作室

策划编辑　许雅莹
责任编辑　何波玲
封面设计　高永利
出版发行　哈尔滨工业大学出版社
社　　址　哈尔滨市南岗区复华四道街 10 号　邮编 150006
传　　真　0451-86414749
网　　址　http://hitpress.hit.edu.cn
印　　刷　黑龙江艺德印刷有限责任公司
开　　本　787 mm×1 092 mm　1/16　印张 19.5　字数 445 千字
版　　次　2014 年 8 月第 1 版　2022 年 3 月第 2 次印刷
书　　号　ISBN 978-7-5603-4793-6
定　　价　36.00 元

"十三五"国家重点图书出版规划项目
国际化焊接工程技术人员基础教程

编 审 委 员 会

前　言

制造业是一个国家的支柱产业,制造业的技术水平反映一个国家的科技发展水平和经济竞争实力。改革开放三十多年来,我国已经发展成为制造业大国,正在向制造业强国迈进。

焊接作为一种重要的制造工艺,已广泛应用于机械制造、石油化工、交通运输、海洋船舶、建筑桥梁、采矿冶金、能源动力、航空航天、电子信息等工业部门。可见,焊接在发展经济、创造财富、巩固国防、带动就业以及改善人民生活等方面的重要性。

当前,我国的钢产量已高居世界第一,如按 40% 的钢铁材料需经过焊接加工才能成为可用的构件和产品计算,我国不仅是钢铁生产与消费大国,也是世界上最大的焊接产品制造国。由于我国经济正趋于全球化,制造业正趋于国际化,因此与国际接轨、按国际标准进行焊接生产也是必然趋势。

本书以焊接生产工艺流程为主线,广泛吸纳了国内焊接生产企业的成熟技术和生产实践经验,并结合了与焊接生产相关的一些国际、国内以及行业标准,全面介绍了焊接生产的各个环节。同时,本书还根据企业对不同层次焊接人才的需求,增加了焊接基本操作与焊工考试内容。因此,本书的知识体系较完整,适用范围较广,且内容简明,便于自学,适合培训。

本书第 2 章由威海职业技术学院韩彩霞编写,第 3 章第 1 节与第 4 章第 4 节由安徽机电职业技术学院王立跃编写,第 6 章第 2 节由威海克莱特风机厂陈伟编写,第 8 章与第 10 章由河南机电高等专科学校焊接教研室周慧琳编写,第 9 章由沈阳理工大学应用技术学院杨秀英编写,其余各章节由哈尔滨工业大学(威海)贺文雄编写,全书由贺文雄统稿。在编写过程中获得了哈尔滨工业大学(威海)冯吉才教授、赵洪运教授、隋少华教授的指导和帮助,在此深表感谢! 本书参阅了大量的文献资料,在此一并向援引参考文献的所有作者表示衷心的感谢!

由于作者水平有限,书中的疏漏与错误之处在所难免,敬请使用本书的教师与读者批评指正。

编　者

2014 年 2 月

前　言

目　　录

1

第1章　绪　　论

1.1　焊接生产的地位与特点

1.1.1　焊接生产的地位

焊接是一种将材料永久连接成为具有一定功能、结构的材料加工技术。通过焊前准备、装配焊接、焊后处理等一系列工艺过程,得到所需的焊接产品,称为焊接生产。

焊接生产是一种基本的、应用十分广泛的工业生产方式。据国外权威机构统计,目前各种门类的工业制品中,半数以上都需要采用一种或多种焊接技术才能制成。采矿与冶金、汽车与轨道车辆、船舶与舰艇、航空与航天器、水力与火力发电站、石油与化工设备、机床与工程机械及农业机械、电器与电子产品、大型建筑与高架桥梁及地铁、石油与天然气输送管道、高能粒子加速器与核反应堆等几乎所有工业部门,都离不开焊接生产。可见,焊接已经渗透到制造业的各个领域,直接影响到产品的质量、可靠性和寿命,以及生产的成本、效率和市场的稳定。

焊接生产的产品——焊接构件通常是金属结构件,现已发展为陶瓷、塑料、复合材料等多种材料,但仍以金属为主。金属中又以钢材为主,当前需要经过焊接加工的钢材约占总用钢量的45%以上。

1.1.2　焊接生产的特点

1. 焊接生产的优点

①可实现不同厚度、不同形状以及不同材料的连接。

②刚度大,整体性好。

③生产效率高。

④质量减轻,生产成本低。

2. 焊接生产的缺点

①焊接结构是不可拆卸的。

②易产生残余应力和变形。

③焊缝易产生裂纹、夹渣、气孔等缺陷。

1.2 焊接生产的现状

1.2.1 焊接生产材料的现状

世界工业发达国家在20世纪末的焊接结构用钢量中占钢产量的60%以上,而我国目前只占40%左右,尚有一定的差距。在焊接材料的生产上,从美国、日本等工业发达国家焊接材料构成来看,美国焊条产量占焊接材料的20%,焊丝占79%左右;日本焊条产量占焊接材料15%,焊丝占84%左右。而我国焊接材料中焊条仍占很大比例,焊条生产总量约占焊接材料总量的50%以上,焊丝占50%以下。焊丝产量的增长及其在焊接材料中比重的增加,是衡量焊接自动化程度的一个重要标志。按熔敷金属计算,我国焊接机械化、自动化率仍不足50%,而世界工业发达国家一般都在80%以上。从以上这些数据不难看出,我国焊接材料的生产与发达国家还存在很大的差距。

1.2.2 焊接生产设备的现状

在焊接设备方面,美国平均年产焊机为30万台,有500个品种,日本也有200个品种。虽然我国到2012年为止,可生产的焊机产品为45个系列,560个品种,但与国外的差距依然存在。我国生产的焊机中手工焊条电弧焊机仍占很大比例,超过50%,它反映我国焊接生产中采用的焊接方法以手工电弧焊为主。CO_2气体保护焊经过近20多年的推广应用,虽然取得了一些成效,但进展仍比较缓慢,CO_2焊机的应用比例仍偏低。此外,TIG焊机品种较少,焊机的自适应控制技术尚待进一步开发,特种焊的推广应用难度更大。

目前,我国已是世界钢产量第一大国,也是焊接生产用钢量第一大国。同时,我国的焊接生产也在走出国门,如大量的出口加工、对外承包工程等,促使我国的焊接生产走向国际化、与国际接轨、符合国际标准。可见,我国虽然已经是一个焊接生产大国,但由于焊接生产技术与工业发达国家之间还存在较大的差距,致使我国还远不够成为焊接生产强国。

1.3 焊接生产技术的发展趋势

1.3.1 新材料用于焊接生产的趋势

对于传统钢铁产品的焊接开始转向对于新一代结构或功能材料的焊接,如微合金控扎控冷钢、超细晶粒钢、低合金高强钢、双相钢、高铬钼钢、纯铬、铝锂合金、钛合金、特殊的纤维增强合金等。西方发达国家以钢材为中心的焊接时代正进入到焊接各种非铁金属时代。

1.3.2 焊接生产设备的发展趋势

焊接生产设备总的发展趋势是:焊接电源逆变化,焊机控制数字化,焊接生产自动化、高效化。

1. 逆变焊接技术

逆变焊机继续向纵深发展的几个方面:普及性提高、功率制造能力增强、小型化。逆变焊机现已成为电焊机行业的主流趋势。目前,逆变焊机在基础技术层面上已经趋于成熟,当前的技术竞争主要体现在逆变焊机相关电源技术的外延和逆变焊机相关焊接工艺技术的深化两个方面。

国外逆变焊机中的软开关电源技术并不十分普遍,特别是 20 kHz 的逆变焊机多数仍以硬开关为主,但其所用开关器件的容量余度比国内焊机大很多,从而保证了逆变电源的高可靠性。国外的软开关电源技术主要是针对工作在 60 ~ 120 kHz 的高频大功率的焊机,主要是为了提高电源的响应速度,便于更精密的波形控制过程。

2. 数字化控制焊接技术

如今,在国际上数字化控制已属平常,数字化控制焊机甚至已经不再是销售的卖点。在芬兰 KEMPPI 和奥地利 Fronius 的推动下,数字化焊机已进入产品规模化生产阶段。

逆变电源的高响应速度为焊接控制技术提供了一个理想的功率平台,数字化技术在焊接电源中的应用进一步提高了电源控制技术的水平和可操作性。逆变焊机的数字化控制无疑会有强势的发展,因为它在控制方面极大地简化了电路结构,提高了焊机控制系统的稳定性,方便了应用。数字化的最大优势还在于与逆变焊机相结合后可以承载先进的焊接工艺技术。

数字化技术可以提高控制系统的抗干扰性和控制精度,从而提高焊机的焊接精度、可靠性和稳定性等整机性能。同时,还可通过变换外特性曲线、输出电流波形、动态特性参数等,实现多种焊接方法、多种焊材、多功能、多焊接参数的调节及其最佳匹配的控制,在把焊机做成"精品"的同时,把焊接工艺、焊件也做成"精品"。

数字化控制的逆变焊机的最大优势体现在 GMAW(熔化极气体保护焊)过程中,因此除了电源问题之外,送丝机的控制也非常重要。如果没有稳定送丝速度,很多先进的控制方法都无法实现,如脉冲 MIG 的核心问题就是电流波形与送丝速度之间的合理搭配。目前,国内脉冲 MIG 焊机的主要差距不是在电源方面,而是在送丝机方面。国外同类产品都是采用具有速度反馈控制的送丝机,而国内大多还在使用电压反馈控制的送丝机。随着焊接工艺要求的提高,对于送丝机要求不仅仅是速度稳定,对于响应速度的要求也越来越高。数字化控制的交流伺服电机已经替代传统的直流电机在高档焊机的送丝机中使用,由此可见逆变焊机的数字化控制从电源部分扩展到送丝机也是一种发展趋势。

3. 自动化焊接技术

焊接自动化就是要通过先进的焊接工艺、材料、设备、自动化控制系统和焊接胎夹具、装卡定位及其运动系统的有机集成,实现对待焊工件的高效率、高品质、低成本的批量化规模生产,以保证高品质产品的稳定、一致化批量的产出。焊接自动化主要包括焊接机器人和焊接自动化专机。

在焊接领域,自动化程度最高的就是工业机器人。欧美等国家工业机器人的运用已经非常广泛,大规模应用工业机器人使成套装备满足自动化、柔性化、多功能化是今后的发展趋势。在焊接自动化技术和设备方面展现最突出的有:激光及其复合焊接机器人,弧焊机器人,点焊机器人专用伺服点焊枪,以及自动焊接、智能化焊接必需的各种焊缝跟踪技术。

机器人与激光焊接相结合是实现高效化和高柔性化的完美结合。点焊机器人专用电动伺服点焊枪是通过交流伺服电机带动电极进给来施加焊接压力的,各参数都可以精确地进行控制。同时,伺服焊枪应用于点焊工业后,由于改变电极压力、响应时间短,因此能够满足电阻点焊中瞬间锻压力的响应要求。于是,针对目前的汽车行业应用的镀锌钢板、铝合金和超高强钢的需求量日益增多,运用伺服焊钳的电极力可控特性,并结合其他的技术特性,优化焊接参数为实现对这类难焊材料的焊接与质量控制开辟了良好的应用前景。如德国的尼玛克(NIMAK)等机器人厂家均推出了配置电伺服点焊钳的机器人。

专用自动焊接设备就是为用户专门定制的焊接设备。不少焊接自动化厂家逐步认识到模块化设计的重要性,积极进行自动化焊接设备的模块化设计和生产管理,取得了长足的进步。这表明,模块化是自动化专用焊机的发展方向。

4. 高速高效焊接技术

除焊接机器人自动化的高效化以外,随处可见的就是熔化极焊接的广泛应用。熔化极焊接除个别特殊情况外,几乎全是 MIG/MAG 焊机,适应集装箱等行业需要的薄板高速高效焊接的需求。如德国克鲁斯公司的 TANDEM 焊接系统,焊接 2~3 mm 薄板的焊接速度可达 6 m/min,焊接 8 mm 以上厚板的熔敷效率可达 24 kg/h。在焊接一些要求控制线能量的低合金高强度钢等材料时,气体保护焊是替代埋弧焊工艺的最新选择。

为实现高效化焊接,过去仅仅限于改变焊接参数和保护气体等方法。如今,逆变焊机表现出了极大的生命力,因为其工作频率高而使焊机具有体积小、质量轻、节能、省材、降耗和动态响应快、效率高、焊接性能好等特点,正在逐步成为弧焊电源的主流。正是在逆变式焊接电源的平台上,借助计算机技术,用现代科学手段来不断解决气体保护焊提出的更高的技术要求。

5. 多丝焊接技术

近年来,双丝、三丝以及四丝、五丝等多丝埋弧焊频频出现,应用于诸多行业。

LINCOLN(美国林肯公司)的多丝埋弧焊接技术,采用 1 000 A 级的 AC/DC 逆变式弧焊电源供电和数字化协同控制技术。第一根焊丝由 2 个 1 000 A 级的 AC/DC 逆变式弧焊电源并联供电,其余焊丝均由 1 000 A 级 AC/DC 电源供电,主要用于厚壁管道的高速焊接。据介绍,双丝焊比单丝焊提高焊速 30%,增加输入热能 23%;四丝焊比三丝焊提高焊速和生产量均达到 35%,将焊速从 1.7 m/min 提高到 2.3 m/min。

ESAB(瑞典伊萨公司)的四丝和六丝埋弧焊接技术,所用的电源均为 1 200 A 级的可控硅直流弧焊电源,而且均采用一头(一个焊炬/嘴)双丝、两头四丝和三头六丝进行多丝埋弧焊接,每一头双丝由一个 1 200 A 级的电源供电,其生产效率较高。据介绍,四丝(2×2×ϕ2.5 mm)与单丝(1×ϕ4 mm)焊比较,熔敷金属量从 12 kg/h 提高到 38 kg/h。

提高生产效率的另一种技术是采用一个多功能的弧焊电源,备有 2~4 个送丝系统及其控制驱动单元。根据焊接材料、焊接方法的不同需求选用其中相应的一个送丝系统和控制单元,很快进入所需的焊接状态,大幅度减少辅助时间。

1.3.3　焊接生产工艺的发展趋势

任何一个重要的新技术、新方法(如 STT、CMT、Cold Arc 等),无不与焊接工艺相关。这说明逆变焊机产品的技术竞争焦点已经开始从电源技术、控制技术转移到焊接工艺性能方面。逆变焊机对于电焊机行业的影响无疑是一场电源技术的革命,但是对于整个焊接领域来说,与其说是电源技术的革命,不如说是焊接工艺技术的革命。可以说,逆变焊机促进了焊接工艺技术的深化。特别是数字化技术搭载在逆变焊机的技术平台上进一步改变了电焊机行业的技术状态。可以看到:从单纯的电源技术向与先进焊接工艺技术结合已成为一种趋势,研究焊接电弧行为将成为今后电焊机行业技术发展的一个重要方面。

对于国内电焊机行业来说,能否实现这个转移是一个新的、更严峻的挑战,因为要在焊接工艺方面实现技术突破绝不会比突破逆变焊机电源技术瓶颈的过程容易。这是我们要面对的一个新挑战。或许它将决定一个企业在新一轮竞争中的成败。目前,北京工业大学、成都电焊机研究所等国内的焊接技术研究机构和各国厂家都在积极探索“如何应用新的方法提高焊接质量,实现“少飞溅和无飞溅”“少气孔和无气孔”“如何应用新的方法降低焊接成本,用最小的能量输入实现最快的焊接速度”。

1. 表面张力过渡

针对在 CO_2 气体保护焊中所出现的一系列问题,美国林肯电气公司研制出一种新的专利技术——表面张力过渡(Surface Tension Transfer,STT)技术并成为 CO_2 焊接领域的较大突破。自从该公司的 Stava 高级工程师首次提出以来,迅速引起了世界焊接界的关注。目前,这一新型工艺已经成熟,已在工业生产中获得了应用。

STT 控制的焊接方法就是从根本上解决了短路过渡时液态“小桥”气化爆断的问题,其核心在形成短路“小桥”后焊接电流瞬间减小,在表面张力、重力和电磁力的作用下,拉断金属“小桥”,使熔滴由短路过渡转变为自由过渡。这种方法其实质就是利用电弧本身作为传感器来检测电弧电压,根据电压来判断熔滴过渡的瞬时形态,从而根据检测到的电弧电压的变化,按照 STT 的要求控制瞬时电弧电流的变化,利用表面张力的作用达到熔滴平稳过渡的目的。

STT 技术与以往的 CO_2 焊接技术的区别在于:它能根据短路“小桥”和缩颈“小桥”的状态改变电流。精确供给电弧能量,而通常的 CO_2 焊接的电弧状态和能量供给没有很好地对应,电弧能量供给并不精确,从而产生了大量飞溅。通过试验验证,STT 技术的飞溅率为 1% 左右,通常的 CO_2 焊接飞溅率为 10% 左右。可以看出,STT 技术与普通 CO_2 焊接相比,其飞溅率降低了 90%,而且,焊接质量明显优于普通 CO_2 焊接。

2. 冷金属过渡

福尼斯公司的冷金属过渡(CMT)技术的核心是:电弧燃烧过程中,焊丝向熔池方向运动,当焊丝与熔池接触时,电弧熄灭,焊接电流减小,短路接触时,焊丝回抽帮助熔滴脱落,保持很小的短路电流,焊丝再向熔池方向运动,冷金属过渡过程重复进行。CMT 熔滴过渡的方式新颖,与传统焊接工艺比较,过渡熔滴温度相对较低,可以实现异种金属连接,可以把焊丝的熔化和过渡分别作为两个相对独立的过程,对于焊接线能量的控制更加灵活。通过精确的弧长控制，CMT过程结合脉冲电弧，实现了无飞溅焊接，大大降低了焊接的热输入。通过控制脉冲电弧影响热输入量，实现无电流状态下的熔滴过渡。母材熔化时间极短，起弧速度提高了两倍，热输入低，焊接变形小，搭桥能力显著提高，焊接性能优异，焊缝成形美观。据了解，国内不少高校都在积极开展冷金属过渡焊接系统的研究。

3. 全新的交流短路过渡焊接法

为适应低热输入和低飞溅的 CO_2/MAG 焊接要求，日本 OTC 公司和松下公司分别推出了交流 CBT 方法和采用 BB 技术的低飞溅全数字 CO_2/MAG 焊机。德国克鲁斯公司的 GLC353CP 焊机和日本 OTC 公司生产的 DL350 数字逆变式 MIG/MAG 焊机，采用全新的交流短路过渡焊接法，这是焊接电源在正极（EP）和负极（EN）的输出极性之间相互切换进行焊接的方法。据介绍，与传统的逆变气体保护焊接方法相比，飞溅附着量明显降低。据 OTC 公司介绍，采用 $\phi1.2$ mm 焊丝 250 A CO_2 气体保护焊接，传统的逆变 CO_2 气体保护焊飞溅产生量是 2.4 g/min，而采用交流 CBT 方法的 CO_2 气体保护焊飞溅产生量仅仅是1.2 g/min，飞溅量降低了一半。

4. 精确控制下的短路过渡技术

美国米勒公司的 RMD 焊接是一种精确控制下的短路过渡技术，通过检测短路电流发生的时间及时控制焊接电流和焊接电压，可以精确控制熔池，是一种动态控制技术。采用 RMD 技术的根焊焊缝不仅熔合好，而且大小间隙均可实现填充。此外，对焊接飞溅、热影响区以及平稳过渡的优化都明显强于传统的纤维素焊条根焊，焊接性能优异，可以实现管道焊接的所有工艺，十分适合野外环境下的施工作业。

第2章　焊接工艺评定与工艺规程

美国机械工程师学会(American Society of Mechnical,ASME)编写的《锅炉与压力容器法规》第9卷QW—200.1条款,对焊接工艺规程定义如下:焊接工艺规程是一种经过评定合格的焊接工艺文件,以指导按法规的要求焊接产品焊缝。焊接工艺规程是规定产品或零部件制造工艺过程和操作方法等的工艺文件,也就是将工艺路线中的各项内容,以工序为单位,按照一定格式写成的技术文件。

一般来说,焊接工艺规程必须以相应的焊接工艺评定为依据,并应由相应的"焊接工艺评定报告"指导编制的。

在焊接产品制造过程中,产品的焊接工艺是否合理、先进,关系到产品的质量。通过金属焊接性试验或根据有关焊接性能的技术资料,可以制定产品的焊接工艺,然而,这样制定的焊接工艺不能直接用于焊接施工。为了确保产品的质量,在正式焊接施工之前,还必须进行焊接工艺评定。不仅如此,对于已经评定合格并在生产中应用得很成熟的工艺,若因某种原因需要改变一个或一个以上的焊接工艺参数,也需要重新进行焊接工艺评定。

2.1　焊接工艺评定

世界上许多国家,对于重要的焊接结构都制定了焊接工艺评定标准或法规,我国也制定了一些焊接产品的焊接工艺评定标准,如《钢制压力容器焊接工艺评定》(JB 4708—2000)、《蒸汽锅炉安全技术监察规程》中的附录I"焊接工艺评定"、《现场设备、工业管道焊接工程施工及验收规范》(GB 50236—1998)、《建筑钢结构焊接工艺规程》(JGJ 81—2002)中的第五章"焊接工艺试验"、《石油天然气金属管道焊接工艺评定》(SY/T 0452—2002)等,这些标准由于是针对不同的产品或者制定的部门不同,在一些细节上有一些差异,但其基本要求都是相同的。

2.1.1　焊接工艺评定概述

1.焊接工艺评定的概念、目的和依据

(1)焊接工艺评定的概念

焊接工艺评定是指为验证所拟定的焊件焊接工艺的正确性而进行的试验过程及对试验结果的评价。

通过焊接工艺评定应该得到指导生产的焊接工艺,它是制定焊接工艺规程的重要依据。所以凡是重要的焊接结构如锅炉、压力容器、压力管道、桥梁、重要的建筑结构等,在制定焊接工艺规程之前都要进行焊接工艺评定。

(2)焊接工艺评定的目的

《钢制压力容器焊接工艺评定》(JB 4708—2000)标准规定受压元件焊缝,与受压元件相邻焊缝,熔入永久焊缝内的定位焊缝,受压元件母材表面的堆焊、补焊焊缝等,在生产之前都必须进行焊接工艺评定。焊接工艺评定有以下两个目的:

①验证施焊单位拟订的焊接工艺是否正确。在焊接工艺评定标准中都有明确规定:对于焊接工艺评定的试件,要由本单位技能熟练的焊接人员施焊,且焊接工艺评定要在本单位进行;同时,要求焊接工艺评定的试验条件必须与产品的实际生产条件相对应,或者符合替代规则,且所使用的焊接设备、仪器处于正常的工作状态。因此,焊接工艺评定在很大程度上能反映出施工单位所具有的施工条件和施工能力。

②评价施工单位能否焊出符合有关要求的焊接接头。焊接工艺评定是各单位焊接技术和焊接质量控制水平和能力的标志,也是获得优良焊接质量的保证。焊接工艺评定越多,用不同的焊接方法焊接不同的材料、不同的厚度及用不同的热处理方法焊制不同的承压设备的能力就越强。待评的焊接工艺由施工单位拟定,试件要由施工本单位技能熟练的焊接人员施焊,试件要利用施工本单位的焊接设备施焊。不允许引用外单位的焊接工艺评定报告,也不允许由外单位代替进行焊接工艺评定。

(3)焊接工艺评定的依据

焊接工艺评定的主要依据是有关的技术标准,技术标准可分为国外标准和我国的国内标准。

国外标准主要有:美国 ASME《锅炉压力容器规范》中的第Ⅸ卷"焊接及钎焊评定",日本《压力容器焊接工艺评定试验》(JISB 8285—1993),英国 BS4870《焊接工艺评定试验》,德国劳埃德船建法规中关于船体结构焊接工艺评定的规定等。

我国的国内标准主要有:《钢制压力容器焊接工艺评定》(JB 4708—2000)、《锅炉焊接工艺评定》(JB 4420—1989)、《钢制件熔化焊工艺评定》(JB/T 6963—1993)、《汽轮机焊接工艺评定》(JB/T 6315—1992)等。

2. 焊接工艺评定的条件与规则

(1)焊接工艺评定的条件

①评定的不是材料的焊接性能,而是焊接工艺的正确性。

②被焊材料已经过严格的焊接性试验,合格。

③施焊单位必须有规定的设备、仪表、辅助机械以及符合等级要求的焊接工人。

④所选被焊材料和焊接材料必须符合相应的标准。

(2)焊接工艺评定的规则

进行焊接工艺评定时,评定对接焊缝与角焊缝的焊接工艺,均可采用对接焊缝接头形式;板材对接焊缝试件评定合格的焊接工艺,适用于管和板材的角焊缝。

凡有下列情况之一者,需重新进行焊接工艺评定:

①改变焊接方法。

②改变焊接材料,如焊丝、焊条、焊剂的牌号和保护气体的种类或成分。

③改变坡口形式。

④改变焊接工艺参数,如焊接电流、焊接速度、电弧电压、电源极性、焊道层数等。

⑤改变热规范参数,如预热温度、层间温度、后热和焊后热处理等工艺参数。

3. 焊接工艺评定的程序

（1）拟订焊接工艺评定任务书

通过对产品图纸的工艺性审查，由焊接技术人员统计焊接结构中应进行焊接工艺评定的所有焊接接头的类型及各项有关数据，如材质、板厚、管子直径与壁厚、焊接位置、焊接方法、坡口形式及尺寸等。根据设计图纸要求所执行的焊接工艺评定标准并结合本单位已有的合格的焊接工艺评定确定出需进行焊接工艺评定的项目，避免重复评定或漏评。

（2）编制焊接工艺指导书

焊接工艺指导书是焊接工艺评定的原始依据和评定对象，应将待评定的焊接工艺内容全部反映出来。在进行焊接评定试验之前，焊接技术人员应负责编制焊接工艺指导书。

编制焊接工艺指导书时，其中有关焊接规范方面的具体数据，应参考有关资料及经验来确定。编制焊接工艺指导书的正确性或精确性将直接影响焊接工艺评定的结果。焊接工艺指导书应包括以下内容：

①焊接工艺指导书的编号和日期。

②相应的焊接工艺评定报告的编号。

③焊接方法及自动化程度。

④焊接接头形式、有无焊接衬垫及其材料牌号。

⑤用简图表明被焊工件的坡口、间隙、焊道分布和顺序。

⑥母材的钢号、分类号。

⑦母材、焊缝金属的厚度范围以及管子的直径范围。

⑧焊接材料的类型、规格和熔敷金属的化学成分。

⑨焊接位置，立焊的焊接方向。

⑩焊接预热温度、最高层间温度和焊后热处理规范等。

⑪每层焊缝的焊接方法、焊接材料的牌号和规格、焊接电流种类、极性和焊接电流范围、电弧电压范围、焊接速度范围、导电嘴至工件的距离、送丝速度范围、喷嘴尺寸及喷嘴与工件角度、保护气体、气体种类、保护气体的成分和流量。

⑫施焊技术：有无摆动、摆动方法、清根方法、有无锤击等。

⑬编制人和审批人的签字和日期等。

焊接工艺指导书通常采用标准中推荐的格式，也可以自己设计格式。

（3）焊接试件的准备

焊接试件的材质必须与实际结构相同。焊接试件的类型根据所统计的焊接接头的类型需要来确定选取哪些试件及其数量，焊接工艺评定试件类型如图2.1所示。

由图2.1可见，焊接工艺评定试件形式可分为对接焊缝试件和角焊缝试件。对接焊缝试件可分为板材对接焊缝试件和管材对接焊缝试件两种，角焊缝试件可分为板材角焊缝试件和管与板角焊缝试件两种。标准规定对接焊缝的试件评定合格的工艺也适用于焊件角焊缝；板材对接焊缝试件评定合格的工艺也适用于管材的对接焊缝，反之亦可。管与板角焊缝评定合格的工艺也适用于板材的角焊缝，反之亦可。试件的坡口加工按相应的焊接方法来确定。

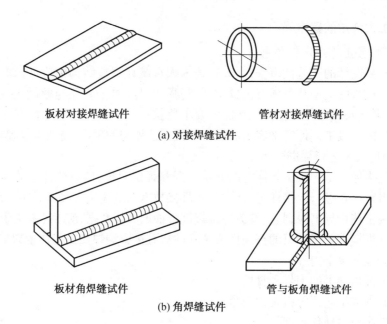

板材对接焊缝试件　　　　　　　　管材对接焊缝试件

(a) 对接焊缝试件

板材角焊缝试件　　　　　　　　管与板角焊缝试件

(b) 角焊缝试件

图 2.1　焊接工艺评定试件类型

（4）焊接设备及工艺装备的准备

焊接工艺评定所用的焊接设备与结构施焊时所用的设备相同,如直流电焊机、交流电焊机、埋弧自动焊机及钨极氩弧焊机等。要求焊机的性能稳定,调节灵活。焊机上应装有经校验准确的电流表、电压表、焊接速度表、气体压力表和流量计等。

焊接工艺装备是为了焊接各种位置的各种试件方便而制作的支架,将试件按要求的焊接位置固定在支架上进行焊接,有利于保证试件的焊接质量。一般支架可自行制作。

（5）焊工准备

焊接工艺评定应由本单位技能熟练的焊接人员使用本单位的焊接设备焊接试件,采用的焊接工艺条件应严格遵守焊接工艺指导书。

（6）试件的焊接

焊接工艺评定试件的焊接是关键环节,施焊焊接工艺评定试件的焊工应是本单位技能熟练的焊工。除要求焊工认真操作外,尚应有专人做好施焊记录。记录内容主要是试件名称编号、接头形式、焊接位置、焊道层次、焊接电流、电弧电压、焊接速度或一根焊条焊缝长度与焊接时间等。施焊记录是现场焊接的原始资料,也是编制焊接工艺评定报告的重要依据,故应妥善保存。

（7）焊接工艺评定试件的性能试验

试件焊完即可交给力学性能与焊缝质量检测部门进行各项有关项目的检测。送交试件时应随带检测任务书,指明每个试件所要进行的检测项目及要求等。

试样的常规性能检测项目包括焊缝外观检验、力学性能检验（拉伸试验、弯曲试验和冲击韧度试验等）、金相检验、射线探伤、断口检验等。当设计图纸或所执行的施工标准有特殊要求时,还可能进行硬度、高温拉伸、化学分析等试验,各项试验都应有试验报告。

（8）编制焊接工艺评定报告

焊接工艺评定报告是对焊接工艺评定试验的全面总结，因此应对各项试验的试验结果进行汇总，同时给出最后的结论。

焊接工艺评定报告是作为制定焊接工艺规程的依据，具有指导作用。焊接工艺评定报告的内容主要有：

①焊接工艺评定报告编号。

②相应的焊接工艺指导书的编号。

③焊接方法、焊接位置、焊缝形式、坡口形式及尺寸、焊接规范和操作方法。

④工艺评定试件母材的钢号、分类号、厚度、直径。

⑤焊接材料的类型、牌号、规格。

⑥预热温度、层间温度、各条焊道实际的焊接参数和施焊技术。

⑦焊后热处理温度和保温时间。

⑧焊接接头外观和无损探伤的检查结果，焊接接头拉伸、弯曲、冲击韧性的试验报告编号和试验结果。

⑨焊接工艺评定的结论。

⑩焊工姓名和钢印号、编制人和审批人的签字和日期。

焊接工艺评定报告通常采用标准中推荐的格式。表 2.1 为一种焊接工艺评定报告的表格形式，可供参考。

表 2.1　焊接工艺评定报告表

编　号				日　期		年　　月　　日		
相应的焊接工艺指导书编号								
焊接方法				接头形式				
工艺评定试件母材	钢板	材质		管子	材质			
		分类号			分类号			
		规格			规格			
质量证明书				复验报告编号				
焊条型号				焊条规格				
焊接位置				焊条烘干温度				
焊接规范	电弧电压/V		焊接电流/A	焊接速度/(cm·min⁻¹)			焊工姓名	
试验结果	外观检验	射线探伤	拉伸试验		弯曲试验 d		宏观金相检验	冲击韧度试验
			σ_s	σ_b	面弯	背弯		
报告号								
焊接工艺评定结论								
审批			报告编制					

焊接工艺评定结论为"合格"者,即可将全部评定用资料汇总作为一份完整的评定材料存档保存,供编制焊接工艺规程时应用。如果评定结论为"不合格"者,应分析原因,提出改进措施,修改焊接工艺指导书,重新进行评定直到合格为止。

2.1.2　焊接工艺评定试验简述

作为整个生产、技术、质量控制链中的一环,焊接工艺评定试验非常重要。焊接工艺评定试验是与金属焊接性试验、产品焊接试验、焊工操作技能评定试验不相同的试验。

焊接工艺评定前,先要确定焊接参数,原则上是根据被焊钢材的焊接性试验结果制订。

①对于焊接性已经被充分了解,有明确的指导性焊接工艺参数,并已在实践中长期使用的成熟钢种,一般不需要由施工企业进行焊接性试验。

②对于国内新开发生产的钢种,或者由国外进口未经使用过的钢种,应由钢厂提供焊接性试验评定资料。

③没有焊接性试验评定资料的钢种,施工企业应进行焊接性试验,以作为制订焊接工艺评定参数的依据。

焊件上不同的焊缝采用不同的焊缝试件,不同的焊缝试件有不同的试验内容。

1. 对接焊缝试件

(1)适用对象

对接焊缝试件的适用对象是对接焊缝和受压角焊缝的焊件接头。

(2)试件制备

试件制备形式有两种:板材对接焊缝试件和管材对接焊缝试件。

以板材对接焊缝试件制备为例:试件厚度应充分考虑其适用于焊件的有效范围;试件宽度应大于等于 250 mm;试件长度应足以切取所需试样;施焊应按照焊接工艺指导书中给出的工艺进行。工艺评定试验取样位置如图 2.2 所示。

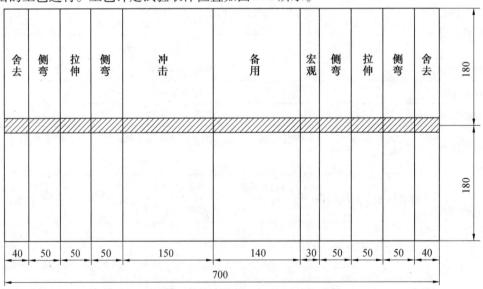

图 2.2　工艺评定试验取样位置

（3）试验内容和试验方法

①外观检查。

a. 试验目的:检查接头表面有无裂纹等缺陷。

b. 试验方法:用肉眼观察试件接头的表面。

c. 合格指标:没有裂纹。

②无损检测。

a. 试验目的:检查接头内部有无裂纹等缺陷。

b. 试验方法:采用射线检测和超声波检测法。

当试件厚度小于或等于 38 mm 时,采用 100% 射线检测;当试件厚度大于 20 mm,抗拉强度大于 540 MPa 时,除采用 100% 射线检测,还应采用局部超声波检测;当试件厚度大于 38 mm 时,除采用 100% 射线检测,还应采用局部超声波检测。

c. 合格指标:没有裂纹。

③力学性能和弯曲试验。力学性能和弯曲试验的试验项目和取样数量见表 2.2。

表 2.2　力学性能和弯曲试验的试验项目和取样数量

试件厚度 /mm	试验项目和取样数量/个					
	拉伸试验	弯曲试验			冲击试验	
	拉伸	面弯	背弯	侧弯	焊缝	热影响区
$T<1.5$	2	2	2			
$1.5 \leq T<10$	2	2	2		3	3
$10 \leq T<20$	2	2	2	*	3	3
$T \geq 20$	2			4	3	3

注: * 可以用 4 个侧弯试样代替 2 个面弯和 2 个背弯试样;制取试样允许避开试件上的缺陷;试样去除焊缝余高前允许进行冷校平

a. 拉伸试验。

（a）试验目的:测定接头的强度。

（b）试样形式有以下 4 种:

ⓐ紧凑型板接头带肩板形试样,如图 2.3 所示。

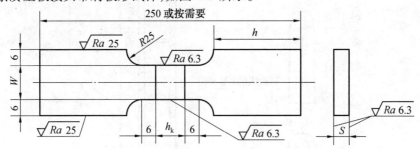

图 2.3　紧凑型板接头带肩板形试样

S—试样厚度,mm;W—试样受拉伸平行侧面宽度,大于或等于 25 mm;

h_k—焊缝最大宽度,mm;h—夹持部分长度,根据试验机夹具而定,mm

ⓑ紧凑型管接头带肩板形试样形式Ⅰ,如图2.4所示。

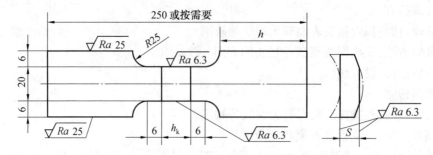

图2.4 紧凑型管接头带肩板形试样形式Ⅰ

ⓒ紧凑型管接头带肩板形试样形式Ⅱ,如图2.5所示。

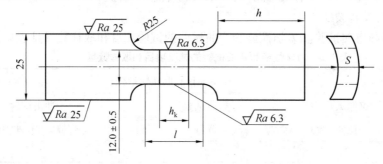

图2.5 紧凑型管接头带肩板形试样形式Ⅱ

ⓓ管接头全截面试样如图2.6所示。

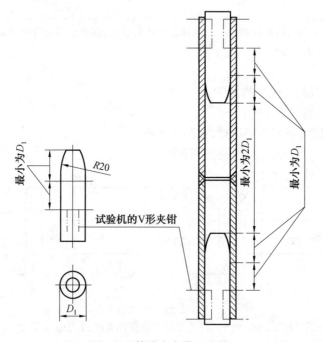

图2.6 管接头全截面试样

(c)试验方法:按《金属材料室温拉伸试验方法》(GB/T 228—2002)规定的试验方法在拉力机上进行。

(d)合格指标:试样母材为同种钢号时,每个试样 σ_b 不应低于母材钢号标准规定的下限值;试样母材为两种钢号时,每个试样的 σ_b 不应低于两种钢号标准规定值下限的较低值。

b. 弯曲试验。

(a)试验目的:测定接头的塑性,揭示接头内部的缺陷以及焊缝的致密性。

(b)试样的形式有面弯、背弯、纵向面弯、纵向背弯和横向侧弯 5 种。其中板材和管材的面弯试样如图 2.7 所示,弯曲试验尺寸规定见表 2.3。

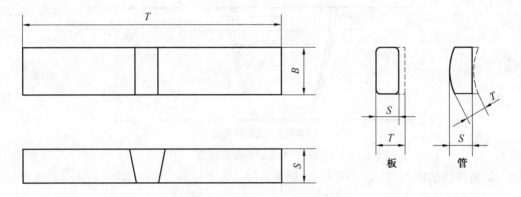

图 2.7　板材和管材的面弯试样

表 2.3　弯曲试验尺寸规定

试件厚度 S/mm	弯心直径 D/mm	支座间距离/mm	弯曲角度
<10	4S	6S+3	180°
10	40	63	

(c)试验方法:按《金属材料弯曲试验方法》(GB/T 232—2010)中的规定在拉力机上进行。

(d)合格指标:试样弯曲到 180° 以后,其拉伸面上沿任何方向不得有单条长度大于 3 mm 的裂纹或缺陷。

c. 冲击试验。

(a)试验目的:测定接头的冲击韧性。

(b)试样形式:10 mm×10 mm×55 mm、开 V 形缺口。

(c)取样位置:取样位置如图 2.8 所示。当 $T \leqslant 60$ mm 时,$t_1 \approx 1 \sim 2$ mm;当 $T > 60$ mm 时,$t_2 = T/4$。双面焊时,t_2 从后焊面的钢材表面测量。

(d)合格指标:每个区 3 个试样的常温冲击吸收功的平均值不得小于 27 J,至多准许有 1 个低于 27 J,但不低于 19 J。

(e)试验方法:按《金属材料夏比摆锤冲击试验方法》(GB/T 229—2007)中的规定在冲击试验机上进行。

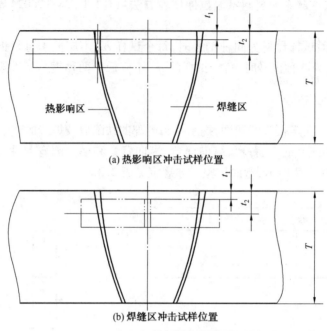

(a) 热影响区冲击试样位置

(b) 焊缝区冲击试样位置

图 2.8 冲击试验取样位置

2. 角焊缝试件

（1）适用对象

焊缝是非受压角焊缝的焊件接头。试件制备形式有两种：板材角焊缝试件和管材角焊缝试件。

（2）试件制备

板材角焊缝试件和管材角焊缝试件如图 2.9 和图 2.10 所示。其中金相试样尺寸只要包括全部焊缝、熔合区和热影响区即可。

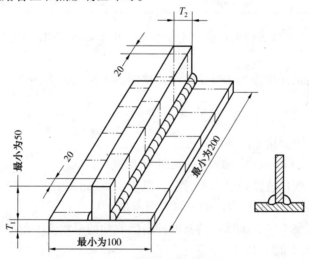

图 2.9 板材角焊缝试件
（图中虚线为切取试样示意线）

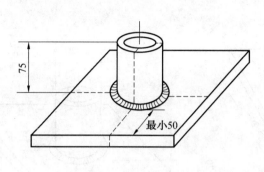

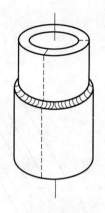

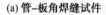

(a) 管–板角焊缝试件 (b) 管–管角焊缝试件

图 2.10 管材角焊缝试件

（图中虚线为切取试样示意线）

（3）试验内容和试验方法

①外观检查。

试验目的、试验方法和合格指标与对接焊缝试件相同。

②宏观金相检验。

a. 试验目的：检查焊缝根部是否焊透，接头内部有无裂纹、未熔合以及焊脚之差。

b. 试验方法：以板材角焊缝为例。

如图 2.9 所示，将两端舍去 20 mm，沿纵向等分切取 5 块试样，对每块试样取一个面进行打磨、抛光、腐蚀、用肉眼或 5 倍的放大镜检查。

c. 合格指标：

（a）焊缝根部应焊透。

（b）焊缝和 HAZ 不得有裂纹、未熔合。

（c）两焊脚之差不大于 3 mm。

3. 形式试件

（1）适用对象

当焊件的 T 形接头和角接接头的截面要求全焊透时，要求在用对接焊缝试件的同时，补加形式试件。

（2）试件制备

试件制备有板材形式试件和管–板形式试件两种，如图 2.11 所示，均应开坡口。

（3）试验内容和试验方法

①外观检查。

②宏观金相检查。

此两项的试验目的和试验方法均与角焊缝试件相同，不同处在于宏观金相检验的合格指标要求：

a. 接头焊缝根部应全焊透。

b. 焊缝和 HAZ 不得有裂纹、未熔合。

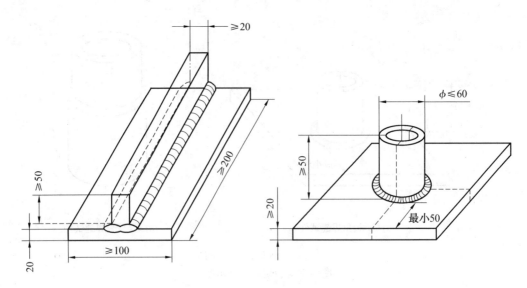

图 2.11　板材形式试件和管–板形式试件

2.2　焊接工艺规程

焊接工艺规程(Welding Procedure Specification, WPS)就是根据成熟的焊接工艺以及焊接工艺评定试验,制定的指导焊接生产的工艺规定。

焊接工艺规程是保证焊接质量的细则文件,其目的是指导焊工的焊接施工,所以通常以表格形式出现,内容精练、扼要,操作性强。

焊接工艺规程可以根据焊接工艺的经验编制,但必须通过焊接工艺评定试验验证,最终予以确定。

焊接工艺规程根据焊接工艺评定试验报告编制,形式上有很多相同之处,但又体现了覆盖认可的范围,应具有实际指导性、操作性。

2.2.1　焊接结构工艺性审查

焊接结构工艺性审查是制定工艺文件、设计工艺装备和实施焊接生产的前提。为了提高设计产品的工艺性,工厂应对所有新设计的产品、改进设计的产品以及外来产品图样,在首次生产前均需进行结构工艺性审查。另外,在工艺性审查基础上,要制定焊接工艺规程。焊接工艺规程是指导焊接结构生产和准备技术装备、进行生产管理及实施生产进度的依据。

1. 焊接结构工艺性审查的目的

焊接结构的工艺性,是指所设计的焊接结构在具体的生产条件下能否经济地制造出来并采用最有效的工艺方法的可行性。

进行焊接结构工艺性审查的目的概括起来讲,是保证结构设计的合理性、工艺的可行性、结构使用的可靠性和经济性。此外,通过工艺性审查可以及时调整和解决工艺性方面的问题,加快工艺规程编制的速度,缩短新产品生产准备周期,减少或避免在生产过程中发生重大技术问题。通过工艺性审查,还可以提前发现新产品中关键零件或关键加工工序所需的设备和工装,以便提前安排定货和设计。

2. 工艺性审查的步骤

(1)产品结构图样审查

制造焊接结构的图样是工程的语言,它主要包括新产品设计图样、继承性设计图样和按照实物测绘的图样等。由于它们工艺性完善程度不同,因此工艺性审查的侧重点也有所区别。但是,在生产前无论哪种图样都必须按以下内容进行图样审查,合格后才能交付生产准备和生产使用。

对图样的基本要求:绘制的焊接结构图样,应符合机械制图国家标准中的有关规定。图样应当齐全,除焊接结构的装配图外,还应有必要的部件图和零件图。由于焊接结构一般都比较大,结构复杂,所以图样应选用适当的比例,也可在同一图中采用不同的比例绘出。当产品结构较简单时,可在装配图上直接把零件的尺寸标注出来。根据产品的使用性能和制作工艺需要,在图样上应有齐全合理的技术要求,若在图样上不能用图形、符号表示时,应有文字说明。

(2)产品结构技术要求审查

焊接结构技术要求,主要包括使用要求和工艺要求。使用要求一般是指结构的强度、刚度、耐久性(抗疲劳、耐腐蚀、耐磨和抗蠕变等),以及在工作环境条件下焊接结构的几何尺寸、力学性能、物理性能等。而工艺要求则是指组成产品结构材料的焊接性及结构的合理性、生产的经济性和方便性。

为了满足焊接结构的技术要求,首先要分析产品的结构,了解焊接结构的工作性质及工作环境,然后必须对焊接结构的技术要求以及所执行的技术标准进行熟悉、消化理解,并结合具体的生产条件来考虑整个生产工艺能否适应焊接结构的技术要求,这样可以做到及时发现问题,提出合理的修改方案,改进生产工艺,使产品全面达到规定的技术要求。

3. 焊接结构工艺性审查的内容

在进行焊接结构工艺性审查前,除了要熟悉该结构的工艺特点和技术要求以外,还必须了解被审查产品的用途、工作条件、受力情况及产量等有关方面的问题。在进行焊接结构的工艺性审查时,主要审查以下几方面内容:

(1)从降低应力集中的角度分析结构的合理性

应力集中不仅是降低疲劳强度的主要原因,也是降低材料塑性,引起结构脆断的主要原因,对结构强度有很坏的影响。为了减少应力集中,应尽量使结构表面平滑,截面改变的地方应平缓并有合理的接头形式。一般常从以下几个方面考虑:

①尽量避免焊缝过于集中。

焊缝布置应尽量分散,焊缝密集或交叉,会造成金属过热,加大热影响区,使组织恶化。

因此两条焊缝的间距一般要求大于 3 倍板厚,且不小于 100 mm,图 2.12(a)、(b)、(c)的结构应分别改为图 2.12(d)、(e)、(f)的结构形式。

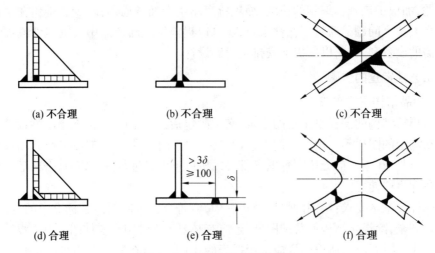

(a) 不合理　　(b) 不合理　　(c) 不合理

(d) 合理　　(e) 合理　　(f) 合理

图 2.12　焊缝分散布置的设计

②焊缝应尽量避开最大应力断面和应力集中位置。

对于受力较大、结构较复杂的焊接构件,在最大应力断面和应力集中位置不应该布置焊缝。焊缝避开最大应力断面和应力集中位置的设计如图 2.13 所示。

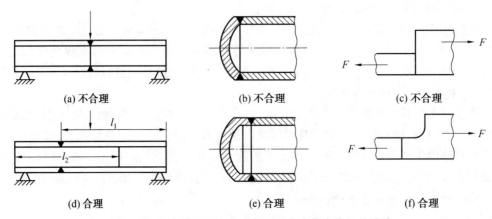

(a) 不合理　　(b) 不合理　　(c) 不合理

(d) 合理　　(e) 合理　　(f) 合理

图 2.13　焊缝避开最大应力断面和应力集中位置的设计

由图 2.13 可见,大跨度的焊接钢梁:板坯的拼料焊缝应避免放在梁的中间,如图2.13 中图(a)应改为图(d)的状态。压力容器的封头应有一直壁段,如图 2.13 中图(b)应改为图(e)的状态,使焊缝避开应力集中的转角位置,直壁段不小于 25 mm。在构件截面有急剧变化的位置或尖锐棱角部位则易产生应力集中,应避免布置焊缝。例如,图 2.13 中图(c)应改为图(f)的状态。

(2)从减小焊接应力与变形的角度分析结构的合理性

①尽可能减少结构上的焊缝数量和焊缝的填充金属量。这是设计焊接结构时一条最重要的原则,因为它不仅仅是对减少焊接应力与变形有利,而且对许多方面都有利。

②尽可能选用对称的构件截面和焊缝位置。焊缝对称布置的设计如图 2.14 所示,由图可见,图(c)、(d)、(e)的焊缝位置对称于构件截面的中性轴或使焊缝接近中性轴时,在焊后能得到较小的弯曲变形,因此是合理的设计。

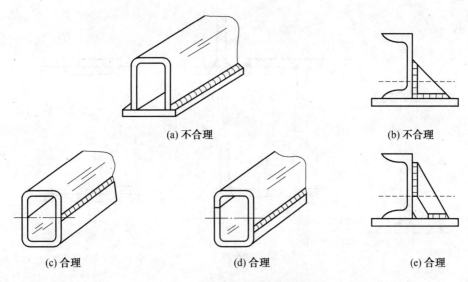

（a）不合理　　　　　　　　　　　　（b）不合理

（c）合理　　　　　　（d）合理　　　　　　（e）合理

图 2.14　焊缝对称布置的设计

③尽可能减小焊缝截面尺寸。在不影响结构的强度与刚度的前提下,尽可能地减小焊缝截面尺寸或把连续角焊缝设计成断续角焊缝,减少塑性变形区的范围,使焊接应力与变形减少。

④采用合理的装配焊接顺序。对复杂的结构应采用分部件装配法,尽量减少总装焊缝数量并使之分布合理,这样能大大减少结构的变形。为此,在设计结构时就要合理地划分部件,使部件的装配焊接易于进行和焊后经矫正能达到要求,这样就便于总装。由于总装时焊缝少,结构刚性大,焊后的变形就很小。

⑤尽量避免各条焊缝相交。因为在交点处会产生三轴应力,使材料塑性降低,同时可焊到性也差,并造成严重的应力集中。

（3）从焊接生产工艺性分析结构的合理性

①尽量使结构具有良好的可焊到性。可焊到性是指结构上每一条焊缝都能得到很方便的施焊,在工艺性审查时要注意结构的可焊到性,避免因不易施焊而造成焊接质量不好。又如厚板对接时,一般应开成 X 形或双 U 形坡口,若在构件不能翻转的情况下,就会造成大量的仰焊焊缝,这不但劳动条件差,质量还很难保证,这时就必须采用 V 形或 U 形坡口来改善其工艺性。焊缝集中和可焊到性差的设计与更改如图 2.15 所示。焊缝位置便于电弧焊的设计如图 2.16 所示。由图 2.16 可见,图（a）、（b）、（c）的焊缝位置设计就不便于电弧焊的操作,而改成图（d）、（e）、（f）后,焊缝位置设计就便于电弧焊的操作。

②保证接头具有良好的可探到性。严格检验焊接接头质量是保证结构质量的重要措施,对于结构上需要检验的焊接接头,必须考虑到是否检验方便。对高压容器,其焊缝往往要求 100% 射线探伤。

③尽量选用焊接性好的材料来制造焊接结构。在结构选材时首先应满足结构工作条件和使用性能的需要,其次是满足焊接特点的需要。在满足第一个需要的前提下,首先考虑的是材料的焊接性,其次考虑材料的强度。另外,在结构设计的具体选材时,为了使生产管理方便,材料的种类、规格及型号也不宜过多。

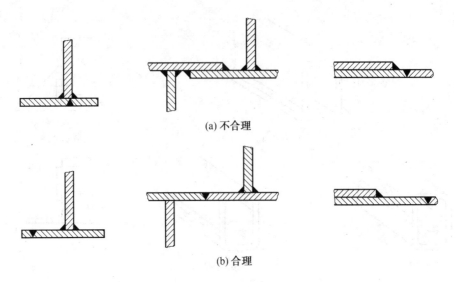

(a) 不合理

(b) 合理

图 2.15 焊缝集中和可焊到性差的设计与更改

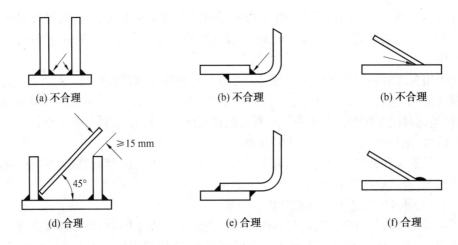

(a) 不合理   (b) 不合理   (b) 不合理

(d) 合理   (e) 合理   (f) 合理

图 2.16 焊缝位置便于电弧焊的设计

（4）从焊接生产的经济性方面分析结构的合理性

合理地节约材料和缩短焊接产品加工时间，不仅可以降低成本，而且可以减轻产品质量，便于加工和运输等，所以在工艺性审查时应给予重视。

①使用材料一定要合理。一般来说，零件的形状越简单，材料的利用率就越高。

②尽量减少生产劳动量。焊接结构生产中，如果不努力节约人力和物力，不断提高生产率和降低成本，就会失去竞争能力。除了在工艺上采取一定的措施外，还必须从设计上使结构有良好的工艺性。减少生产劳动量的办法有很多，归纳起来有以下几个方面：

a. 合理地确定焊缝尺寸。确定工作焊缝的尺寸，通常用等强度原则来计算求得。但只靠强度计算有时还是不够的，还必须考虑结构的特点及焊缝布局等问题。例如，焊脚小而长度大的角焊缝，在强度相同情况下具有比大焊脚短焊缝省料省工的优点。

b. 尽量取消多余的加工。对单面坡口背面不进行清根焊接的对接焊缝，若通过修整表面来提高接头的疲劳强度是多余的,因为焊缝反面依然存在应力集中。对结构中的联系焊缝,若要求开坡口或焊透也是多余的加工,因为焊缝受力不大。

c.尽量减少辅助工时。焊接结构生产中辅助工时一般占有较大的比例,减少辅助工时对提高生产率有重要意义。结构中焊缝所在位置应使焊接设备调整次数最少,焊件翻转的次数最少。

d.尽量利用型钢和标准件。型钢具有各种形状,经过相互组合可以构成刚性更大的各种焊接结构,对同一种结构如果用型钢来制造,则其焊接工作量会比用钢板制造要少得多。

e.有利于采用先进的焊接方法。埋弧焊的熔深比焊条电弧焊大,有时不需开坡口,从而节省工时;采用二氧化碳气体保护焊时,不仅成本低、变形小且不需清渣。在设计结构时,应使接头易于使用上述较先进的焊接方法。

2.2.2 工艺规程的内容与编制

工艺规程的内容因生产类型的不同而有所不同,大批量生产时工艺规程内容详尽,单件小批生产时可以简单一些。制定工艺规程的内容和步骤如下:

1. 参照图纸对焊件进行工艺分析

编制工艺规程之前,必须对焊件结构总装图、部件图和零件图仔细审查,分析产品的技术要求,然后从加工制造角度对焊件进行分析和审查。

(1)检查图样的完整正确性

包括图样的视图够不够、视图关系是否正确、标注和技术要求是否合理正确。

(2)检查焊件所用的材料是否恰当

材料的选择在满足使用要求的前提下应首选国内的材料。

(3)检查焊件的结构工艺性

焊件的结构工艺性是指一定的焊接生产条件下,焊接结构获得最佳的加工、装配和焊接工艺的可能性。

2. 拟定焊接工艺方案和确定工艺路线

在对焊接结构工艺性分析的基础上,可制定若干个工艺方案,选出其中最佳方案作为制定具体工艺规程的总体依据。工艺方案内容应包括选择和确定焊接结构制造中的主要工序、加工方法、生产程序、设备以及所需要的工装等内容。

工艺方案是产品制造中重大技术问题的解决方法和指导原则,要具体实施工艺方案必须把方案编制成能指导工人操作和用于生产管理的各种技术文件。

(1)工艺方案的设计原则

①设计工艺方案应在保证产品质量的同时,充分考虑生产周期、成本和环境保护。

②根据本企业能力,积极采用先进工艺技术和装备,以不断提高企业的工艺水平。

(2)拟定工艺方案的依据

①产品图样及有关技术文件。

②产品生产大纲。

③产品的生产性质和生产类型。

④本企业现有生产条件。

⑤国内外同类产品的工艺技术情报。

⑥有关技术政策及本企业的目标。

（3）工艺方案的内容与确定步骤

①确定产品的出厂方式——分段出厂或整体出厂，全部厂内焊接还是部分到工地施焊等。

②确定实现所拟定工艺过程需要的加工方法、设备、所要设计的工艺装备的技术性能和要求，为设计提供原始依据。

③根据已选加工方法、技术要求及有关标准，制定质量保证体系和措施，选取解决产品制作过程中关键的技术问题。

④确定合理的加工工序，拟定工艺路线。

拟定工艺路线就是把加工部件、组件或构件乃至产品的各个工序，按先后顺序排列出来，要求所排出的工艺路线应符合流水线生产原则，用最少的工序、最短的运输路线，生产出最佳产品。

3. 编写工艺文件

焊接工艺方案确定后，即可拟定各零件、部件乃至整个产品生产的具体工艺规程。工艺规程就是将工艺路线中的各项内容，以工序为单位，按照一定格式写成的技术文件。

在焊接结构生产中，工艺规程由两部分组成：一部分是原材料经划线、下料及成形加工制成零件的工艺规程；另一部分是由零件装配焊接形成部件或由零、部件装配焊接成产品的工艺规程。

工艺规程是工厂中生产产品的科学程序和方法；是产品零部件加工、装配焊接、工时定额、材料消耗定额、计划调度、质量管理以及设备选购等生产活动的技术依据。工艺规程的技术先进性和经济性，决定着产品的质量与成本，决定着产品的竞争能力，决定着工厂的生存与发展。因此，工艺规程是工厂工艺文件中的指导性技术文件，也是工厂工艺工作的核心。

（1）工艺规程的作用

编制工艺规程是生产中一项技术措施，它是根据产品的技术要求和工厂的生产条件，以科学理论为指导，结合生产实际所拟定的加工程序和加工方法。科学的工艺规程具有如下作用：

①工艺规程是指导生产的主要技术文件。

工艺规程是在总结技术人员和广大工人实践经验的基础上，根据一定的工艺理论和必要的工艺试验制定出来的。按照合理的工艺规程组织生产，可以使结构在满足正常工作和安全运行的条件下达到高质、优产和最佳的经济效益。

②工艺规程是生产组织、调度和管理的基本依据。

从工艺规程所涉及的内容可知，它能够为组织生产和科学管理提供基础素材。根据工艺规程，工厂可以进行全面的生产技术准备工作，如原材料、零部件需用量的计算及进度计划，工时计算、成本核算等。其次，工厂的计划、调度部门，是根据生产计划和工艺规程来安排生产,使全厂各部门紧密地配合,均衡完成生产计划。

③工艺规程是设计新厂房或扩建、改建旧厂的基础技术依据。

在新建和扩建工厂、车间时,只有根据工艺规程和生产纲领才能确定生产所需的设备种类和数量,设备布置,车间面积,生产工人的工种、等级、人数以及辅助部门的安排等。

④工艺规程能够指导工人、生产小组质量员和专职检验人员对工序加工质量和产品最终质量进行检验。

按照工艺规程,检验人员不仅对加工质量监督把关,还有助于发现产生质量问题的原因,有助于改进设计不足或提高工艺人员编制焊接工艺的水平。

工艺规程一旦确定下来,任何人都必须严格遵守,不得随意改动。但是随着时间的推移,新工艺、新技术、新材料、新设备的不断涌现,某一工艺规程在应用一段时间后,可能会变得相对落后,所以应定期对工艺规程进行修订和更新,不然工艺规程就会失去指导意义。

(2)工艺规程的编制依据

焊接工艺规程编制的依据是:

①产品图样及有关技术条件。

②产品生产纲领。产品生产纲领即在计划期内应当生产产品的数量和进度计划。

③产品的生产性质和生产类型。生产性质是指属样机试制还是属批量试制,抑或属正式批量生产。生产类型是指企业(或车间、工段、工作地)根据生产专业化程度划分的生产类别,一般分为大量生产、成批(大批、中批、小批)生产和单件生产3种类型。

④本企业现有生产条件。

⑤有关技术政策及本企业发展目标。

(3)工艺规程的主要内容

工艺规程是多种焊接工艺文件的统称,根据工厂和产品具体情况不同,就需要焊接工艺人员编制不同的焊接工艺文件。在生产中常用焊接工艺文件种类和格式很多,主要有以下几种:

①工艺过程卡。

工艺过程卡是说明焊接结构的全部加工过程的一种卡片,也就是将产品工艺路线的全部内容,按照一定格式写成的文件。工艺过程卡是制定其他工艺文件的基础,是进行技术准备、编制生产计划等的依据。它的主要内容有:备料及成形,加工过程,装配焊接顺序及要求,各种加工的加工部位、工艺留量及精度要求,装配定位基准、夹紧方案,定位焊及焊接的方法,各种加工所用设备和工艺装备,检查和验收标准,材料的消耗定额以及工时定额等。工艺过程卡相当于工艺规程的总纲,在焊接结构制造中零件的下料加工(简称备料)多用这种卡片。表2.4为工艺过程卡常见格式之一。

②工艺卡。

除填写工艺过程卡的内容外,还须填写操作方法、步骤及工艺参数等。工艺卡是以工序为单位详细说明零件或部件加工方法和加工过程,直接具体指导加工的文件,它分为备料、装配、焊接工艺卡。对焊接结构制造中装配和焊接这两个主要工序,工艺规程常以工艺卡形式出现。表2.5为工艺卡中常见的焊接工艺卡格式之一。

表 2.4 工艺过程卡

编号	工艺过程卡片						共 页 第 页	
产品图号	零(部)件图号		材料		数量		编制	
产品名称	零(部)件名称		毛坯规格		质量		审查	
工序	说明(附图)							

表 2.5 焊接工艺卡

焊缝名称(附图)	焊接顺序		共 页 第 页			
			焊接工艺规程 No			
			产品名称			
			图号			
			焊缝号			
			预热温度			
			层间温度			
			焊后热处理			
			检验方法			
			焊缝号	检验结果	焊缝号	检验结果
焊接位置						

层	道	焊接方法	焊接材料及规格	电源种类 AC/DC	焊接电流 /A	焊接电压 /V	焊接速度 /(cm·min⁻¹)	脉冲频率 /Hz	脉宽比 /%	保护气体 /(L·min⁻¹) 正面 背面	喷嘴内径	钨极直径	伸出量	备注

③检验卡。

检验卡是指导产品检验的技术文件,内容应该包括:检验项目、尺寸公差及技术要求、执行标准,检验设备、工具名称和规格,检验数量和百分数,检验简图、说明检验的定位方式、测量方法及操作等。检验卡片只有在质量要求较高或较复杂的产品中才使用,一般不专门编写。

④工艺装备设计任务书。

工艺装备设计任务书是指根据所制定的焊接结构制造工艺提出所需工艺装备(如材料成形用模具、装配焊接夹具和焊接变位机等)的设计任务书。表2.6为常见工艺装备设计任务书格式之一。目前除非特殊情况,大多数焊接工艺装备均由专业生产企业制造生产,因此,在实际生产中工艺装备设计任务书并不常见。

表2.6　工艺装备设计任务书

产品图号		工装图号		工艺装备设计任务书		共　　页	
产品名称		工装名称				第　　页	
零件图号		零件名称		零件材料		毛坯尺寸	
产品台份		使用车间		装备数量			
单台零件数		使用设备或工序		是否验证			
装配或工序草图				技术要求和工序说明			
				会签意见			
工艺员		审查		提出日期	登记日期		设计员		完成日期

为了便于生产和管理,工艺规程有各种文件形式,可根据生产类型、产品复杂程度和企业生产条件等选用。工艺规程常用文件形式见表2.7。

表2.7　工艺规程常用文件形式

文件形式	特　　点	适用范围
工艺过程卡片	以工序为单位,简要说明产品或零、部件的加工或安装过程	单件小批量生产的产品
工艺卡片	按产品或零、部件的某一工艺阶段编制,以工序为单元详细说明各工序的名称、内容、工艺参数、操作要求及所用设备与工装	适用于各种批量生产的产品
工序卡片	在工艺卡片基础上,针对某一工序编制,比工艺卡片更详尽,规定了操作步骤,每一工序内容、设备、工艺参数、定额等,常附有工序简图	大批量生产的产品和单件小批量生产中的关键工序

续表2.7

文件形式	特　点	适用范围
检验卡	指导产品检验的技术文件	检验卡片只有在质量要求较高或较复杂的产品中才使用,一般不专门编写
工艺装备设计任务书	根据所制定的焊接结构制造工艺提出所需工艺装备(如材料成形用模具、装配焊接夹具和焊接变位机等)的设计任务书	大多数焊接工艺装备均由专业生产企业生产制造,在实际生产中工艺装备设计任务书并不常见

2.3　焊接结构生产工艺流程概述

焊接结构生产工艺过程是指由金属材料(包括板材、型材和其他零部件等)经过一系列加工工序、装配焊接成焊接结构成品的过程。焊接结构生产工艺过程包括根据生产任务的性质、产品的图纸、技术要求和工厂条件,运用现代焊接技术及相应的金属材料加工和保护技术、无损检测技术等来完成焊接结构产品的全部生产过程中的一系列工艺过程。一般焊接结构的生产步骤如图2.17所示。

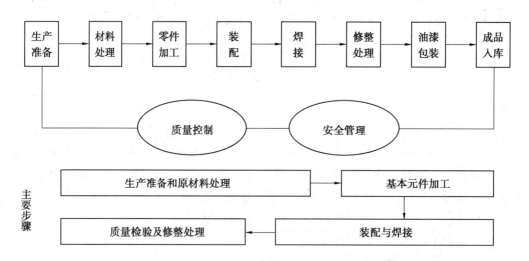

图2.17　一般焊接结构的生产步骤

焊接生产的工艺过程根据产品的技术要求、形状和尺寸的差异而有所不同,并且工厂中现有的设备条件和生产技术管理水平对产品工艺过程的制订也有一定的影响。但从总体上分析,按照工艺过程中各工序的内容以及相互之间的关系,都有着大致相同的生产步骤,即分为生产准备和原材料处理、成形加工、装配与焊接和质量检验、修整处理即成品处理等几部分。

2.3.1 生产准备和原材料处理

1. 生产准备

生产准备的作用是提高焊接产品的生产效率和质量,保证生产过程的顺利进行。生产准备的内容主要包括以下两个方面:

(1)技术准备

①研究将要生产的产品清单。

②研究和审查产品施工图纸和技术条件,了解产品的结构特点。

③进行工艺分析,制定焊接结构生产工艺流程,确定技术措施,选择合理的工艺方法。

④进行必要的工艺试验和工艺评定。

⑤制定出工艺文件及质量保证文件。

(2)物质准备

①订购原材料、焊接材料及其他辅助材料。

②对生产中的焊接工艺装备、其他生产设备和工夹量具进行购置、设计、制造或维修。

2. 原材料处理

供加工厂使用的钢材和型材,由于轧制后冷却收缩不均匀和运输堆放中的各种影响,会发生形变和锈蚀。为了保证号料和加工质量,加工厂在号料前应对钢料进行矫正、矫平和清锈,并涂上防锈涂料,这个工艺过程称为钢材预处理。金属材料的预处理包括金属材料的验收、储存、矫正、除锈、表面保护处理和预落料等工序,参见第3章3.1节。

金属材料预处理的目的是为基本元件的加工提供合格的原材料,获得优良焊接产品和稳定的焊接生产过程。

2.3.2 基本元件加工

焊接结构零件多是以金属轧制材料为坯料,在装配前必须按照工艺要求对制造焊接结构的材料进行一系列的加工。基本元件加工包括划线(号料)、切割(下料)、边缘加工、冷热成形加工、焊前坡口清理等工序。焊接结构制造中零部件加工的具体工艺过程参见第3章。

2.3.3 装配与焊接

装配与焊接是焊接结构生产过程中的核心,直接关系到焊接结构的质量和生产效率。装配和焊接实际上是两个独立的工序,二者既有紧密联系,又各自有自己的工艺内容。同一种焊接结构,由于其生产批量、生产条件不同,或由于结构形式不同,可有不同的装配方式、不同的焊接工艺、不同的装配-焊接顺序,也就会有不同的工艺过程。

装配是将焊前加工好的零、部件,采用适当的工艺方法,按生产图样和技术要求连接成部件或整个产品的工艺过程。装配工序的工作量大,约占整体产品制造工作量的30%~40%,且装配的质量和顺序将直接影响焊接工艺、产品质量和劳动生产率。所以,提高装配工作的效率和质量,对缩短产品制造周期、降低生产成本、保证产品质量等方面,都具有重要的意义。

根据产品的结构形式和技术要求不同,常采用的装配方法有划线装配法、定位器装配法、模架(仿形)装配法、装配夹具装配法和安装孔定位装配法等。

焊接是将已装配好的结构,用规定的焊接方法、焊接参数进行焊接加工,使各零、部件连接成一个牢固整体的工艺过程。制订合理的焊接工艺对保证产品质量,提高生产率,减轻劳动强度,降低生产成本非常重要。

在焊接过程中,为保证焊接结构的性能与质量,防止裂纹产生,改善焊接接头的韧性,消除焊接应力,还经常采用焊前预热、层间保温和焊后热处理等辅助措施。

在制订焊接工艺方案时,应根据产品的结构尺寸、形状、材料、接头形式及对焊接接头的质量要求,结合现场的生产条件、技术水平等,选择最经济、最方便、最先进、高效率并能保证焊接质量的焊接方法。制订的工艺方案应便于采用各种机械的、气动的或液压的工艺装备,如装配胎夹具、翻转机、变位机、辊轮支座等;如进行大批量生产可以采用机械手或机器人来进行装配焊接;应尽量采用能保证结构设计要求和提高焊缝质量,提高劳动生产率,改善劳动条件的先进焊接方法。

装配和焊接相辅相成,是焊接结构生产工艺过程中的核心环节,又是两个既独立又密切相关的加工工序,复杂焊接结构生产可能交叉进行多次装配和焊接才完成,详见第7章。

2.3.4 质量检验及修整处理

1. 焊接结构质量检验

焊接结构质量保证工作是贯穿于设计、选材、制造全过程中的一个系统工程,包括整体结构质量和焊缝质量。

(1)整体结构质量检验

整体结构质量检验是指对焊接结构的几何尺寸、形状和性能等方面进行检验。

(2)焊缝质量

焊缝质量则与结构的强度和安全使用有关。焊接结构安全评定是焊接结构与安全评定两门学科相结合的产物。焊缝质量检验主要包括焊缝的强度评定和断裂评定。

强度评定主要包括静载荷强度计算、动载荷强度计算、结构试验及刚度评定、压力试验、气密性实验等。

断裂评定主要包括防脆断、防疲劳,以及环境介质对脆断和疲劳的影响等。

焊接结构安全评定的意义是确保结构的使用安全,并在考虑经济效益的基础上给出适当的安全裕度。

实际应用安全评定技术时应考虑以下3点:

①设计中的安全评定。

②结构运行中的安全评定。

③失效分析中的安全评定。

2.修整处理

（1）变形矫正

①手工矫正。

②机械矫正。

③火焰矫正。

（2）热处理

①焊后热处理。

②整体或局部热处理消除应力。

（3）缺陷修复

缺陷修复主要是对焊接缺陷进行修复。

（4）清洗防护、外观处理

①除锈。

②氧化皮清理。

③酸洗。

④抛光。

⑤油漆防护等。

最后，焊接结构产品进入包装、验收、入库交货等工艺流程。

思 考 题

1.焊接工艺评定的目的是什么？

2.焊接工艺制定的内容有哪些？制定的原则是什么？

3.焊接试验的内容有哪些？

4.什么是装配？装配的基本条件是什么？

5.试述焊接结构工艺性审查的步骤。

6.焊接结构工艺性审查的内容是什么？

7.焊接工艺规程编写的基本要求是什么？

8.装配与焊接顺序有几种类型？各有什么特点？如何确定装配顺序？

9.简述焊接工艺规程的编制目的、依据和内容。

第3章　焊接母材的备料及成形加工

焊接结构生产中的材料准备、零件的备料加工是焊接生产中必经的工序,它将直接或间接影响到整个焊接结构的质量和生产率。为了生产出质量优良的焊接产品,要有合理的材料备料及成形加工工艺。焊接结构生产中的备料及成形加工工艺主要有:母材预处理、矫正、放样、划线、号料、下料与边缘加工、成形等工序。这些工序往往是交错进行的,并且每道工序在结构生产中甚至不止执行一次。

3.1　母材的准备

母材受外力、加热等因素的影响,表面会产生弯曲、扭曲、波浪等变形;另外,因存放不当或其他因素的影响,表面也会产生铁锈、氧化皮等。这些都将影响零件和产品的质量,所以必须对母材进行预处理及矫正。

3.1.1　母材的预处理

采用机械法或化学法对母材的表面进行清理的过程称为预处理。预处理的目的是把母材表面的泥沙、尘土、铁锈、油污、氧化皮等清理干净,为后续加工做准备。通常可以采用手工或风动钢丝刷或砂轮等方法清理母材表面,这是小型车间经常使用的方法。大量生产的企业,则采用机械装置或化学法进行预处理,这种方法清理后的耐蚀性寿命要长好几倍。所以母材预处理对提高产品质量,延长产品寿命,减少环境污染具有重要意义。为了防止零件在加工过程中再次被污染,一些预处理工艺还要在表面清理后进行喷涂保护底漆。

1. 机械除锈法

机械除锈法是指采用机械装置进行除锈处理,并且实现多级联合自动化流水生产。机械除锈法有以下3种:

(1)喷砂法

目前喷砂法广泛用于钢板、钢管、型钢及各种钢制件的预处理方法,不但能清除工件表面的铁锈、氧化皮等各种污物,而且能使钢材表面产生一层均匀的粗糙表面。

(2)弹丸法

弹丸法多用于零件或部件的整体除锈,效率不高。它是利用在导管中高速流动的压缩空气气流,使铁丸冲击金属表面的锈层,达到除锈的目的。

(3)抛丸法

抛丸法是利用专门的抛丸机将铁丸或其他磨料高速地抛射到钢材的表面上,以消除母材表面的氧化皮、铁锈和污垢。

钢材经喷砂或抛丸除锈后,随即进行防护处理,其步骤为:

①用经过净化的压缩空气将原材料表面吹净。

②涂刷防护底漆或侵入钝化处理槽中,做钝化处理,用质量分数为 10% 磷酸锰铁水溶液处理 10 min,或用体积分数为 2% 亚硝酸溶液处理 1 min。

③将涂刷防护底漆后的钢材送入烘干炉中,用 70 ℃ 的热空气进行干燥处理。

2. 化学除锈法

化学除锈法是利用除锈液在室温条件下对钢材上的锈层和氧化皮产生溶解、渗透、剥离作用,使锈层和氧化皮很快溶解和脱落。这种方法效率高、质量均匀且稳定,但成本高,对环境造成一定的污染。

化学处理法一般分为酸洗法和碱洗法。酸洗法可除去金属表面的氧化皮、锈蚀物等污物;碱洗法主要用于去除金属表面的油污。此工艺过程一般是将配制好的酸、碱溶液装入槽内,将工件放入浸泡一定时间,然后取出用水冲洗干净,以防止余酸的腐蚀。

3.1.2 母材的矫正

引起母材变形的原因很多,从生产到零件加工的各个环节,都可能因各种原因导致母材变形。母材变形的主要原因有:母材在轧制过程中可能产生残余应力而引起变形;因运输和不正确堆放产生的变形;在下料过程中因不均匀的加热引起残余应力导致的变形。造成母材变形的原因是多方面的,当变形大于技术规定或允许偏差时,划线前必须进行矫正。

1. 母材的矫正原理

母材在厚度方向上可以假设是由多层纤维组成的。母材平直时,各层纤维长度都相等,即 $ab = cd$,如图 3.1(a)所示。母材弯曲后,各层纤维长度不一致,即 $a'b' \neq c'd'$,如图 3.1(b)所示。由此可见,母材变形的原因就是其中一部分纤维与另一部分纤维长短不一致。矫正就是采用加热或加压的方式,把已伸长的纤维缩短,把缩短的纤维伸长,最终使母材厚度方向的纤维趋于一致。

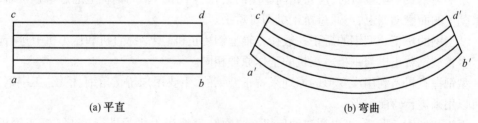

(a) 平直   (b) 弯曲

图 3.1 母材平直和弯曲时纤维长度的变化

2. 母材的矫正方法

矫正母材变形的方法很多,根据外力的性质分为手工矫正、机械矫正、火焰矫正及高频热点矫正 4 种。

(1)手工矫正

手工矫正是采用手工工具,对已变形的钢材施加外力,从而达到矫正变形的目的。手工矫正常采用的工具有平台、手锤、大锤和平锤等。当钢板出现"马刀形"变形时,可把钢板置于平面上,用大锤通过平锤锤击构件缩短的区域,使之伸长,从而达到矫正的目的。

手工矫正一般在常温下进行,在矫正中尽可能减少不必要的锤击和变形,防止钢材产生加工硬化。对于强度较高的母材,可将其加热至一定的温度,降低其强度,获得良好的塑韧形,提高矫正效率。

手工矫正虽然简单、灵活,不需要复杂的机械设备,但其本身有很大的缺点:劳动强度大,效率低;母材直接受集中冲击,会产生严重的局部变形;冷作硬化严重,力学性能受不良影响,只能用于不重要的焊件,只能矫正厚度不大的钢板。所以常用于缺乏机械设备或矫正工作不能在机械设备上进行时才使用。一般工厂都有机械矫正设备。

(2)机械矫正

机械矫正是利用三点弯曲使构件产生一个与变形方向相反的变形,使构件恢复至平。机械矫正使用的设备有专用设备和通用设备。专用设备有钢板矫正机、圆钢与钢管矫正机、型钢矫正机、型钢撑直机等;通用设备指一般的压力机、卷板机等。

①钢板的矫正。钢板的矫正主要是在钢板矫正机(又称平板机)上进行的。当钢板通过多对呈交错布置的轴辊时,钢板发生多次反复弯曲,使各层纤维长度趋于一致,从而达到矫正的目的。矫正后的力学性能变化不大,但应注意上下辊之间的空隙不能过小,否则既损伤设备又加大钢板的变形,损害材料的力学性能。

钢板矫正机上辊能上下调节,以适应不同厚度的钢板,上下辊都是主动的。钢板矫正机有多种形式,轴辊数量越多,矫正的质量越好。通常 5～11 辊用于矫正中厚板;薄板由于轧制过程中容易产生较大的波浪变形,矫正较困难,一般用的轴辊数目较多,辊子直径要小,才能克服原有的变形。为了便于操作,提高生产率,钢板矫正机应设有操作台。

当钢板中间平、两边纵向呈波浪变形时,应在中间加铁皮或橡胶以碾压中间。当钢板中间呈波浪变形时,应在两边加垫板后碾压两边以提高矫平的效果。

矫平薄板时,一般可加一块较厚的平钢板作衬垫一起矫正,也可以数块叠加在一起矫正。

矫平扁钢或小块板材时,应将相同厚度的放在一个用衬垫的钢板上通过矫正机后,将原来朝下的面翻动朝上,再通过矫正机即可矫平。

②型钢的矫正。型钢的矫正一般在多辊型钢矫正机、型钢撑直机和压力机上进行。

多辊型钢矫正机与钢板矫正机的工作原理相同。

型钢撑直机是利用反变形的原理来矫正型钢的,主要用来矫正角钢、槽钢、工字钢等,也可以用来进行弯曲成形。

钢板和型钢变形后,可以通过油压机、水压机、摩擦压力机等进行矫正。矫正钢板的尺寸大小,主要由压力机的工作台尺寸而定。型材在矫正时会产生一定的回弹,因此,矫正时应使型材产生适量的反变形。

(3)火焰矫正

手工矫正和机械矫正有时会使金属产生冷作硬化,并且会引起附加应力,对于变形大、结构较大的应采用火焰矫正法。火焰矫正是利用火焰对钢材的伸长部位局部加热,使其在较高温度下发生塑性变形,冷却后收缩变短,这样使构件变形得到矫正。

火焰矫正是利用气焊和气割的焊、割炬或专用的火焰矫正加热枪,加热被矫正钢材或焊件的变形部位,如纤维伸长变形部位,使之产生压缩塑性变形,然后速冷,使伸长纤维变短,从而达到消除变形。根据所矫正钢材或焊接变形特点不同,加热的方式有点状、线状和三角形加热三种。点状加热是使加热区呈小面积圆形;线状加热是使加热区呈长带(线)状,带的宽度随板厚而异,板厚越大,加热线越宽,特点是宽度方向收缩大,长度方向收缩小;三角形加热是使加热区呈等腰三角形,特点是收缩量从三角形顶点到底边逐渐增大,将底边沿焊件布置,利用不均匀收缩达到矫正弯曲变形。生产中常采用氧乙炔火焰加热,应采用中性焰。一般钢材加热温度在 $600 \sim 800$ ℃,低碳钢不大于 850 ℃;厚钢板和变形较大的工件,加热温度取 $750 \sim 850$ ℃,加热速度要缓慢;薄钢板和变形较小的工件,取 $600 \sim 700$ ℃,加热速度要快;严禁在 $300 \sim 500$ ℃进行矫正,以防钢材脆裂。加热后焊件通常在空气中冷却,有时为了提高效率,在焊件正面和背面喷水冷却。

火焰矫正操作简单、灵活、快速、效率高、效果好,所以使用比较广泛。

(4)高频热点矫正

高频热点矫正是在火焰矫正的基础上发展起来的一种新工艺,它可以矫正任何钢材的变形,尤其对尺寸较大、形状复杂的工件,效果更显著。其矫正的原理是:通入高频交流电的感应线圈产生交变磁场,当感应线圈靠近钢材时,钢材内部产生感应电流(即涡流),使钢材局部温度立即升高,从而进行加热矫正。加热的位置与火焰加热相同,加热区域的大小取决于感应线圈的形状和尺寸。感应圈一般不宜过大,否则加热慢,另外还会影响加热矫正的效果。一般加热时间为 $4 \sim 5$ s,温度约为 800 ℃。

感应圈采用纯铜管制成宽 $5 \sim 20$ mm,长 $20 \sim 40$ mm 的矩形,铜管内通水冷却。与火焰矫正相比,效果显著,生产效率高,而且操作简便。

3.1.3 放样、划线与号料

1. 放样

所谓的放样是指根据构件的图样,按 $1:1$ 的比例或一定比例在放样台(或平台)上画出其所需要图形的过程。对于不同行业,如机械、船舶、车辆、化工、冶金、飞机制造等,其放样工艺各具特色,但就其基本程序而言,却大致相同。

(1)放样工具

①放样平台。面积一般较大,以适应较大的产品或几种产品同时进行放样的需要。有钢质和木质两种,但普遍使用的是钢质,一般是由厚度 12 mm 以上的低碳钢板拼成。木质的一般使用 $70 \sim 100$ mm 厚的优质木材制成。放样平台应设在室内,光线要充足,便于看图和划线。

②量具。主要有钢卷尺、钢盘尺、钢直尺、90°角尺、平尺等。

③其他工具。在钢板上进行放样划线时,常用的工具还有划针、圆规、地规、粉线等。

(2)放样方法

放样方法是指将零件的形状最终划到平面钢板上的方法,主要有实尺放样、展开放样和光学放样等。

①实尺放样。根据图样的形状和尺寸,用基本的作图方法,以产品的实际尺寸划到放样台上的工作。

放样前,应看清图样,分析结构设计是否合理,工艺上是否便于加工,并确定哪些线段可按已知尺寸直接划出,哪些需要连接条件才能划出。这些都应先确定放样基准,再确定放样程序。

②展开放样。把各种立体的零件表面摊平的几何作图过程。

构件的表面能全部平整地摊平在一个平面上,而不发生撕裂或皱折,这样的表面称为可展表面。属于这类表面的有平面立体、柱面和锥面等。可展表面的展开放样方法有平行线展开法、放射线展开法和三角形展开法。

有些构件表面不能自然展开摊在一个平面上,不可展表面有球面、正圆柱螺旋面等。这类表面通常采用计算方法,放样展开为近似平面。

③光学放样。光学放样是一种新工艺,方法是将构件图样按1∶5或1∶10的比例画在平台上,然后缩小5~10倍进行摄影。使用时,通过光学系统将底片放大10~100倍在钢板上划线。这种方法的优点是:减轻劳动强度、提高生产效率、图样易于保存等。但缺点是:要求作图精度高,放样工作者必须具备熟练的画图能力。

(3)放样程序

放样程序一般包括结构处理、划基本线型和展开3个部分。

①结构处理,也称结构放样,是根据图样进行工艺处理的过程,一般包括确定各连接部位的接头形式、图样计算或量取坯料实际尺寸、制作样板与样杆以及一些部件设计所需的胎具和胎架。

②划基本线型是在结构处理的基础上,确定放样基准和划出工件的结构轮廓。

③展开是在划基本线型的基础上,对工件上不能反映实形的立体部分,运用展开的基本方法将构件的表面摊开在平面上,从而求出实形的过程。

2. 划线

所谓的划线是根据设计图样上的图形和尺寸,按1∶1的比例在待下料的钢材表面上划出加工界线的过程。划线是在结构制造中较为细致的工作,要求所划的零件尺寸和形状正确,并合理地使用钢材。所以划线前要看图样,明确零件的尺寸、形状和技术要求等。

(1)基本规则

①垂线须用作图法。

②使用划针或石笔划线时,应紧抵直尺或样板的边沿。

③使用圆规在钢板上划圆、圆弧或分量尺时,应先打上样冲眼,以防圆规尖滑动。

④平面划线要先划基准线,后按由外到内,从上到下,从左到右的顺序划线的原则。

(2)所用工具和方法

常用的工具有划线平台、划针、划规、角尺、样冲、曲尺、石笔及粉线等。

划线可分为平面划线和立体划线两种。平面划线与几何作图很相似,在工件的一个平面上划出图样的形状和尺寸,有时也可以采用样板一次划成。立体划线是在工件的几个表面上划线,即在长、宽、高3个方向上划线。

划线的准确度,取决于作图方法的正确性、工具质量、工作条件、作图技巧、经验、视觉的敏锐度等因素。

（3）注意事项

①熟悉结构图样和工艺,根据图样检验样板、样杆、核对钢号、规格是否符合要求。

②检查钢板表面是否存在麻点、裂纹、夹层及厚度不均匀等缺陷。

③划线前应将材料垫平、放稳,划线时要尽可能使线条细且清晰,针尖与样板边缘间不要内倾或外倾。

④划线时要标注各道工序用线,并加以适当标记,以免混淆。

⑤弯曲零件应考虑材料轧制纤维方向。

⑥钢板两边不垂直一定要去边;对于尺寸较大的矩形,一定要检查对角线。

⑦划线的毛坯,要注明产品图号、件号和钢号,以免混淆。

⑧合理安排用料,提高材料利用率。

（4）直线的划法

①直线长度小于 1 m 时可用直尺划线。划针尖或石笔尖紧抵钢直尺,向钢直尺的外侧倾斜 15°～20°划线,同时向划线方向倾斜。

②直线长度小于 5 m 时用弹粉线法划线。划线时把线两端对准所划直线两端点,拉紧使粉线处于平直状态,然后垂直拿起粉线,再轻放。若线较长,应弹两次,以两线重合为准;或是在粉线中间位置垂直按下,左右弹两次。

③直线超过 5 m 的用拉钢丝的方法划线,钢丝取 $\phi 0.5～1.5$ mm。操作时,两端拉紧并用两垫块垫托,高度尽可能低,然后用 90°角尺紧靠钢丝的一侧,在 90°下端定出数点,再用粉线以三点弹成直线。

（5）大圆弧的划法

放样或装配有时会碰上划一段直径为十几米甚至几十米的大圆弧,所以,用一般的地规和盘尺已难以完成,只能采用近似几何作图或计算法作图。计算法比作图法准确,一般采用计算法求出准确尺寸后再划大圆弧。

3. 号料

成批生产和重复次数较多时,为提高生产率、节约原材料,常做成样板,用样板进行划线,即号料。

（1）号料方法

常用的方法有样板号料和草图号料。图形比较复杂、曲线较多时,常用样板号料从而提高质量和效率。形状比较规则的矩形板、肋板等,则按草图号料或按号料卡片直接在钢板上号料。也可用样板号料和草图号料结合的方法。修理金属结构产品零件或零件的局部时,也可以采用实物号料。

还有一些自动号料方法,例如利用照相原理将感光材料涂刷或喷洒在钢板上,经曝光、显影、定影后,使线条部分的感光材料固着在钢板上以代替手工划线。另外还可利用电子计算机技术将图形通过数学表达式输入数控自动绘图机绘出图形等。

（2）样板的制作

展开图完成后,就可以为下料制作样板,下料样板又称号料样板。焊接产品批量大,每一个零件都去作图展开,效率会太低,而利用样板不仅可以提高效率,还可避免每次作图的误差,提高划线精度。实际生产中,样板一般用于板构件,样杆多用于型钢构件上。

样板按用途可分为划线样板和检测样板两类。划线样板按用途分为展开样板、划孔样板和切口样板等。

零件数量多且精度要求较高时,可选用 0.5～2 mm 的薄钢板制作。下料数量少、精度要求不高时,可用硬纸板、油毡纸等制作。

制作样板还要考虑工艺余量和放样误差,不同的划线和下料方法其工艺余量是不同的。

(3)材料的充分合理利用

为了表示材料的利用程度,将零件的总面积与板料总面积之比称为材料的利用率。采用不同的排料方法会有不同的利用率。提高利用率的方法有集中号料法、长短搭配法、零料拼整法、排样套料法等。

集中号料法,就是把不同尺寸的零件集中在一起,用小件填充大件的间隙,提高利用率。

长短搭配法,适用于型钢号料。由于零件长短不一,而原材料又有一定的规格,号料时先将较长的料排出来,然后计算出余料长度,根据余料长度再排短料,从而使余料量最小。

零料拼整法,是在工艺许可的条件下有意以小拼整,多用于尺寸较大的环形钢板件。

排料套料法,是利用零件的形状特点设法把它们穿插在一起,或者在大件的里边划小件,或者改变排料方案等方法使材料利用率提高。

为了节约用料,应事先选择合适的钢板规格;特别是制作大型圆筒容器,应在确定最佳方案后再选择钢板的规格。

3.2　母材的下料与边缘加工

所谓"下料"就是按尺寸要求切割所需的材料。切割方法分为机械切割与热切割两大类,机械切割主要包括剪裁和锯切,热切割主要包括气体火焰切割、等离子切割和激光切割。本节主要介绍金属材料各种切割方法的原理、特点及主要设备,并介绍焊接母材边缘、坡口的加工方法。

3.2.1　机械切割方法及设备

1. 剪切(剪裁)

(1)剪切原理

在专用剪切机床上,通过剪刃对钢材的剪切部位施加一定的剪切力,使剪刃压入钢材表面,当其内产生的内应力达到和超过金属的抗剪强度时,便会使金属产生断裂和分离。

(2)剪切特点

切口光洁平齐质量高,操作方便条件好,节省人力效率高。

(3)常用剪切设备及其应用范围

①联合冲剪机。联合冲剪机属多功能剪床,既可剪钢材,又可剪型材,还可进行冲孔,如图 3.2 所示。在焊接结构生产中,主要用于冲孔和剪切中小型材。

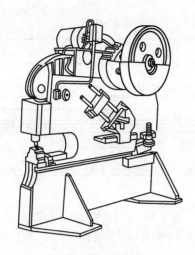

图 3.2　联合冲剪机

②圆盘剪切机。主要用于剪切曲线形状的坯料和薄而长的板料,如图 3.3 所示。

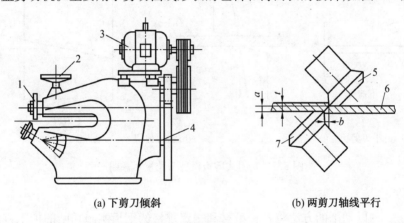

(a) 下剪刀倾斜　　　　　　(b) 两剪刀轴线平行

图 3.3　圆盘剪切机

1—圆盘剪刀;2—手轮;3—电动机;4—齿轮;5—上剪刀;6—工件;7—下剪刀

③振动剪床。用于剪切 4 mm 以下钢板的直线或曲线工件(包括圆孔)。

④龙门式剪板机。龙门式剪板机是工厂中应用最普遍的一种金属板材剪切设备,如图 3.4 所示。

龙门式剪板机按刀刃装配位置不同分为平口剪板机(两刀刃上下平行)和斜口剪板机(两刀刃成一定角度),如图 3.5 所示。按传动方式不同分为机械传动剪板机(≤10 mm)和液压传动剪板机(>10 mm)。

这种剪切不是纯剪切,伴有弯曲,在剪断线近旁有 2～3 mm 的区域内因受挤压而产生变形,出现加工硬化现象。为保证加工质量,对于具有裂纹敏感性的材料,该硬化层应予以消除。

已知剪切力,便可计算剪切板厚。由于材质不同,在同一剪切力下,所剪板厚有所不同,一般不锈钢为碳钢的 1/3 板厚。

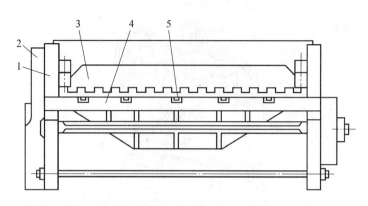

图3.4　龙门式剪板机结构简图
1—床身;2—传动机构;3—压紧机构;4—工作台;5—托料架

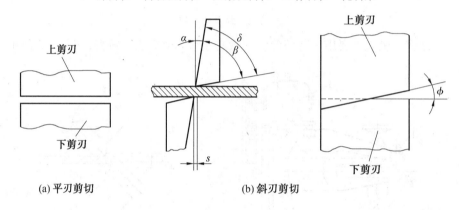

图3.5　龙门式剪板机剪刃位置示意图

2. 锯切

锯切是一种以切削的方法将各种型材和一定规格的钢板实施切断的加工方法。

锯切的切口平滑、尺寸准确、精度高,但切割速度慢、效率低,只能切割在一定尺寸范围内较小截面的型材、管材、棒材或板材,所以在结构制造生产中应用较少。锯切又分为有齿锯切、无齿锯切、砂轮锯切3种方式。

无齿锯切又称为线锯切,它是以高速旋转摩擦生热来加热软化金属,同时以强力推进磨削而切断金属材料,属于小型型材精密切割。

砂轮锯切是用厚为 2.5 ~ 5 mm 的高强度砂轮片为切削刃具,高速旋转(可达 5 000 r/min),对金属进行快速磨削加工而切断金属。它主要用于切断小截面的管材、棒材和小规格型材。

3.2.2　热切割方法及设备

热切割主要有气体火焰切割、等离子切割和激光切割。火焰切割范围通常是 3 ~ 300 mm;等离子切割范围通常是 1 ~ 150 mm;激光切割范围通常是 0.5 ~ 40 mm。对这 3 种热切割产品的几何规格与品质公差的规定可参考国际标准 ISO 9013:2002。

1. 气体火焰切割（简称气割）

（1）气割原理

气割的实质是金属在氧气中的燃烧过程。它利用可燃气体和氧气混合燃烧形成的预热火焰，将被切割金属材料加热到其燃烧温度，由于很多金属材料能在氧气中燃烧并放出大量的热，被加热到燃点的金属材料在高速喷射的氧气流作用下，就会发生剧烈燃烧，产生氧化物，放出热量，同时氧化物熔渣被氧气流从切口处吹掉，使金属分割开来，达到切割的目的。

气割过程包括 3 步：

①火焰预热——使金属表面达到燃点。

②喷氧燃烧——氧化、放热（上部金属燃烧放出的热量加热下部金属到燃点）。

③吹除熔渣——金属分离。

（2）气割的特点

气割设备简单、使用方便；切割速度快、生产效率高；成本低、适用范围广。气割可切割各种形状的金属零件，厚度达 1 000 mm，可切碳钢、低合金钢；可用于毛坯，也可用于开坡口或割孔。

（3）实现气割的条件

气割不能用于所有金属的下料，实现气割的金属应满足以下条件：

①金属的燃点应低于其熔点。

②燃烧后形成的产物流动性要好，黏度要小。

③金属燃烧时应能放出大量的热，以预热下层金属是实现连续切割的条件。

④金属应有较低的导热系数 μ。

根据上述条件可以看出：

①低、中碳钢和普通低合金钢可用气割下料。但随着含碳量的增加，熔点降低，燃点升高，切割越难实现，切割边缘产生淬火裂纹的倾向性增加，所以要切割碳的质量分数高于 0.7% 的碳钢，须预热 400～700 ℃；当碳的质量分数为 1%～1.2% 时，无法气割。

②铸铁含碳量较高，其熔点大大低于燃点且燃烧时产生的 SiO_2 流动性很差。

③低锰、低铬钢可用气割下料，但应注意切口处淬硬倾向。

④铬的质量分数大于 5% 的钢、不锈钢、铜、铝及其合金通常不采用气割下料。

（4）气割用气体

气割用气体可分为可燃性气体和助燃性气体两类。可燃性气体种类很多，如乙炔、氢、天然气、煤气、液化石油气等。

气割时，究竟选用哪一种气体要根据以下因素决定：

①气体燃烧热效率的高低。

②经济性。

③安全性。

④储运的方便性。

(5)影响气割质量的主要因素

①预热火焰。

②切割氧。

③切割速度。

④割嘴与工件表面的间距。

⑤钢板初始温度。

(6)气割方法与设备

①手工气割——射吸式薄板割炬(图3.6)。

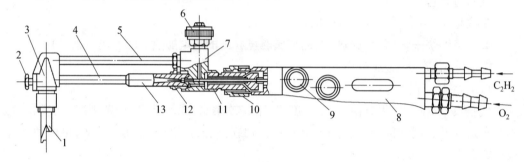

图3.6 射吸式薄板割炬

1—割嘴;2—支架螺钉;3—割嘴接头;4—混合气管;5—高压氧管;6—高压氧手轮;7—中部主体;
8—手柄;9—氧气手轮;10—连接套;11—销钉螺母;12—射吸管螺母;13—射吸管

②机械气割——小车式直线气割机(图3.7)。

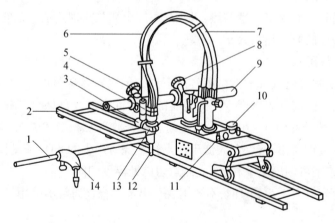

图3.7 小车式直线气割机

1—半径杆;2—导轨;3—割炬升降手轮;4—升降杆;5—割炬横移手轮;6—氧气软管;
7—燃气软管;8—齿条横移手轮;9—带齿条横移杆;10—电源插座;11—调速旋钮;
12—割嘴;13—割炬夹持器;14—定位架

③机械气割——摇臂仿形气割机(图3.8)。

④机械气割——光电跟踪气割机(图3.9)。

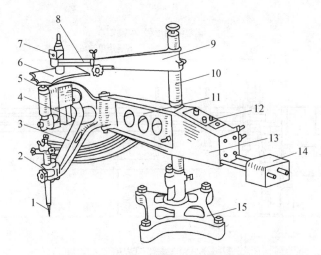

图 3.8　CG2 型摇臂仿形气割机

1—割嘴;2—割嘴调节架;3—主臂;4—驱动电机;5—磁性滚轮;6—靠模板;7—连接器;8—固定样板调节杆;9—横移架;10—立柱;11—基臂;12—控制盘;13—速度控制箱;14—平衡锤;15—底座

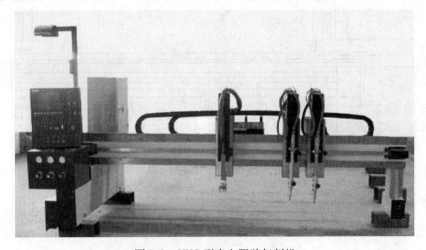

图 3.9　UXC 型光电跟踪气割机

⑤机械气割——数控气割机(图 3.10)。

2. 等离子切割

(1)等离子切割的原理、特点及应用

①等离子切割的原理。

等离子弧的形成及类型前已述及,作为压缩电弧,其能量密度高、挺度好,既可用于焊接,也可用于切割。

等离子切割是利用高温高速等离子弧,将切口金属及氧化物熔化,并将其吹走而完成切割过程。等离子切割属于熔化切割,利用高温等离子弧焰来熔化被切割工件,并借助焰流的机械冲击力把熔融金属强行排除而形成割缝。这与气割在本质上是不同的。

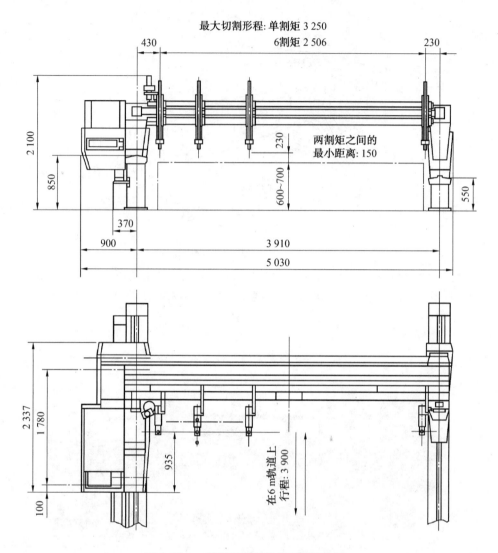

图 3.10 一种门架式数控气割机结构图

在高温等离子焰形成的同时,喷嘴孔道内弧柱周围的冷却气体被弧柱加热,在孔道内形成高温高压气体,从喷嘴内向外高速喷出,使等离子弧焰流在孔道口处具有很高的速度(可达声速或超声速),表现出强大的冲击力。一般的等离子切割不用保护气,工作气体和切割气体从同一喷嘴内喷出。引弧时,以喷出的小气流离子气体作为电离介质,切割时,同时喷出大气流气体以排除熔化金属。

②等离子切割的特点。

a.适用范围广。能量集中,温度高,可切割任何高熔点的金属和非金属材料。

b.切割质量高。由于等离子弧柱较细,冲刷力大,所以切口窄小,边缘平滑整齐。

c.切后变形小。因切口窄小,产生的热影响区很小,所以不会产生气割时出现的边缘淬裂、淬硬或变形较大等现象。

③等离子切割的应用。

由于等离子弧的温度和速度极高,所以任何高熔点的金属及其氧化物都能被熔化并吹走,因此可切割各种金属。目前主要用于切割不锈钢、铝、镍、铜及其合金等。此外,也可用于切割非金属材料。

等离子切割可采用转移型电弧或非转移型电弧。非转移型等离子弧适宜于切割非金属材料。由于非转移型等离子弧的工件不接电,电弧挺度差,若用来切割金属材料,其切割厚度小。因此,切割金属材料通常都采用转移型等离子弧。

(2)等离子切割机的组成

常用等离子切割机主要由以下几部分组成:

①切割电源。

通常采用陡降外特性的直流电源。与等离子弧焊接不同的是切割电源具有较高的空载电压(150~400 V),而焊接电源空载电压为65~120 V。

常用的切割电源有两种形式:

a.专用切割电源。

b.普通直流弧焊机串联使用作为切割电源。

在没有专用切割电源的情况下,可将两台以上普通直流弧焊机串联起来组成切割电源。串联台数的多少取决于切割时工件厚度的大小和切割速度的快慢。

②控制箱。

控制箱主要由程序控制器、高频振荡器、电磁气阀及各种控制元件组成。

其作用是:完成引弧提前送气、滞后停气、通水及切断电源等动作。在切割过程中,实现规范参数的调节。

③气路系统。

其主要作用有:防止钨极氧化,压缩电弧和保护喷嘴不烧损。供气系统的好坏直接影响着切割质量的高低,所以要求供气系统气路畅通,压力要适中(0.25~0.35 MPa)。

④水路系统。

切割时,割炬处在10 000 ℃以上的高温下工作,为保证喷嘴不被烧坏和切割的正常进行,就须通以循环水。为了及时稳定的供水,要求水压在0.15~0.2 MPa,并在水路上安装水压开关,以控制电路的工作。

⑤割炬。

割炬主要由上、下枪体和喷嘴3部分组成。在这3部分中,喷嘴是割炬的核心部分,也是产生等离子弧的关键零件。它的结构形式是否合理、几何尺寸是否正确,直接影响着电弧压缩程度的大小和能否稳定燃烧;直接关系到切割能力、质量和喷嘴的使用寿命。

(3)常用等离子切割设备举例

按机械化和自动化程度,等离子切割设备可分为手工等离子切割、机械等离子切割和数控等离子切割。

①手工等离子切割机(图3.11)。

②数控等离子切割机(图3.12)。

③数控等离子/火焰切割机(图3.13),该设备比较常用。

图 3.11　手工空气等离子弧切割机

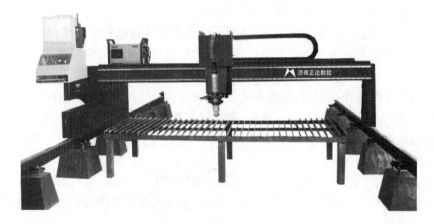

图 3.12　数控等离子切割机

图 3.13　数控等离子/火焰切割机

3.激光切割

（1）激光切割原理

激光切割是采用激光束照射到工件表面时释放的能量来使工件熔化并蒸发而实现切割。激光切割时，由于激光束聚焦成很小的光斑，使焦点处的功率密度很高，此时激光束输入的热量远远超过被材料反射、传导或扩散的部分，材料很快被加热至熔化，蒸发形成孔洞；随着光束与材料相对线性移动，使孔洞连续形成宽度很窄的切缝。

用于切割的激光源，除了少数场合采用 YAG 固体激光器外，绝大部分采用电－光转换效率较高并能输出较高功率的 CO_2 气体激光器，其工作功率一般为 500～5 000 W。由于能量非常集中，所以仅有少量热传到工件的其他部分，所造成的变形很小甚至没有变形，因此利用激光可以非常准确地切割复杂形状的坯料，所切割的坯料不必再做进一步的处理。此外，激光切割特别适合于难以用机械方法切割的材料，例如极硬和脆性材料。

（2）激光切割的主要特点

①激光切割的切缝窄，工件变形小，切口精度高。

由于激光的光斑尺寸很小，能量密度很高，以致切缝很窄，切边受热影响很小，工件基本没有变形。此外，激光切割无毛刺、皱折、精度高，优于等离子弧切割。对许多机电制造行业来说，由于微机程序控制的现代激光切割系统能方便切割不同形状与尺寸的工件，激光切割往往比冲切、模压工艺更被优先选用；尽管它的加工速度还慢于模冲，但它没有模具消耗，无须修理模具，还节约更换模具时间，从而节省了加工费用，降低了生产成本，所以从总体上考虑是更有优势的。

②激光切割是一种高能量密度、可控性好的无接触加工。

激光束对工件不施加任何力，它是无接触切割方法。这就意味着：工件无机械变形；无刀具磨损，也谈不上刀具的转换问题；切割材料无须考虑它的硬度，也即激光切割能力不受被切材料的硬度影响，任何硬度的材料都可以切割。

激光束可控性强，并有高的适应性和柔性，因而与自动化设备相结合很方便，容易实现切割过程自动化；由于不存在对切割工件的限制，激光束具有无限的仿形切割能力；与计算机结合，可整张板排料，节省材料。

③激光切割具有广泛的适应性和灵活性。

与其他常规加工方法相比，激光切割具有更大的适应性。首先，与其他热切割方法相比，同样作为热切割过程，别的方法不能像激光束那样作用于一个极小的区域，结果导致切口宽、热影响区大和明显的工件变形。其次，激光能切割非金属，而其他热切割方法则不能。

（3）激光切割的应用

激光切割应用很广，可用于切割各种金属与非金属材料。激光切割过程中可添加与被切材料相适合的辅助气体。钢切割时利用氧作为辅助气体，氧与熔融金属产生放热反应，同时帮助吹走割缝内的熔渣。切割聚丙烯一类塑料使用压缩空气，而切割棉、纸等易燃材料时使用惰性气体。进入喷嘴的辅助气体还能冷却聚焦透镜，防止烟尘进入透镜座内污染镜片并导致镜片过热。大多数有机与无机材料都可以用激光切割。许多金属材料，不管它是什么样的硬度，都可以进行无变形切割。当然，对高反射率材料，如金、银、铜和铝合金,又是好的传热导体,采用激光切割比较困难。

(4)激光切割的主要工艺

①汽化切割。

在高功率密度激光束的加热下,材料表面温度升至沸点温度的速度是如此之快,足以避免热传导造成的熔化,于是部分材料汽化成蒸汽消失,部分材料作为喷出物从切缝底部被辅助气体流吹走。一些不能熔化的材料,如木材、碳素材料和某些塑料就是通过这种汽化切割方法切割成形的。

汽化切割过程中,蒸汽带走熔化质点和冲刷碎屑,形成孔洞。汽化过程中,大约40%的材料化作蒸汽消失,而有60%的材料是以熔滴的形式被气流驱除的。

②熔化切割。

当入射的激光束功率密度超过某一值后,光束照射点处材料内部开始蒸发,形成孔洞。一旦这种小孔形成,它将作为黑体吸收所有的入射光束能量。小孔被熔化金属壁所包围,然后,与光束同轴的辅助气流把孔洞周围的熔融材料带走。随着工件移动,小孔按切割方向同步横移形成一条切缝。激光束继续沿着这条缝的前沿照射,熔化材料持续或脉动地从缝内被吹走。

③氧化熔化切割。

熔化切割一般使用惰性气体,如果代之以氧气或其他活性气体,材料在激光束的照射下被点燃,与氧气发生激烈的化学反应而产生另一热源,称为氧化熔化切割。具体描述如下:

a.材料表面在激光束的照射下很快被加热到燃点温度,随之与氧气发生激烈的燃烧反应,放出大量热量。在此热量作用下,材料内部形成充满蒸汽的小孔,而小孔的周围被熔融的金属壁所包围。

b.燃烧物质转移成熔渣控制氧和金属的燃烧速度,同时氧气扩散通过熔渣到达点火前沿的快慢也对燃烧速度有很大的影响。氧气流速越高,燃烧化学反应和去除熔渣的速度也越快。当然,氧气流速不是越高越好,因为流速过快会导致切缝出口处反应产物即金属氧化物的快速冷却,这对切割质量也是不利的。

c.显然,氧化熔化切割过程存在两个热源,即激光照射能和氧与金属化学反应产生的热能。据估计,切割钢时,氧化反应放出的热量要占到切割所需全部能量的60%左右。很明显,与惰性气体比较,使用氧作辅助气体可获得较高的切割速度。

d.在拥有两个热源的氧化熔化切割过程中,如果氧的燃烧速度高于激光束的移动速度,割缝显得宽而粗糙。如果激光束移动的速度比氧的燃烧速度快,则所得切缝狭而光滑。

④控制断裂切割。

对于容易受热破坏的脆性材料,通过激光束加热进行高速、可控的切断,称为控制断裂切割。这种切割过程主要是:激光束加热脆性材料小块区域,引起该区域大的热梯度和严重的机械变形,导致材料形成裂缝。只要保持均衡的加热梯度,激光束可引导裂缝在任何需要的方向产生。

要注意的是,这种控制断裂切割不适合切割锐角和角边切缝。切割特大封闭外形也不容易获得成功。控制断裂切割速度快,不需要太高的功率,否则会引起工件表面熔化,破坏切缝边缘。其主要控制参数是激光功率和光斑尺寸大小。

(5)激光切割设备

激光切割机主要由 6 个部件组成:机架、光路系统(激光器)、电路、工作平台、水路、操作软件。而光路系统也有 6 个部件:光源、光源传导系统(镜片)、机械传动系统、电子线路、控制软件、辅助设备(抽风系统、冷水系统、吹气系统等)。

图 3.14 所示为 VL1530H200 型激光切割机,其主要技术指标见表 3.1。

图 3.14　VL1530H200 型激光切割机

表 3.1　VL1530H200 型激光切割机的主要技术指标

型号	VL1530H200
工作台面尺寸	1 700 mm×3 200 mm
最大加工尺寸	1 500 mm×3 000 mm
最高行进速度	60 m/min
最大切割速度	7 m/min
激光器功率	1.5 kW/2 kW/3 kW/4 kW

3.2.3　边缘加工方法及设备

1.边缘加工及其目的

焊接母材的边缘加工主要是坡口加工,即将焊缝两侧的工件边缘加工成一定形状和尺寸的坡口,目的是使厚度较大的工件能被充分焊透。

针对钢的焊条电弧焊、气体保护焊、气焊、TIG 焊及高能束焊所推荐的焊接坡口参见 ISO 9692—1:2003;针对钢的埋弧焊所推荐的焊接坡口参见 ISO 9692—2:1998;针对铝及铝合金的惰性气体保护焊所推荐的焊接坡口参见 ISO 9692—3:2000;针对复合钢焊接所推荐的焊接坡口参见 ISO 9692—4:2003。

2.常用的边缘加工方法

(1)机械切削加工

在机械切削加工中,应用最为广泛的是在刨边机上进行钢板的边缘加工和开坡口。

因为在刨边机上可以进行各种金属材料的边缘加工,且加工精度高,坡口尺寸准确,刚性夹紧装置可以防止产生加工变形。但这种方法只能加工直线,且设备较贵,占地面积较大,其加工速度也比火焰切割慢。

边缘加工的设备有刨边机(图3.15)、坡口铣边机等(图3.16)。

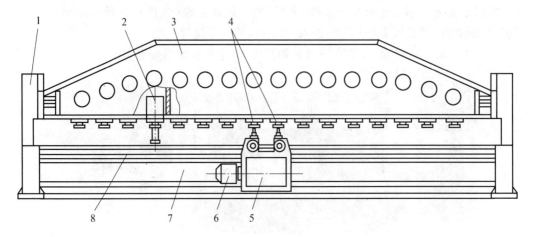

图3.15　刨边机

1—立柱;2—压紧装置;3—横梁;4—刀架;5—进给箱;6—电动机;7—床身;8—导轨

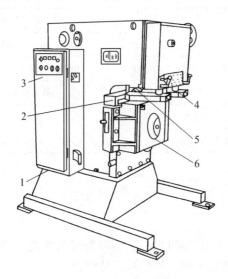

图3.16　坡口铣边机

1—床身;2—导向装置;3—控制柜;4—压紧和防翘装置;5—铣刀;6—升降工作台

(2)气体火焰加工

坡口加工所用的气割设备和工艺规范与钢材下料时完全相同。在进行坡口加工时,使用气割具有以下特点:

①适用范围广。不仅可切直线,也可进行曲线加工,而且特别适用于大厚度工件的加工。

②加工速度快。利用多个割嘴,一次可加工各种形式的坡口。

③切口处残存熔渣和一定的硬化层,必须进行打磨和清理。

④有裂纹敏感性的材料不适合用此方法进行坡口加工。

（3）碳弧气刨加工

碳弧气刨是一种对金属进行"刨削"加工的工艺方法。它主要用于清理焊根、清除有缺陷的焊缝;也可用于焊缝开坡口,特别是开 U 形坡口;同时可用于切割气割难以加工的金属。

①碳弧气刨的原理。

碳弧气刨是利用在碳棒与工件之间产生的电弧热将金属熔化,同时用压缩空气将这些熔化金属吹掉,从而在金属上刨削出沟槽的一种热加工工艺。其工作原理如图 3.17 所示。

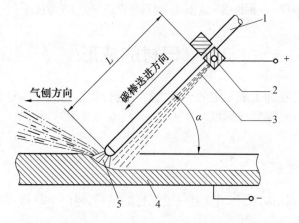

图 3.17　碳弧气刨工作原理示意图

1—碳棒;2—气刨枪夹头;3—压缩空气;4—工件;5—电弧

L—碳棒外伸长;α—碳棒与工件夹角

②碳弧气刨的特点。

a. 与用风铲或砂轮相比,效率高,噪音小,并可减轻劳动强度。

b. 与等离子弧气刨相比,设备简单,压缩空气容易获得且成本低。

c. 由于碳弧气刨是利用高温而不是利用氧化作用刨削金属的,因而不但适用于黑色金属,而且还适用于不锈钢、铝、铜等有色金属及其合金。

d. 由于碳弧气刨是利用压缩空气把熔化金属吹去,因而可进行全位置操作;手工碳弧气刨的灵活性和可操作性较好,因而在狭窄工位或可达性差的部位,碳弧气刨仍可使用。

e. 在清除焊缝或铸件缺陷时,被刨削面光洁铮亮,在电弧下可清楚地观察到缺陷的形状和深度,故有利于清除缺陷。

f. 碳弧气刨也具有明显的缺点,如产生烟雾、噪音较大、粉尘污染、弧光辐射、对操作者的技术要求高。

③碳弧气刨的应用。

a. 清焊根。

b. 开坡口,特别是中、厚板对接坡口,管对接 U 形坡口。

c. 清除焊缝中的缺陷。

d. 清除铸件的毛边、飞刺、浇铸口及缺陷。

④碳弧气刨的设备及材料。

碳弧气刨系统由电源、气刨枪、碳棒、电缆气管和压缩空气源等组成,如图3.18所示。

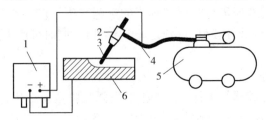

图3.18 碳弧气刨系统示意图

1—电源;2—气刨枪;3—碳棒;4—电缆气管;5—空气压缩机;6—工件

3.3 母材的成形

焊接母材通常是在加工成一定的形状之后才进行焊接的。焊接母材的成形方法主要有压延成形、弯曲成形、卷制成形以及水火成形等,本节将对这些成形方法和设备进行介绍。

3.3.1 压延成形

压延也称拉延或拉深,是利用具有一定半径的模具,将已下料得到的平板坯料制成各种形状的开口空心零件的冲压工序。

压延可以在普通的压力机或专用压延压力机或液压机上进行。压延所用模具与冲裁模不同,其凸、凹模没有锋利的刃口,而其工作部分都具有较大的半径,并且凸、凹模之间的间隙一般大于板料厚度。压延工序加工零件的尺寸范围可以从直径几毫米到2~3 m,厚度为0.2~300 mm。用压延工序可以制成筒形、锥形、球形、方盒形和其他形状不规则形状的零件。

虽然各种零件的冲压过程都称为压延,但由于几何形状的特点不同,故其在确定压延的工艺参数、工序数目及工艺顺序方面都不一样。本节以整体封头的成形过程来介绍压延的基本原理。

封头是锅炉、压力容器、炼油和化工设备等受压容器上的重要构件。封头按其形状可分为平底封头、碟形封头、椭圆形封头及球形封头等。

1. 封头的压延工艺过程

封头冲压过程中,板料的变形很大。对于壁厚或冲压深度过大的封头,若在冷态下冲压,不仅需要较大功率的压力机,而且会使成形后的封头产生严重的冷作硬化,甚至形成裂纹。为保证封头的质量,多采用热冲压。

(1)压延成形过程

整体封头的压延如图3.19所示。先将工件加热到适当温度,然后将其放置在下模上,并对准中心;放下压边圈,将坯料压紧到合适程度,以保证冲压时使坯料各处能均匀变形,防止封头产生波纹和皱折。开动压力机加压,使坯料逐渐变形,并落入下模。提起上模,使封头与凸模脱离。

（2）封头的壁厚变化

整体封头的拉延过程,无论采用压边圈拉延或不采用压边圈拉延,一般在接近大曲率部位,封头壁厚都要变薄。椭圆形封头在曲率半径最小处变薄最大,一般壁厚减薄量:碳钢封头可达 8% ~ 10%,铝封头可达 12% ~ 15%。球形封头在底部变薄最严重,

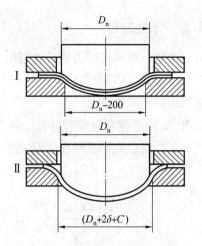

图 3.19　整体封头的二次压延
Ⅰ—第一次预成形;Ⅱ—最后成形

可达12% ~ 14%。在设计封头和制定其制作冲压工艺时,都应予以考虑。

影响封头壁厚变化的因素有:

①材料强度越低,壁厚变薄量越大。

②变形程度越大,封头底部越尖,壁厚变薄量越大。

③上、下模间隙及下模圆角越小,壁厚变薄量越大。

④压边力过大或过小,压制温度超高,都会导致壁厚减小。

2.封头压延成形模具

（1）封头压延成形模具的设计要求

①设计凸模、凹模尺寸时,必须考虑到工件热成形冷却后的收缩量和冷压延成形后的回弹量。

②凸模应有脱模斜度,工件脱模方法应简单、方便、可靠。

③在模具结构上要考虑到防止受热变形而造成模具的损坏。

④定位装置要保证坯料进出方便、迅速、定位准确。

⑤尽量选用自润滑性好的材料制造模具。

（2）封头压延成形模具的设计参数

根据制造要求的不同,封头的压延成形可分为冷压和热压两种。

当采用冷压模具时,封头在成形后会产生回弹,其数值大小与所用材料的力学性能、变形程度、工件形状、模具结构及间隙有关,一般是靠经验数据确定后,采用试压修正模具的方法来确定。

当采用热压模具时,封头在成形后必然会收缩,其数值大小与所用材料、工件形状、尺寸、板厚、脱模温度及冷却条件有关,收缩量的大小 δ 一般按下式计算

$$\delta = \alpha \Delta T \times 100\%$$

式中,α 为材料的线膨胀系数;ΔT 为封头始压温度与终止温度之差。

3.3.2 弯曲成形

板材的弯曲一般是在压力机或卷板机上进行的,统称为压弯和卷弯。本节重点介绍板材的压弯成形,板材的卷弯(或称卷制)在下一节中介绍。

1. 板材压弯变形过程

图 3.20 是 V 形件弯曲变形过程。在弯曲变形过程中,弯曲半径 $r_0, r_1, \cdots, r_k$ 及支点距离 $l_0, l_1, \cdots, l_k$ 随着成形过程变化而逐渐减小。

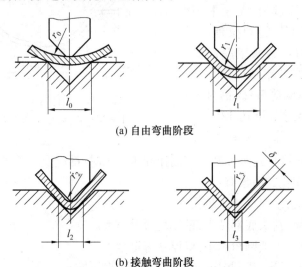

(a) 自由弯曲阶段

(b) 接触弯曲阶段

图 3.20 V 形件弯曲变形过程

2. 弯曲工艺及设备

(1)最小相对弯曲半径 R_{min}

最小相对弯曲半径 R_{min} 又称最小弯曲系数,R_{min} 是衡量弯曲件变形程度的主要标志,是弯曲件的内角半径 r 与板料厚度 δ 的比值,即 $R_{min} = r/\delta$。R_{min} 值越小则变形程度越大,工件就越容易在外层开裂。

最小相对弯曲半径 R_{min} 与材料的力学性能和热处理状态等有关,而且板材的平面方向性、侧面和表面质量也都有重要影响。

(2)冷压弯时的回弹

弯曲变形中存在弹性变形成分,当外载荷去除后,塑性变形保留下来,而弹性变形会消失,制品离开模具后,产生了弹性回复,使弯曲件的形状和尺寸都与加载时不一致,这种现象称为回弹。回弹引起弯曲角由卸载前的 α 增大至卸载后的 α_1,如图 3.21 所示。

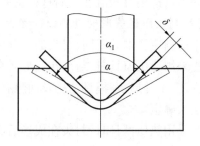

图 3.21 回弹角

在实际生产中,回弹是影响弯曲件质量的主要因素,为此,应采取相应的技术措施加以预防。

①影响回弹的因素。

a. 材料的力学性能。当材料的屈服强度 σ_s 越高,材料的弹性模量 E 越大,变形越小,压弯角的回弹量越大。

b. 最小相对弯曲半径 R_{min}。回弹量与 R_{min} 成正比,R_{min} 越大,变形越小,则回弹值越大。

c. 工件的形状。通常 U 形件的回弹比 V 形件的回弹小。

d. 模具间隙。模具间隙对回弹的影响很大,两者成正比。

e. 矫正力。矫正力与弯曲回弹成反比。

②减小回弹的措施。

a. 增加工件刚性,如图 3.22 所示。

b. 提高材料塑性。在弯曲件材料选用上,采用屈服强度小、弹性模量大、力学性能比较稳定的材料。对硬材料或经冷作硬化的材料,在弯曲前进行退火软化处理。

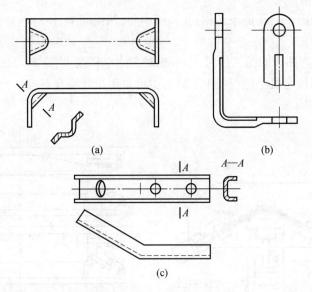

图 3.22 改进工件结构以增加刚性

c. 修正模具法。将模具的角度减小一个回弹角,或将凸模做出等于回弹角的倾斜度,也可将凸模和顶板做成圆弧曲面,利用曲面部分的回弹来补偿两直边的回弹量,如图3.23所示。

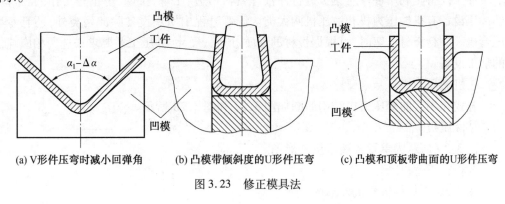

(a) V形件压弯时减小回弹角   (b) 凸模带倾斜度的U形件压弯   (c) 凸模和顶板带曲面的U形件压弯

图 3.23 修正模具法

d.加压矫正法。在弯曲终了时进行加压矫正,以增加弯曲处的塑性变形程度,使弯曲件内、外表面拉压两区纤维回弹趋于抵消,可减小回弹量,如图3.24所示。

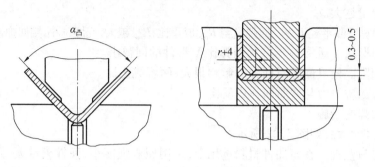

图3.24　加压矫正法

e.缩小模具间隙。当其他条件相同时,缩小凸、凹模间隙,使材料有挤薄现象发生,也可有效地减小回弹。

f.拉弯法。当弯曲大圆弧工件时,由于相对弯曲半径很大,这时可采用拉弯工艺。拉弯工艺可以在专用拉弯机上进行(图3.25),也可采用拉弯模在普通压力机上进行。拉弯模结构如图3.26所示。

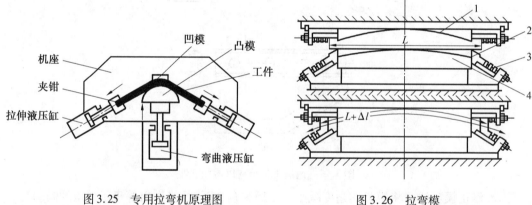

图3.25　专用拉弯机原理图　　　　图3.26　拉弯模
1—上模;2—夹子;3—弹簧;4—下模

（3）常用冲压设备

冲压设备是利用冲模对钢板进行冲裁、落料、切边、压弯、拉伸、矫正等工作的。常用的冲压设备有机械压力机和液压机两大类。压弯过程中所用设备除此两类外,还有专用压弯机。进行板材压弯时,可根据板材的性质、形状、尺寸、冲压工艺要求来选用相应吨位的加工设备。

①机械压力机。

开式和闭式曲柄压力机结构简图如图3.27和图3.28所示。

②液压机。

图3.29所示为单臂式液压机外形图。

③板料折弯机。

图3.30为板料折弯机外形图。

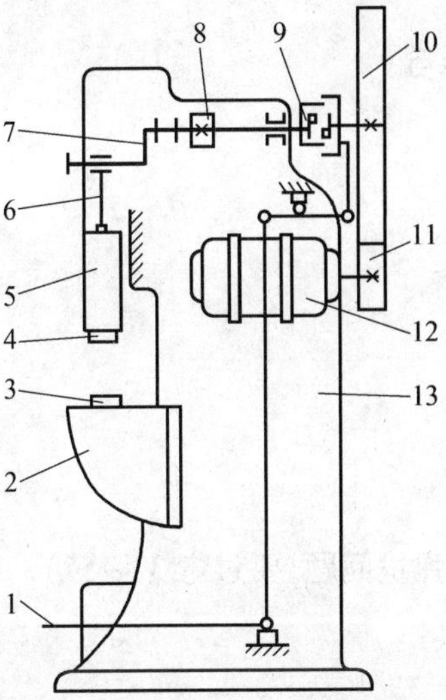

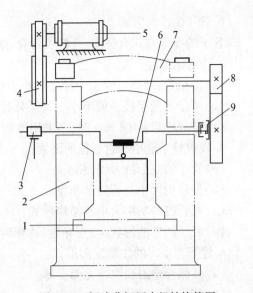

图 3.27 开式曲柄压力机结构简图

1—脚踏;2—工作台;3—凹模;4—凸模;5—滑块;6—连杆;7—偏心轴;8—制动器;9—离合器;10—大齿轮;11—小齿轮;12—电动机;13—机体

图 3.28 闭式曲柄压力机结构简图

1—工作台;2—立柱;3—制动器;4—带轮;5—电动机;6—曲柄;7—横梁;8—齿轮;9—离合器

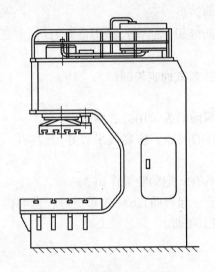

图 3.29 单臂式液压机外形图

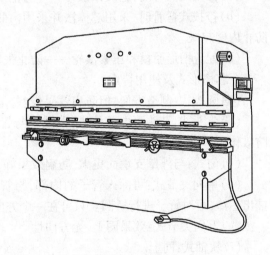

图 3.30 板料折弯机外形图

3. 管材和型材的弯曲

（1）管材的弯曲

①管子的冷弯。

a.冷弯的特点。

冷弯具有加工过程简单、操作方便、表面光洁、变形小等优点,所以是一种普遍使用的方法。但冷弯时材料变形抗力大、塑性较差,往往受到弯曲半径及设备能力的限制,故这种方法多用于小直径管子的弯曲。

b. 管子的冷弯方式。

管子的冷弯方式有挤弯、弯管机弯管、滚弯和压弯。

c. 冷弯的条件。

(a)薄壁管:壁厚与管子中径之比小于 0.06。

(b)管子弯曲半径一般不小于管子外径的 3 倍。

(c)管径小于 ϕ108 mm 时,多采用冷弯。

d. 确定管子最小弯曲半径的因素:

(a)管子的变形抗力(材质)。

(b)壁厚的大小与管径的粗细。

(c)弯管机的功率大小和结构形式。

(d)管子的弯曲形状(变形角度,冷弯时考虑回弹量问题,要过弯 3° ~ 5°)。

e. 管子弯曲时的主要变形形式:

(a)外侧管壁因受拉应力而变薄。

(b)管子截面形状发生失圆现象。

(c)管壁内侧因压应力作用而失稳起皱。

(d)管子因弯曲半径过小而卷裂。

f. 防止和消除管子弯曲变形的措施:

(a)拉拔式冷弯时,施加顶镦力——防止减薄破裂。

(b)拉拔式弯管时,采用芯棒法并采用内侧防皱板;热弯时,采用填充芯料,主要为了防止内壁起皱。

(c)配置槽形胎模和压紧滚轮——防止失圆(指截面丧失圆形)。

g. 芯棒形式及使用特点:

(a)圆头式:制造方便,但防扁效果较差,是目前最为常用的芯棒形式。

(b)尖头式:芯头可向前伸进,以减小与管壁的间隙。防扁效果较好,且具有一定的防皱作用。

(c)勺式:与外壁支承面更大,防扁效果好,具有一定的防皱作用。

(d)单向关节式:可深入管子的内部,与管子一起弯曲,防扁效果更好。弯后借油缸抽出芯棒,可对管子进行矫圆。只可在一个方向上弯曲。

(e)万向关节式:效果同上,无方向性。

(f)软轴式:同上。

②管子的热弯。

热弯时的温度:碳钢、低合金钢:800 ~ 1 000 ℃;不锈钢:1 000 ~ 1 150 ℃。管子的热弯方法分为:

a. 有填充物热弯:

(a)填充物:砂子。

(b)目的:防止管子弯曲时变形或折皱。

(c)主要用于薄壁管或弯曲半径较小的管子。

(d)注意事项:加热要均匀,包括砂子的加热;弯曲用力要均匀,防止管子起皱或断裂;终弯温度不低于 800 ℃。

　　b. 无填充物热弯:

　　一般在专用弯管机上进行。

　　管子的热弯加热方式有两种:

　　(a)火焰加热。

　　(b)中频感应加热(图 3.31)。

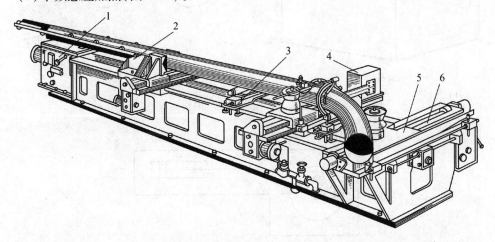

图 3.31　感应加热式弯管机

1—纵向进给机构;2—夹紧滑座;3、5—管子支撑装置;4—感应变压器;6—弯曲辊移动机构

　　(2)型钢的弯曲

　　型材包括角钢、槽钢、工字钢、T 形钢、圆钢和扁钢等。

　　①型材弯曲时的变形。

　　除圆钢和扁钢外,其他型材在弯曲时,由于重心线与力的作用线不在同一平面上,型材除受弯曲力矩外,还受到扭曲的作用。因此,型材的断面会发生畸变。型材弯曲时,中性层以外的材料由于受拉而产生翘曲变形;中性层以内的材料由于受压而产生折皱变形。

　　②最小弯曲半径 R_{min}。

　　最小弯曲半径就是使型材最外侧材料在拉力作用下,临近发生撕裂时的弯曲半径。它与材料的性能、热处理状态及表面状态等因素有关。

　　当型材受力而弯曲时,在中性层外侧和内侧的材料分别受拉力和压力的作用,拉力的大小主要由弯曲半径决定。弯曲半径越小,型材外侧所受的拉力就越大,材料就会发生翘曲而使壁厚减薄,严重时会产生撕裂现象。因此,必须限制型材弯曲时的最小弯曲半径。

　　③型材的弯曲方法。

　　a. 型钢的冷弯——多数为机动弯曲。

　　(a)卷弯:在三辊或四辊型钢弯曲机上进行,如图 3.32 所示。

　　(b)拉弯:在大吨位压力机上用拉弯模进行弯曲,如图 3.33 所示。

　　b. 型钢的热弯——多为手工操作。

　　当型材规格大、弯曲半径较小,缺少冷弯设备或设备能力不足,或是不允许冷弯及一次性生产工件数量较少,采用冷弯设备和制作冷弯模具不经济时,则采取热弯。

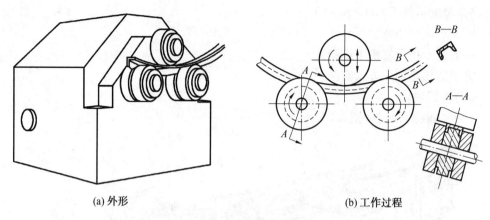

| (a) 外形 | (b) 工作过程 |

图 3.32　三辊型材弯曲机

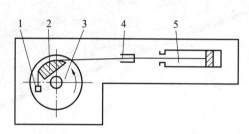

图 3.33　型材拉弯工作原理简图
1—夹头;2—靠模;3—旋转工作台;4—型材;5—拉力液压缸

热弯大多是在大型工作平台上,用人工操作方法进行弯制。

3.3.3　卷制成形

钢板的卷制(即滚弯)是对已经按尺寸要求剪裁下料,并经边缘加工后的板材实施弯曲的工艺方法。它是在卷板机(或称滚弯机)上,利用工作辊相对位置变化和旋转运动,对坯料进行连续弯曲加工的,是焊接结构生产中圆筒形、锥形等工件的主要加工方式。

1. 钢材的卷制要求

钢材冷弯曲加工时,应符合下列规定:

其变形率 $\varepsilon < 5\%$,钢板的最小弯曲半径 $R \geqslant 25S$(S 为板厚);对压力容器而言, $\varepsilon = 2.5\% \sim 3\%$ 。否则,必须在加热状态下进行。通常当 $D/S > 40$ 时,可在冷态下进行;当 $D/S < 40$ 时,必须热弯,如图 3.34 所示。

根据《压力容器安全技术监察规程》的规定:

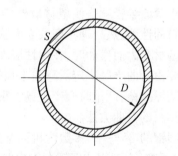

图 3.34　钢板卷制的直径与壁厚的关系

当低碳钢和 16MnR 板厚 $S \leqslant 0.03D_g$ 、低合金钢板厚 $S \leqslant 0.025D_g$(D_g 为工件的公称直径)时,可采用冷弯方法,否则应进行热弯或加工后热处理。

当弯曲厚度较大,或曲率半径较小时,要想按要求的曲率进行弯曲加工,而又不致使材料受损,保证其弯曲质量,就必须采用热弯曲加工。

注:钢板热弯曲时,除特殊需要,经技术负责人批准外,同一部位的加热次数不得超过两次(可加热两次)。

2. 卷板机及其工作原理

(1)卷板机的结构

卷板机的主要结构形式分为对称式三辊卷板机(图 3.35、图 3.36(a))、不对称式三辊卷板机(图 3.36(b))、四辊卷板机(图 3.36(c))和立式卷板机。典型对称式三辊卷板机的结构如图 3.35 所示。

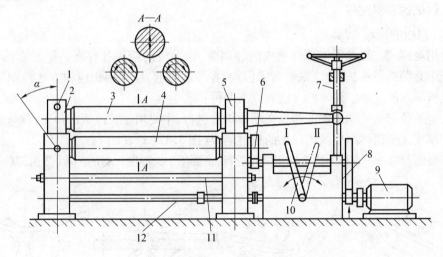

图 3.35 典型对称式三辊卷板机的结构简图

1—插销;2—活动轴承;3—上辊;4—下辊;5—固定轴承;6—齿轮;7—卸板装置;
8—减速器;9—电动机;10—操纵手柄;11—拉杆;12—上辊压紧传动螺杆

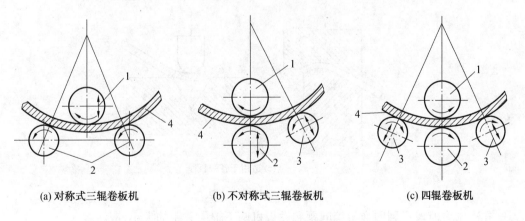

(a)对称式三辊卷板机 (b)不对称式三辊卷板机 (c)四辊卷板机

图 3.36 卷板机的工作原理

1—上辊;2—下辊;3—侧辊;4—板料

对称式三辊卷板机的结构由一个上辊和两个对称布置的下辊组成。它的上辊可上下移动,两下辊固定,并为主动辊,可正反向旋转,辊径多小于上辊,如图 3.35、图 3.36(a)所示。其结构简单,功率较大,是工厂中应用最广泛的一种卷板机。

(2)卷板机的工作原理

图 3.36 所示为 3 种类型卷板机的工作原理示意图。

需要说明的是:

①在一次卷制过程中,需使板材的变形曲率相同。

②上辊几次下压,就将钢板弯卷到需要的曲率半径。

③板料的两端不能同时进入 3 辊之间,得不到弯曲,成为剩余直边。剩余直边的长度约为两下辊中心距的一半。滚圆时,需事先采取预弯措施或留取相应的切边余量。

3.钢板的卷制过程

(1)钢板的预弯

使用对称式三辊卷板机进行钢板的卷制时,在钢板的两端各存在一个平直段(约为两下辊中心距的一半长度)无法卷弯。因此,在卷制之前,应采用相应的方法将钢板两端弯曲成所要求的曲率。预弯的方法有以下两种:

①弯胎预弯——利用弯曲胎板在卷板机上进行,主要用于较薄板的预弯,预弯胎具板一般用厚度大于筒体厚度两倍以上的板材制成(图 3.37(a)、(b))。

②模压预弯——在压力机上利用模具进行,主要用于大厚度板材的预弯(图 3.37(c))。

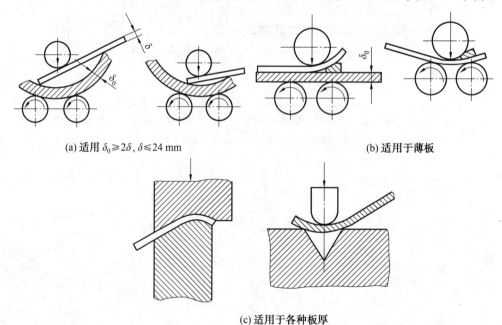

(a) 适用 $\delta_0 \geqslant 2\delta$, $\delta \leqslant 24$ mm　　　　　　　　(b) 适用于薄板

(c) 适用于各种板厚

图 3.37　常用预弯方法

在冷预弯时考虑到回弹量等问题和卷板机两下辊中心距的大小,应注意:

a.胎模具的弯曲半径一般应小于筒体的最小弯曲半径。

b.预弯长度应大于两下辊的中心距,通常为 $(6 \sim 20)\delta$。

（2）对中（图3.38）

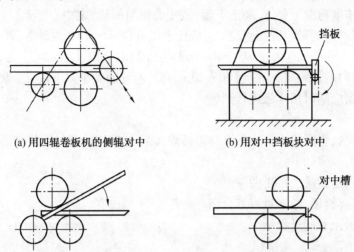

（a）用四辊卷板机的侧辊对中

（b）用对中挡板块对中

（c）倾斜进料对中

（d）用下辊对中槽对中

图3.38 常用对中方法

为了防止钢板在卷制过程中出现扭斜，产生轴线方向的错边，滚卷之前在卷板机上摆正钢板的过程为对中。常用的对中方法有以下几种：

①在三辊卷板机上可采用对中挡板对中法（图 3.38（b））、倾斜进料对中法（图3.38（c））及辊上槽线对中法（图3.38（d））。

②在四辊卷板机上可采用侧辊对中法（图3.38（a））。

（3）卷制

卷制时，卷板机的辊子需满足一定的位置关系，如图图3.39所示。

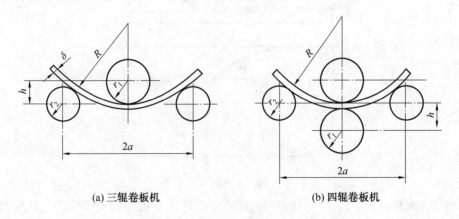

（a）三辊卷板机

（b）四辊卷板机

图3.39 卷板机辊子的位置关系

钢板对中后可实施滚卷，使上辊下压，钢板产生一定曲率的弯曲。上辊的下压量与滚卷次数有关，依据以下原则调整：

①冷卷时，不超过材料允许的最大变形率。

②上辊下压产生的下压力保证辊子不打滑。

③根据板厚、材质,一次下压量不超过卷板机的额定功率。

④卷制时,求取弯曲半径 R_0 和上下辊(或中心辊与侧辊)之中心距 h。

⑤卷板机可卷制的最小圆筒直径 D_{min} 应比上辊直径 d 大 15% ~ 20%,即

$$D_{min} = d + (0.15 \sim 0.2)d$$

⑥考虑冷卷时的回弹量,应过卷 20 ~ 30 mm,过卷量的大小以不造成金属性能变坏为宜。为防止过卷,应随时用样板进行测量。

(4)矫圆

在滚圆完毕后,将圆筒点焊或对纵缝进行焊接后,应再次滚圆,以使椭圆度和突变量达到规定的范围,步骤如下:

①逐渐加载,达到最大矫正曲率。

②重点矫正焊缝区,经测量直到合格。

③逐渐卸载,至卷制过程结束。

3.3.4　水火成形

1.水火成形原理

水火成形即水火弯板,起源于 20 世纪 50 年代,现已在造船行业广泛应用。水火成形本质上是一种热应力成形,与火焰矫形一样,是通过对工件进行局部加热或冷却,利用工件内部温度分布不均匀所产生的热应力来驱动工件变形的成形方法。水火成形示意图如图 3.40 所示。

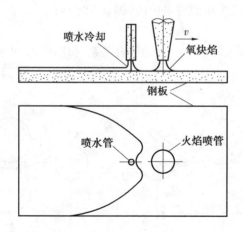

图 3.40　水火成形示意图

热应力成形过程不需要模具的参与,适用于单件或小批量的成形生产。热应力成形技术既可广泛应用于金属板材、管材以及其他型材的弯曲成形,也可用于对变形的矫正。目前应用最多的是造船行业中对船体曲面板的成形,可以成形各种复杂形状的三维曲面。

按照加热热源的不同,热应力成形可以分为采用火焰加热的水火弯板成形、采用激光加热的激光热应力成形以及采用高频感应加热的高频感应热应力成形。目前技术最成熟、应用最多的是采用火焰加热的水火弯板成形。

2. 水火成形设备

大连理工大学先后与大连造船厂、大连新船重工组成联合课题组,从 20 世纪 80 年代中期以来,对水火弯板的变形机理、影响因素、加工参数确定等问题,进行了持续十几年的研究工作,得到了参数设计的软件系统,并成功地在船厂生产中应用。

广州广船国际股份有限公司与上海交通大学合作在水火弯板计算机应用系统方面进行了多年的开发研究,于 2005 年 11 月成功开发了我国第一台数控水火弯板机(图 3.41)及专家系统。

图 3.41 数控水火弯板机

思 考 题

1. 什么是放样、划线和下料? 它们的区别是什么?
2. 热切割有哪些方法? 各适用于什么情况?
3. 坡口加工有哪些方法和设备?
4. 钢板卷弯原理及卷板的工艺过程是什么?
5. 水火成形的原理是什么?

第4章 焊接工艺装备

装配在焊接结构制造工艺中占有很重要的地位,这不仅是由于装配工作的质量好坏直接影响着产品的最终质量,而且还因为装配工序的工作量大,约占整个产品制造工作量的30%~40%。所以,提高装配工作的效率和质量,在缩短产品制造工期、降低生产成本、保证产品质量等方面,都具有重要的意义。

本章将系统地介绍焊接结构装配时的定位、装配焊接夹具、焊接变位机械等。

4.1 工件的定位

4.1.1 工件的定位原理

1.6 点定位原理

任何空间的刚体未被定位时都具有6个自由度(图4.1(a)),即沿3个互相垂直的坐标轴的移动(图4.1(b))和绕这3个坐标轴的转动(图4.1(c))。因此,要使零件(一般可视为刚体)在空间具有确定的位置,就必须约束其6个自由度,如图4.2所示。

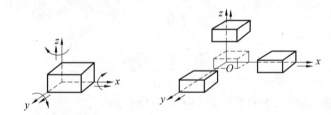

(a) 刚体未被定位时有6个自由度   (b) 刚体沿3个互相垂直方向的移动

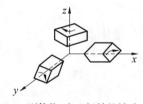

(c) 刚体绕3个坐标轴的转动

图4.1 空间物体的6个自由度

上述6点定位定则也适用于装焊工装夹具的设计,但应加以灵活应用。

对于待装配的每个结构元件,不必都以6个支承点来定位,而可利用先装好的零件作为后装配零件的定位支承点。这就可简化夹具的结构,减少定位器的数量。

在实际装配中,可由定位销、定位块、挡板等定位原件作为定位点;也可以利用装配台或工件表面上的平面、边棱及胎架模板形成的曲面代替定位点;有时还由在装配平台或工件表面画出的定位线起定位点的作用。

2.定位基准及其选择

（1）定位基准

在结构装配过程中,必须根据一些指定
的点、线、面来确定零件或部件在结构中的位
置,这些作为依据的点、线、面称为定位基准。

如图4.3所示,圆锥台漏斗上各部件间
的相对位置,是以轴线和 M 面为定位基准确
定的。

图4.4所示为一四通接头,装配时支管
Ⅱ、Ⅲ在主管Ⅰ上的相对高度是以 H 面为定
位基准而确定的,而支管的横向定位则以主
管轴线为定位基准。

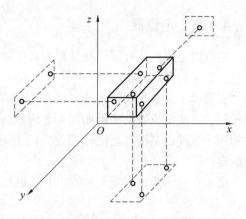

图4.2 长方体的6点定位

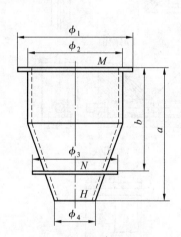

图4.3 圆锥台漏斗

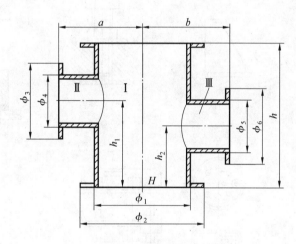

图4.4 四通接头

（2）定位基准的选择

合理地选择装配定位基准,对保证装配质量、安排零部件装配顺序和提高装配效率有
着重要的影响。通常根据以下原则选择定位基准:

①尽可能选用设计基准作定位基准,这样可以避免因定位基准与设计基准不重合而
引起较大的定位误差。

②同一构件上与其他构件有连接或配合关系的各个零件,应尽量采用同一定位基准,
这样能保证构件安装时与其他构件的正确连接或配合。

③应选择精度较高又不易变形的零件表面或边棱作定位基准,这样能够避免由于基
准面、线的变形造成的定位误差。

④所选择的定位基准应便于装配中的零件定位与测量。

在实际装配中,定位基准的选择要完全符合上述所有的原则,有时是不可能的。因
此,应根据具体情况进行分析,选出最有利的定位基准。

4.1.2 定位器

定位器是将待装配零件在装焊夹具中固定在正确位置的器具,也可称定位元件,结构较复杂的定位器称为定位机构。

在装焊工装夹具中常用的定位器主要有挡铁、支撑钉、定位销、定位槽、V 形铁、定位样板等。这些定位器的外形如图 4.5 所示。其中挡铁和支撑钉用于零件的平面定位;定位销用于零件的基准孔定位;V 形铁用于圆柱体和圆锥体的定位;定位槽用于矩形截面零件的定位。

图 4.6 所示为电磁定位装置,用于铁磁性零件的定位。

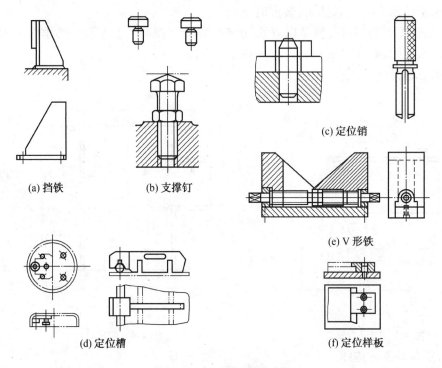

(a) 挡铁　　(b) 支撑钉　　(c) 定位销

(d) 定位槽　　(e) V 形铁　　(f) 定位样板

图 4.5　各种形式的定位器

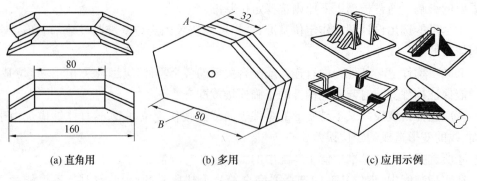

(a) 直角用　　(b) 多用　　(c) 应用示例

图 4.6　永磁式定位挡块

4.1.3 零件的定位方法

根据零件的具体情况,选取零件的定位方法。根据定位方法的不同可分为如下几种。

1. 划线定位

划线定位是利用在零件表面或装配台表面划出工件的中心线、接合线、轮廓线等作为定位线,来确定零件间的相对位置。通常用于简单的单件小批量装配或总装时的部分较小零件的装配。

图4.7(a)所示为以划在工件底板上的中心线和接合线作定位线,以确定槽钢、立板和三角形加强筋的位置;图4.7(b)所示为利用大圆筒盖板上的中心线和小圆筒上的等分线(也常称其为中心线)来确定两者的相对位置。

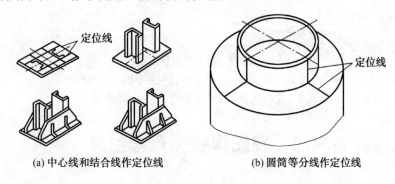

(a) 中心线和结合线作定位线　　　　(b) 圆筒等分线作定位线

图4.7　划线定位举例

2. 样板定位

利用小块钢板或小块型钢作为挡铁,取材方便,也可以用经机械加工后的挡铁提高精度。挡铁的安置要保证构件重点部位(点、线、面)的尺寸精度,便于零件的装拆。挡铁常用于钢板与钢板之间的角度装配和容器上各种管口的安装。

图4.8所示为斜 T 形结构的样板定位装配。

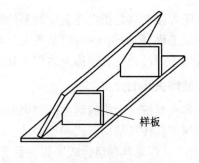

图4.8　样板定位

3. 定位元件定位

定位元件定位是用一些特定的定位元件(如板块、角钢、销轴等)构成空间定位点,来确定零件的位置,并用装配夹具夹紧装配。它不需划线,装配效率高,质量好,适用于批量生产。

4. 胎卡具(又称胎架)定位

金属结构中,当一种工件数量较多,内部结构又不很复杂时,可将工件装配所用的各定位元件、夹具和装配胎架 3 者组合为一个整体,构成装配胎卡具。

图4.9(a)所示为汽车横梁结构,它由拱形板、槽形板、角形板和主平板等零件组成。

其装配胎卡具如图4.9(b)所示,它由定位铁、螺栓卡紧器、回转轴共同组合连接在胎架上。装配时,首先将角形板置于胎架上,用定位铁定位并用螺栓卡紧器固定,然后装配槽形板和主平板,它们分别用定位铁和螺栓卡紧器卡紧,再将各板连接处定位焊。该胎卡具还可以通过回转轴回转,把工件翻转到使焊缝处于最有利的施焊位置焊接。

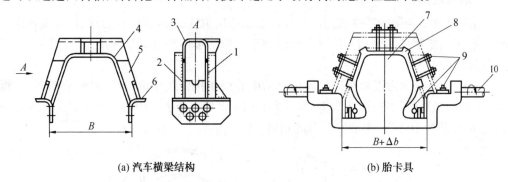

(a) 汽车横梁结构   (b) 胎卡具

图 4.9 胎卡具定位法

1、2—焊缝;3—槽形板;4—拱形板;5—主平板;6—角形板;
7—胎架;8—定位铁;9—螺栓卡紧器;10—回转轴

4.2 装配焊接夹具与胎具

4.2.1 概述

装配焊接夹具是指将待装配的零件准确组对、定位并夹紧的工艺装备。某些夹具专用于装配工序,称为装配夹具,某些夹具专用于焊接工序,则称为焊接夹具。既可用于装配又可用于焊接的夹具则称为装焊夹具,也可把上列几类夹具统称为装焊夹具。

1. 装焊夹具的分类

装焊夹具按夹紧机构动力的种类可分成6类,如图4.10所示。

装焊夹具按其结构形式和用途,还可分成通用装焊夹具、专用装焊夹具、单一装焊夹具、复合式装焊夹具和组合式装焊夹具等。

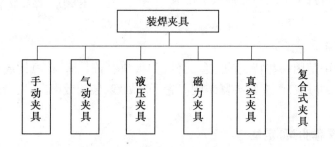

图 4.10 装焊夹具的分类

2.装焊夹具的组成

装焊夹具通常由各种定位器、夹紧机构、夹具体和装配平台等组成。

按照所装配焊件的结构,夹具体上可安装多个不同的夹紧机构和定位器。其中夹具体必须按所装焊件的结构进行设计,而定位器、夹紧机构和装配平台大多数是通用的标准件。

4.2.2 装焊夹具

在装焊过程中,凡属用来对零部件施加外力,使其获得正确定位的工艺装备,统称为装焊夹具。它包括简单轻便的通用夹具和装配胎架用的专用夹具。

装焊夹具对零件的紧固方式有夹紧、压紧、拉紧和顶紧(或撑开)4 种。

装焊夹具按其动力源来分,可分为手动、气动、液压和磁力夹紧方式。

1.手动夹具

(1)楔条夹具

楔条夹具是利用锤击或用其他机械方法获得外力,利用楔条的斜面移动,将外力转变为所需的夹紧力,从而达到对工件的夹紧,如图 4.11 所示。

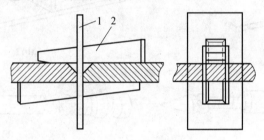

图 4.11　楔条夹具
1—主体;2—楔条

(2)杠杆夹具

杠杆夹具是利用杠杆原理将工件夹紧的。它既能用于夹紧,又能用于矫正和翻转钢材。

(3)螺旋式夹具

螺旋式夹具是通过丝杆与螺母间的相对运动传递外力,使之达到紧固零件的,它具有夹、压、拉、顶、撑等多种功能,如图 4.12 ~ 4.15 所示。

2.气动夹具

气动夹具主要是由气缸、活塞和活塞杆组成,是利用其气缸内的压缩空气的压力推动活塞,使活塞杆做直线运动,施加夹紧力的装置,如图 4.16 所示。

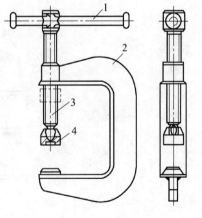

图 4.12　螺旋夹紧器
1—手柄;2—主体;3—螺杆;4—压块

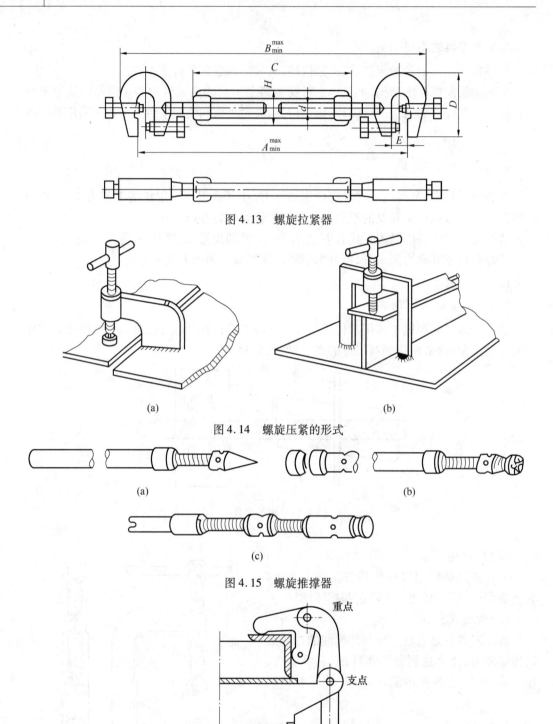

图 4.13　螺旋拉紧器

(a) (b)

图 4.14　螺旋压紧的形式

(a) (b)

(c)

图 4.15　螺旋推撑器

图 4.16　气动夹具的工作方式

3. 液压夹具

液压夹具的工作原理与气动夹具相似,如图4.17所示。其优点是比气动夹具有更大的压紧力,夹紧可靠,工作平稳;缺点是液体容易泄漏,辅助装置多,且维修不便。

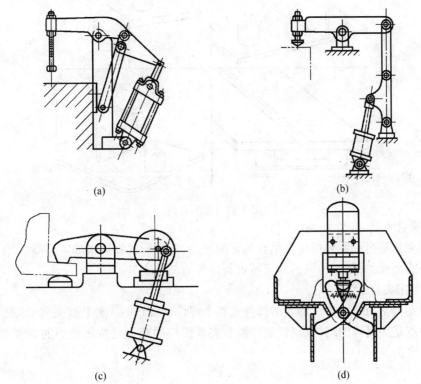

(a)

(b)

(c)

(d)

图4.17　液压夹具

4. 磁力夹具

磁力夹具主要靠磁力吸紧工件,可分为永磁式和电磁式两种类型,应用较多的是电磁式磁力夹具,如图4.18所示。磁力夹具操作简便,而且对工件表面质量无影响,但其夹紧力通常不是很大。

5. 真空夹紧机构

真空夹紧机构是利用真空泵或以压缩空气为动力的喷嘴所射出的高速气流,使夹具内腔形成真空,借助大气压力将焊件压紧的装置。它适用于夹紧特薄的或挠性的焊件,以及用其他方法夹紧容易引起变形或无法夹紧的焊件。

真空夹紧器机构是通过喷嘴喷射气流而形成真空的,以压缩空气为动力,省去了真空泵等设备,比较经济。但因其夹具内腔的吸力与气源气压和流量有关,所以要求提供比较稳定的气源。另外,它工作时会发出刺耳的噪声,不宜用在要求工作安静的场所。

6. 组合夹具和专用夹具

组合夹具和专用夹具在机械化和自动化装焊作业中已起到越来越重要的作用,对于提高焊件的装配精度,缩短装配周期,实现精密焊接等都是不可缺少的工艺装备。

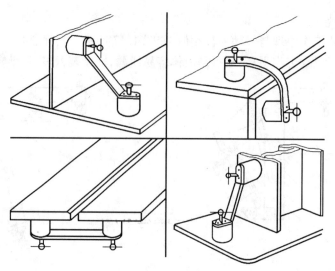

图 4.18 磁力夹具

（1）组合夹具

组合夹具是由一系列可任意组合的装配平台、各种形式和规格的定位器、紧固件和夹紧器等拼装而成的,是一种可拆卸又可重新拼装的工装夹具。

（2）专用夹具

专用夹具是为某一特定形状的部件或整个焊件而设计的一种装焊夹具,如图 4.19 所示。其特点是夹具体的结构形状、定位器和夹紧机构的布置是按所装焊的焊件形状和形位公差考虑的。

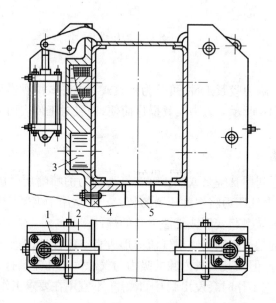

图 4.19 焊接箱形梁组装用专用夹具
1—夹具体(兼有定位作用);2—立柱(腹板定位器);
3—液压杠夹紧器;4—腹板电磁夹紧器;5—顶出液压缸

4.2.3 装焊用胎架

在工件结构不适于以装配平台作支承(如船舶、机车车辆底架、飞机和各种容器结构等)时,就需要制造装配胎架来支承工件进行装配。所以,胎架经常用于某些形状比较复杂、要求精度较高的结构件。它的主要优点是利用夹具对各个零件进行方便而精确的定位。

有些胎架还可以设计成可翻转的,把工件翻转到适合于焊接的位置。

利用胎架进行装配,既可以提高装配精度,又可以提高装配速度。但由于胎架制作费用较大,故常为某种专用产品设计制造的,适用于流水线或批量生产。

4.3 焊接变位机械

焊接变位机械是改变焊件、焊机或焊工空间位置来完成机械化、自动化焊接的各种机械装备。

使用焊接变位机械可缩短焊接辅助时间,提高劳动生产率,减轻工人劳动强度,保证和改善焊接质量,并可充分发挥各种焊接方法的效能。

焊接变位机械的分类如图 4.20 所示。

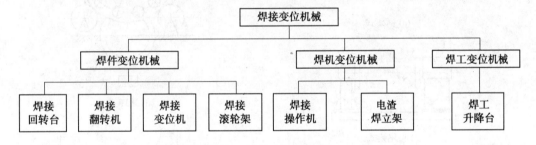

图 4.20 焊接变位机械的分类

4.3.1 焊件变位机械

焊件变位机械是在焊接过程中改变焊件空间位置,使其有利于焊接作业的各种机械装备。根据焊件变位机械的功能不同,可分为焊接回转台、焊接翻转机、焊接变位机和焊接滚轮架 4 类。它们各自的变位特点是有差异的,应注意选择。此外,还要注意各自的承重能力、驱动方式及驱动功率和制动、自锁能力等。

1. 焊接回转台

焊接回转台是将工件绕垂直轴或倾斜轴回转的焊件变位机械,主要用于回转体工件的焊接、堆焊或切割。图 4.21 是几种常用的焊接回转台的具体结构形式。

2. 焊接翻转机

焊接翻转机是将工件绕水平轴转动或倾斜,从而使其处于有利于装焊位置的焊件变位机械,主要用于梁、柱、框架等结构的焊接。

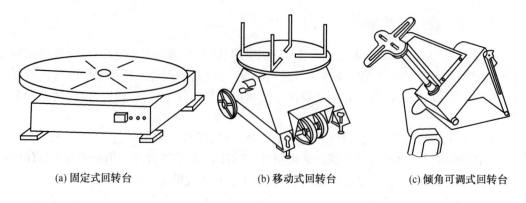

(a) 固定式回转台　　　　　　(b) 移动式回转台　　　　　(c) 倾角可调式回转台

图 4.21　几种常用的焊接回转台

焊接翻转机的种类较多,常见的有头尾架式、框架式、转环式、链条式、推拉式,如图 4.22 所示。

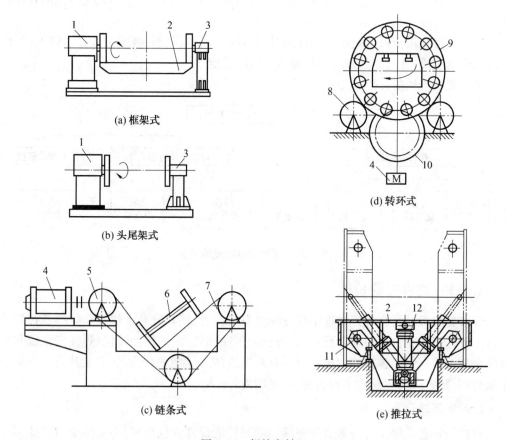

(a) 框架式

(b) 头尾架式

(d) 转环式

(c) 链条式

(e) 推拉式

图 4.22　焊接翻转机

1—头架;2—翻转工作台;3—尾架;4—驱动装置;5—主动链轮;6—工件;7—链条;
8—托轮;9—支承环;10—钝齿轮;11—推拉式轴销;12—举升液压缸

(1)头尾架式翻转机

头尾架式翻转机的结构形式与车床类似,其头架为驱动端,可单独使用,利用安装在头架卡盘上的夹具,可为短小的工件翻转变位。为适应不同长度的系列产品生产需要,尾架可模仿车床上的尾座,做成可移动式,如图4.23所示。

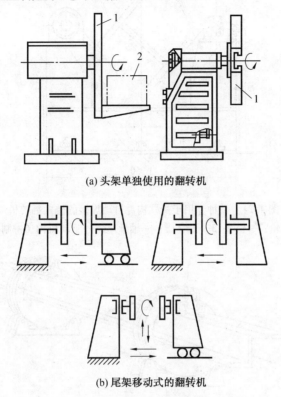

(a) 头架单独使用的翻转机

(b) 尾架移动式的翻转机

图4.23 头架单独使用和尾架移动式的翻转机
1—工作台;2—工件

(2)框架式焊接翻转机

框架式焊接翻转机可翻转工作台的回转轴安装在两端的支架上,由电机提供工作台回转的动力。适用于板结构、桁架结构等较长焊件的倾斜变位,工作台上还可进行装配作业。

(3)链条式翻转机

链条式翻转机是利用电动机驱动链轮带动环形链条翻转焊件的一种变位机械,如图4.24所示。

(4)圆环式翻转机

形状较特殊的型钢及桁架结构采用上述链条式翻转机翻转变位比较困难,这些构件可以采用圆环式翻转机,如图4.25所示。

(5)推举式翻转机

推举式翻转机是利用液压缸和杠杆机构,将焊件翻转到预定位置的一种变位机构,它具有结构简单、动作快捷和操作方便的特点。它经常用于梁柱焊接生产线中配合自动焊接装置,将焊件翻转到船形位置施焊。

图4.26是推举式翻转机与悬臂式自动焊装置组合使用的示意图。

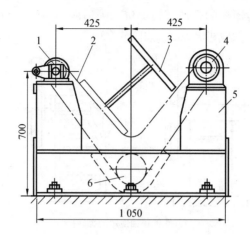

图 4.24　一种专用于梁柱构件自动焊接的链式翻转机
1—链轮;2—链条;3—工字梁;4—轴承座;5—驱动机构;6—制动轮

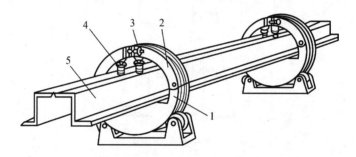

图 4.25　圆环式翻转机结构外形图
1—下环;2—上环;3—夹紧器;4—顶紧螺栓;5—焊件

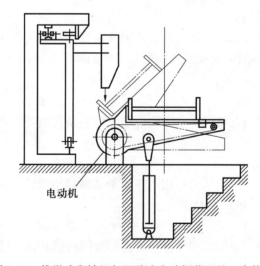

图 4.26　推举式翻转机与悬臂式自动焊装置的组合使用

3. 焊接变位机械

（1）功能及结构形式

焊接变位机是在焊接作业中将焊件回转并倾斜，使焊件上的焊缝置于有利施焊位置的焊件变位机械。

焊接变位机主要用于机架、机座、机壳、法兰、封头等非长形焊件的翻转变位。

焊接变位机按结构形式可分为以下3种：

①伸臂式焊接变位机。如图4.27所示，其回转工作台绕回转轴旋转并安装在伸臂的一端，伸臂一般相对于某一转轴成角一定度回转，而此转轴的位置多是固定的，但有的也可在小于100°的范围内上下倾斜。

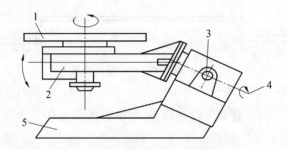

图4.27　伸臂式焊接变位机

1—回转工作台；2—伸臂；3—倾斜轴；4—转轴；5—机座

②座式焊接变位机。如图4.28所示，其工作台连同回转机构通过倾斜轴支承在机座上，工作台以焊速回转，倾斜轴通过扇形齿轮或液压缸，多在110°～140°的范围内恒速或变速倾斜。

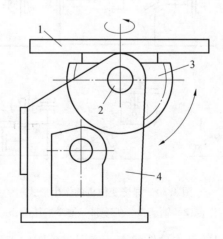

图4.28　座式焊接变位机

1—回转工作台；2—倾斜轴；3—扇形齿轮；4—机座

该机稳定性好,一般不用固定在地基上,搬移方便,适用于 0.5~50 t 焊件的翻转变位。

③双座式焊接变位机。如图 4.29 所示,工作台安装在 U 形架上,以所需的焊接速度回转;U 形架在两侧的机座上,多以恒速或所需的焊接速度绕水平轴线转动。

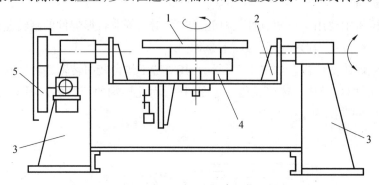

图 4.29 双座式焊接变位机

1—工作台;2—U 形架;3—机座;4—回转机构;5—倾斜机构

该机不仅稳定性好,而且如果设计得当,可使焊件安放在工作台上后,随 U 形架倾斜的综合重心位于或接近倾斜机构的轴线,从而使倾斜驱动力矩大大减小。因此,重型焊接变位机多采用这种结构。

焊接变位机的基本结构形式虽只有上述 3 种,但其派生形式很多,有些变位机的工作台还具有升降功能,如图 4.30 所示。

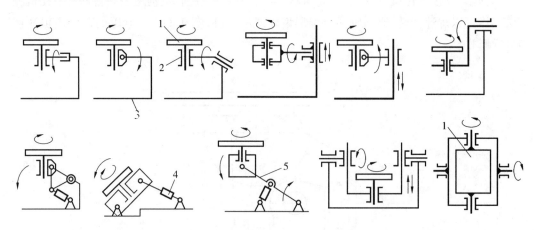

图 4.30 焊接变位机的派生形式

1—工作台;2—轴承;3—机座;4—推举液压缸;5—伸臂

图 4.31 是焊接变位机的基本操作状态示意图。该图中工件上方的箭头用来示意焊嘴的位置和方向。

(2)焊接变位机的驱动方式

焊接变位机的工作台兼有回转、倾斜两个运动,有的中型焊接变位机的工作台还有升

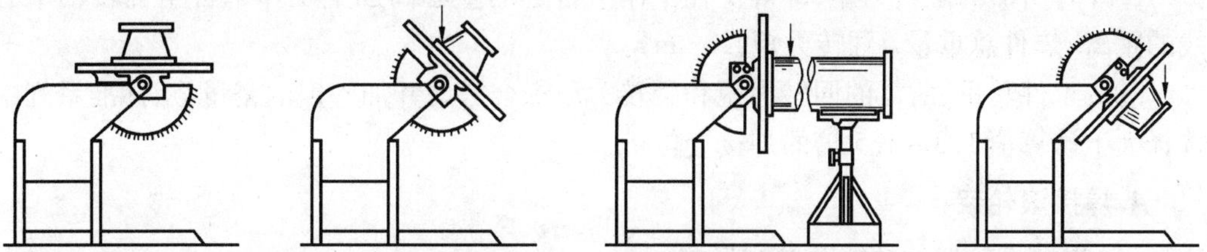

(a) 工作台水平 (b) 工作台倾斜45° (c) 工作台倾斜90° (d) 工作台倾斜135°

图4.31　焊接变位机的操作状态示意图

降运动。它们各自的驱动机构是相对独立的,力源也是可以选择的。其中,工作台的回转运动大都配合焊接操作,多采用直流电动机驱动,无级调速。近年出现的全液压变位机,其工作台的回转运动也是用液压马达驱动的。

　　工作台倾斜运动有两种主要的驱动方式:一种是采用扇形齿轮机构,通过电动机传动带动工件(工作台)倾斜(图4.28);另一种是采用液压缸来推动工作台倾斜,如图4.32所示。这两种方式都有应用,但在小型变位机中以前者为多。

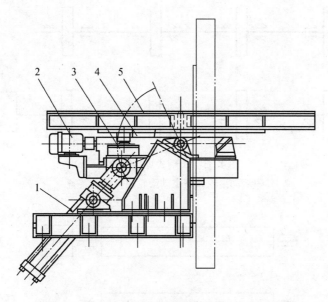

图4.32　工作台倾斜采用液压缸推动的焊接变位机
1—液压缸;2—电动机;3—减速器;4—齿轮副;5—工作台

(3)焊接变位机的选用

焊接变位机的选用,可以按下列步骤进行:

①确定拟采用焊接变位机焊接的各种焊件的最大重量以及必要的工夹具的重量。

②确定焊件重心位置及其至工作平台回转中心的距离,即综合重力偏心距。

③计算所需的回转力矩,即负载重量(N)×偏心距(m)=回转力矩(N·m)。

④计算所需的翻转力矩,即焊件在工作平台上的重心高加上工作平台至翻转轴中心线的距离×焊件总重量=翻转力矩(N·m)。

⑤按工件总重、所需的回转力矩和翻转力矩综合考虑并加一定的裕量,从标准系列中选择大于计算值1.3~1.5倍的焊接变位机。

4.焊接滚轮架

(1)焊接滚轮架的功能及结构形式

焊接滚轮架是借助主动滚轮与焊件之间的摩擦力带动焊件旋转的变位机械。

焊接滚轮架主要用于筒形焊件的装配与焊接。若对主、从动滚轮的高度做适当调整,也可进行锥体、分段不等径回转体的装配与焊接。对于一些非圆长形焊件,若将其装卡在特制的环形卡箍内,也可在焊接滚轮架上进行装焊作业。

焊接滚轮架按结构形式分为两类:

①长轴式滚轮架。它的滚轮沿两平行轴排列,与驱动装置相连的一排为主动滚轮,另一排为从动滚轮(图4.33),也有两排均为主动滚轮的,主要用于细长薄形焊件的组对与焊接。有的长轴式滚轮架其滚轮为一长形滚柱,直径0.3~0.4 m、长1~5 m,筒体置于其上不易轴向变形,适用于薄壁、小直径、多筒节焊件的组对和环缝的焊接,如图4.34所示。

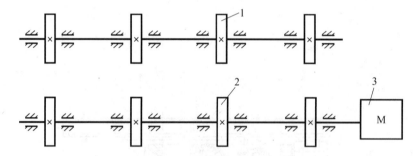

图4.33　长轴式焊接滚轮架

1—从动滚轮;2—主动滚轮;3—驱动装置

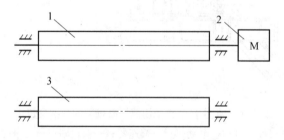

图4.34　滚柱式焊接滚轮架

1—主动滚柱;2—驱动装置;3—从动滚柱

②组合式滚轮架。它的主动滚轮架如图4.35(a)所示,从动滚轮架如图4.35(b)所示,混合式滚轮架(即在一个支架上有一个主动滚轮座和一个从动滚轮座)如图4.35(c)所示,都是独立的,使用时可根据焊件的重量和长度进行任意组合,其组合比例也不仅是1∶1的组合。因此,使用方便灵活,对焊件的适应性很强,是目前应用最广泛的结构

形式。

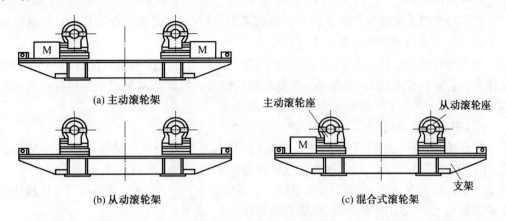

(a) 主动滚轮架

(b) 从动滚轮架

(c) 混合式滚轮架

主动滚轮座　　从动滚轮座

支架

图 4.35　组合式焊接滚轮架

(2)焊接滚轮架的滚轮间距调节

焊接滚轮架的滚轮间距调节方式有两种:一种是自调式的,一种是非自调式的。

自调式的滚轮架可根据焊件的直径自动调整滚轮的间距;非自调式的滚轮架是靠移动支架上的滚轮座来调节滚轮的间距。也可将从动轮座设计成图 4.36 所示的结构形式,以达到调节便捷的目的,但调节范围有限。

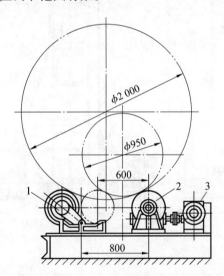

图 4.36　通过连杆机构调节滚轮间距的焊接滚轮架

1—从动轮座;2—主动轮座;3—驱动装置

4.3.2　焊机变位机械

焊机变位机械是改变焊接机头空间位置进行焊接作业的机械设备。它主要包括焊接操作机和电渣焊立架。

1. 焊接操作机

焊接操作机是能将焊接机头(焊枪)准确送到待焊位置,并保持在该位置或以选定焊速沿设定轨迹移动的焊接机头的变位机械。

焊接操作机的结构形式很多,使用范围很广,常与焊件变位机械相配合,完成各种焊接作业。若更换作业机头,还能进行其他的相应作业。按其结构形式及应用特点可分为以下4种:

(1)平台式操作机

平台式操作机(图4.37)由平台、立架(柱)、台车、平台护栏、扶梯及电控系统等组成,采用单轨或双轨行走,行走机构由电机减速机驱动。焊机放置在平台上,可在平台上移动。平台安装在立架上,能沿立架升降。立架坐落在台车上,可沿轨道运行。该操作机作业范围较大,主要用于外环缝、外纵缝的焊接。

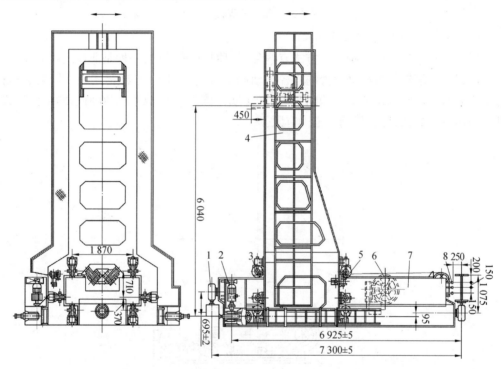

图 4.37 平台式操作机

1—水平轮导向装置;2—台车驱动机构;3—垂直导向轮装置;4—工作平台;
5—起重绞车;6—平台升降机构;7—立架;8—集电器

(2)横臂式焊接操作机

这类焊接操作机根据横臂的结构不同又分为:

①悬臂式操作机。悬臂式焊接操作机如图4.38所示,主要由底座、立柱、悬臂升降机构、悬臂以及机头移行机构等组成。

②伸缩臂式操作机。如图4.39所示,焊接小车或焊接机头和焊枪安装在伸缩臂的一端,伸缩臂通过滑鞍安装在立柱上,并可沿滑鞍左右伸缩。

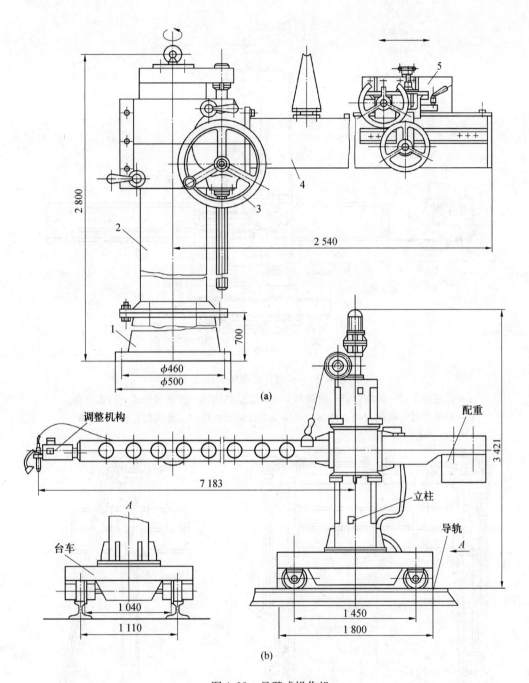

调整机构

配重

2 800

2 540

3

2

1

ϕ460

ϕ500

700

4

5

(a)

7 183

立柱

导轨

A

台车

1 040

1 110

1 450

1 800

3 421

(b)

图 4.38 悬臂式操作机

(3)门式操作机

门式操作机有两种结构,一种是焊接小车坐落在沿门架可升降的工作平台上,并可沿平台上的轨道横向移行,如图 4.40 所示;另一种是焊接机头安装在一套升降装置上,该装置又坐落在可沿横梁轨道移行的跑车上。

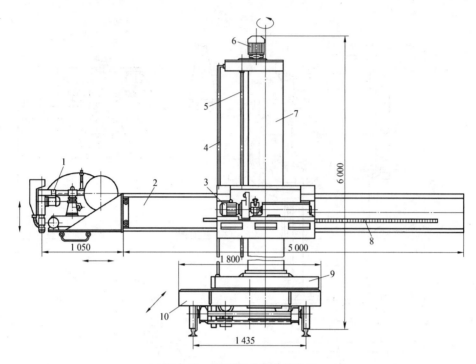

图 4.39 伸缩臂式焊接操作机

1—焊接小车;2—伸缩臂;3—滑鞍和伸缩臂进给机构;4—传动齿条;5—行走台车;
6—伸缩臂升降机构;7—立柱;8—底座及立柱回转机构;9—传动丝杠;10—扶梯

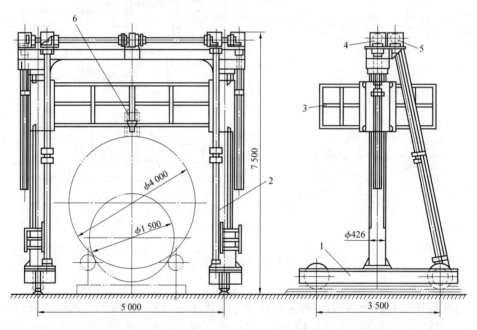

图 4.40 门式操作机

1—走架;2—立柱;3—平台式横梁;4、5—电动机;6—焊接机头

2.电渣焊立架

电渣焊立架如图4.41所示,是将电渣焊机连同焊工一起按焊速提升的装置。它主要用于立缝的电渣焊,若与焊接滚轮架配合,也可用于环缝的电渣焊。

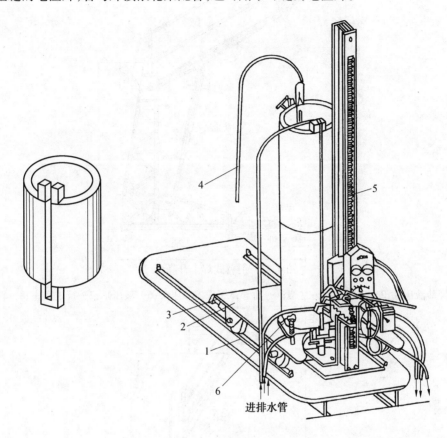

图4.41 电渣焊立架

1—底座;2—台车;3—制动器;4—电缆线;5—齿条;6—回转台

4.3.3 焊工变位机械

焊工变位机械是改变焊工空间位置,使之在最佳高度进行作业的设备。它主要用于高大焊件的手工机械化焊接,也用于装配和其他需要登高作业的场合。

焊工升降台的常用结构有肘臂式(图4.42)、套筒式(图4.43)和铰链式(图4.44)3种。肘臂式焊工升降台又分管焊结构(图4.42)和板焊结构(图4.45)两种。

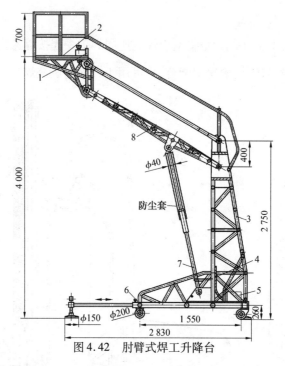

图 4.42　肘臂式焊工升降台

1—脚踏液压泵;2—工作台;3—立架;4—油管;5—手摇液压泵;6—液压缸;7—行走底座;8—转臂

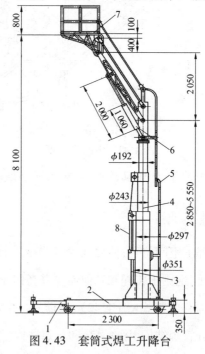

图 4.43　套筒式焊工升降台

1—可伸缩撑脚;2—行走底座;3—套筒升降液压缸;4—升降套筒总成;

5—工作台升降液压缸;6—工作台;7—扶梯;8—滑轮钢索系统

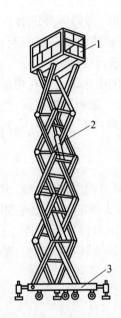

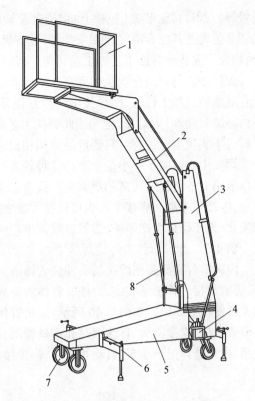

图 4.44　铰链式焊工升降台示意图

1—工作台;2—推举液压缸;3—底座

图 4.45　板结构肘臂式的焊工升降台

1—工作台;2—转臂;3—立柱;4—手摇液压
泵;5—底座;6—撑脚;7—走轮;8—液压缸

4.4　焊接生产的自动化与机器人

据统计,在焊接生产中,纯焊接时间仅占焊接结构生产总时间的 20% ~ 30%,其余均为焊前准备、装配、焊件运输、变位等辅助时间。为了提高生产效率、保证焊接质量及改善劳动条件,除了在生产管理上采用合理的组织形式外,在技术上提高焊接生产全过程的机械化与自动化水平。

为了适应不同生产类型的需要,实现焊接过程机械化与自动化也有各种形式,例如焊接中心、焊接自动机和焊接机器人等。

4.4.1　焊接中心和焊接自动机

1.焊接中心

目前焊接中心尚无统一定义,一般认为是以相似的焊接结构中某一关键焊接工艺为核心,把完成此焊接工艺所需要的焊接设备(包括电源、焊机或机头、送丝机等)、焊接机械装备(如焊件变位器、焊机变位机、操作机等)、焊接辅助机械(如焊剂垫、焊剂输送回收装置等)、焊件传输装置(包括上料、传送及卸料机构等)、焊缝自动跟踪和焊丝干伸长自动调节装置及其综合电气控制系统等,按该焊接工艺的典型工艺程序进行集中排列与组合,构成了完成此焊接工艺的工艺场所,又称焊接工作站。

焊接中心与焊接自动机的区别在于后者是以某产品为对象,专用性较强,在一台机器上自动地完成加工任务,而焊接中心则是以某一焊接工艺(例如容器筒体外纵缝自动焊或内环缝自动焊)为对象,把完成此焊接工艺所需要的焊接设备和辅助设备组织起来,通过联机来实现生产过程。只要产品结构相似、工艺相同,就可以进行焊接。

焊接中心适应了中小企业产品品种较多、批量不大、资金少的生产需要。在焊接中心可以采用专业化程度较高的成套生产设备。由于设备布置合理,可缩短运输路线,生产周期短,生产效率高。焊接中心也可以在大批大量生产中使用,这时的产品单一,工艺进一步简化,易于保证生产节拍,常被设置在生产流水线上。

例4.1 细长管体内环缝焊接中心

内环缝焊接必须把焊接机头伸到管体内,为防止移位或焊接过程中伸出臂或机头抖动,影响焊接过程正常实施,对细长管体内环缝的焊接,宜采用机头固定不动,让管体移动的方法使机头到位。如图4.46所示,细长管体内环缝焊接中心由悬臂式操作机、三维机头调节机构、焊接机头、自动跟踪和焊丝伸出长度自动调整传感器及其控制系统、焊接滚轮架、内环缝焊剂垫小车、自动找缝装置、焊接电源和电气控制系统等组成。

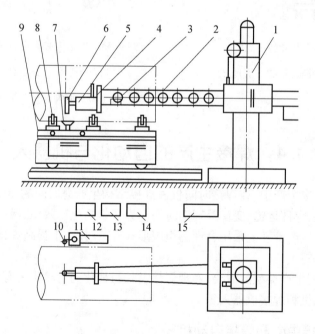

图4.46 细长管体内环缝焊接中心

1—悬臂式焊接操作机;2—送丝机构;3—自动跟踪控制系统;4—三维机头调整机构;5—传感器;

6—焊枪;7—内环缝焊剂垫台车;8—焊接滚轮架;9—焊接滚轮架台车;10—焊缝找正装置;

11—主操作盘;12—自动跟踪控制箱;13—主控制箱;14—焊接电源;15—混合气

这种焊接中心适用产品范围:直径≥400 mm,管体长 $L \leq 13$ m,板厚 $\delta = 6 \sim 14$ mm,可

以施焊多条内环缝,焊接方法为 MAG 焊。可以实现焊枪自动寻找和跟踪焊缝,能自动调整焊枪高度,按照合适程序自动引弧;收弧时,系统具有电流自动衰减延时熄弧,滞后停气及焊枪自动抬起等功能。焊接全过程实现程序控制。焊接时,只需按启动、停止、台车左右移动 4 个按钮,就能控制焊接中心完成管体内环缝的焊接工作。工件直径改变时,则需要启动滑座升降按钮,调整悬臂高度。

焊接滚轮架的转速即焊接速度,要求平稳可调。它由直流电机驱动,闭环控制和多极放大的晶闸管调速电路,则可以焊速无级调节,又有很强的补偿能力,即使负载或网路有很大变动,也能保证焊接速度平稳。

例 4.2 汽车车轮合成环缝焊接中心

汽车车轮合成环缝有两种焊接工艺:一是采用压配合成,同时自动点固焊外圈,而内圈采用 CO_2 气体保护焊,如图 4.47 所示;二是采用压配合成后,手工点固焊,然后采用 CO_2 气体保护焊分别施焊内外环缝。内环缝焊完后移出此焊接中心,翻转 180° 后再进入外环缝焊接中心,如图 4.48 所示。

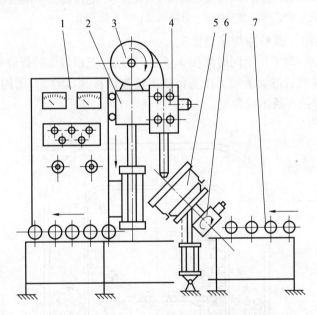

图 4.47 CA141 车轮合成内环缝焊接中心
1—操作盘;2—机头调整机构;3—焊丝盘;4—送丝机构;
5—车轮合成;6—合成变位机;7—车轮合成辊道

车轮合成的批量很大,按年产汽车 10 万辆计,班产车轮合成为 1 300 ~ 1 500 件,其生产节拍约为 3 件/min。这样高的生产节奏,一般都把焊接中心设置在车轮合成生产流水线上。

2. 焊接自动机

焊接自动机是一台专门用于自动焊接某一种或某一类(规格可以不同)焊件的机器。它比通用自动焊机的功能更加完善,机械化和自动化程度更高。一般都把定位、夹紧、变位等机构和焊机融为一体。

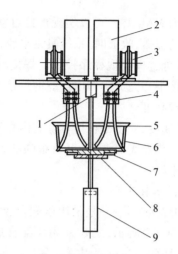

图4.48 EQ140车轮合成环缝焊接中心

1—回转台减速器;2—焊接电源;3—送丝盘;4—送丝机;5—车轮合成;

6—送丝管;7—定位夹盘;8—升降夹盘;9—升降气缸

例4.3 箱型梁4极 CO_2 焊接自动机

如图4.49所示,为了便于同时焊接4条纵向焊缝,把箱型梁的焊缝设计成横焊位置。用油缸或其他机械装置推动活动工作平台使工件按焊接速度移动,用固定在龙门架上的4头 CO_2 头同时焊接4条纵向焊缝。

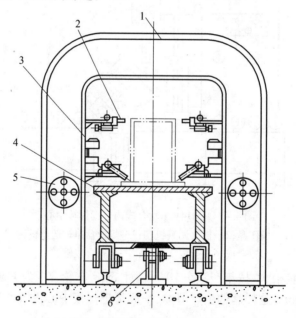

图4.49 箱型梁4极 CO_2 焊接自动机

1—龙门架;2—焊接机头及调整机构;3—送丝机构;

4—活动工作平台;5—焊丝盘;6—工作台驱动装置

4.4.2   焊接机器人

机器人是英文"ROBOT"的中译名。1959年美国 Unimation 公司首次推出世界上第一台工业机器人。1967年日本从美国引进 Unimation 和 Versatran 等类型的工业机器人以后,率先在汽车制造业的喷涂、焊接、装配等重要工序中得到应用。从世界范围看,工业机器人应用的主要领域是焊接,特别是汽车生产国,焊接机器人已经占总数的40%以上。我国开发工业机器人较晚,始于20世纪70年代,1986年开始将发展机器人列入国家各类高科技计划。

焊接机器人是焊接自动化的革命性进步,它突破了焊接刚性自动化的传统方式,开拓了一种柔性自动化生产方式。随着电子技术、计算机技术、数控及机器人技术的发展,从20世纪60年代开始用于生产以来,其技术已日益成熟,焊接机器人主要有稳定和提高焊接质量、提高劳动生产率、改善工人劳动强度、可在有害环境下工作、降低了对工人操作技术的要求、缩短了产品改型换代的准备周期、减少相应的设备投资等优点。因此,在各行各业已得到了广泛的应用。

1. 焊接机器人的概念

焊接机器人是从事焊接(包括切割与喷涂)的工业机器人。根据国际标准化组织(ISO)工业机器人术语标准焊接机器人的定义,工业机器人是一种多用途的、可重复编程的自动控制操作机(Manipulator),具有3个或更多可编程的轴,用于工业自动化领域。为了适应不同的用途,机器人最后一个轴的机械接口,通常是一个连接法兰,可接装不同工具或称末端执行器。焊接机器人就是在工业机器人的末轴法兰装接焊钳或焊(割)枪的,使之能进行焊接、切割或热喷涂。

2. 焊接机器人的组成

焊接机器人主要由机器人和焊接设备两部分组成。机器人由机器人本体和控制柜(硬件及软件)组成。焊接装备,以弧焊及点焊为例,则由焊接电源(包括其控制系统)、送丝机(弧焊)、焊枪(钳)等部分组成。智能机器人还应有传感系统,如激光或摄像传感器及其控制装置等。弧焊机器人和点焊机器人的基本组成如图4.50所示。

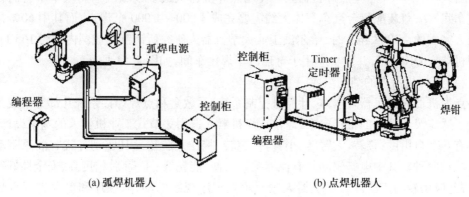

(a) 弧焊机器人   (b) 点焊机器人

图4.50   焊接机器人的基本组成

3. 焊接机器人的主要结构形式及性能

目前,世界各国生产的焊接用机器人,基本上都属于关节机器人,大部分都有6个轴。其中1、2、3轴可将末端工具送到不同的空间位置,4、5、6轴解决工具姿态的不同要求。焊接机器人本体的机械结构主要有两种:即平行四边形结构和侧置式(摆式)结构。

(1)平行四边形结构机器人

平行四边形结构机器人上臂通过一根拉杆驱动,拉杆与下臂组成一个平行四边形的两条边,以此得名。早期的平行四边形机器人工作空间比较小,难以倒挂工作。自20世纪80年代后期以来开发的新型平行四边形机器人(平行机器人),已能把工作空间扩大到机器人的顶部、背部及底部,又没有测置式机器人的刚度问题,从而引起普遍关注。这种结构即适合于轻型也适合于重型机器人。近年来点焊用机器人(抓重100~150 kg)大多选用平行四边形结构形式的机器人。

(2)侧置式(摆式)结构机器人

侧置式结构机器人主要的优点是上、下臂的活动范围大,工作空间几乎能达一个球体。所以这种机器人可倒挂在机架上工作,节省占地面积,方便地面物件的流动。但是2、3轴为悬臂结构,降低机器人的刚度,一般适用于负载较小的机器人,用于电弧焊、切割或喷涂。

以上两种机器人各个轴都是做回转运动,故采用伺服电机通过摆线针轮(RV)减速器(1~3轴)及谐波减速器(1~6轴)驱动。20世纪80年代中期以前,对于电驱动的机器人都是用直流伺服电机,而20世纪80年代后期以来,世界各国先后改用交流伺服电机。因为交流电机没有碳刷,动特性好,事故率低,免维修时间大为增长,加(减)速度也快。一些负载16 kg以下的新的轻型机器人其工具中心点(TCP)的最高运动速度可达3 m/s以上,定位准确,振动小。同时,机器人的控制柜也改用32位的微机和新的算法,使之具有自行优化路径的功能,运行轨迹更加贴近示教的轨迹。

4. 点焊机器人

点焊机器人用于点焊自动作业的工业机器人。世界上第一台点焊机于1965年开始使用,是美国Unimation公司推出的Unimate机器人,中国在1987年自行研制成第一台点焊机器人——华宇-Ⅰ型点焊机器人。使用点焊机器人最多领域应当属汽车车身的自动装配车间。一般装配每台汽车车体大约需要完成3 000~4 000个焊点,而其中60%是由机器人完成的。2008年9月,哈尔滨工业大学机器人研究所研制完成国内首台165 kg级点焊机器人QH-165,并成功应用于奇瑞汽车焊接车间,如图4.51所示。

(1)点焊机器人的结构组成

点焊机器人由机器人本体、计算机控制系统、示教盒和点焊焊接系统几部分组成。由于为了适应灵活动作的工作要求,通常点焊机器人选用关节式工业机器人的基本设计,一般具有6个自由度:腰转、大臂转、小臂转、腕转、腕摆及腕捻。其驱动方式有液压驱动和电气驱动两种。其中电气驱动具有保养维修简便、能耗低、速度高、精度高、安全性好等优点,因此应用较为广泛。点焊机器人按照示教程序规定的动作、顺序和参数进行点焊作业,其过程是完全自动化的,并且具有与外部设备通信的接口,可以通过这一接口接受上一级主控与管理计算机的控制命令进行工作。

图 4.51 QH-165 点焊机器人

(2)点焊机器人的基本功能

因为点焊只需点位控制,至于焊钳在点与点之间的移动轨迹没有严格要求,所以对所用的机器人的要求不高,这也是机器人最早用于点焊的原因。点焊机器人不仅要有足够的负载能力,而且在点与点之间移位时速度要快捷,动作要平稳,定位要准确,以减少移位的时间,提高效率。点焊机器人需要有多大的负载能力,取决于所用的焊钳形式。用与变压器分离的焊钳,30~45 kg 负载的机器人就足够了。目前逐渐增多采用一体式焊钳,这种焊钳连同变压器质量在 70 kg 左右。考虑到机器人要有足够的负载能力,能以较大的加速度将焊钳送到空间位置进行焊接,一般都选用 100~150 kg 负载的重型机器人。为了适应连续点焊时焊钳短距离快速移位的要求。新的重型机器人增加了可在 0.3 s 内完成 50 mm 位移的功能。这对电机的性能、微机的运算速度和算法提出的要求更高。

(3)点焊机器人的焊接装备

由于采用了一体化焊钳,焊接变压器装在焊钳后面,所以变压器必须尽量小型化。容量较小的变压器可以用 50 Hz 工频交流、容量较大的变压器,已开始采用逆变技术把 50 Hz 工频交流变为 600~700 Hz 交流,减轻变压器的体积和质量。焊接参数由定时器调节,新型定时器已经微机化,因此机器人控制柜可以直接控制定时器,无需另配接口。点焊机器人的焊钳,通常用气动焊钳。气动焊钳两个电极之间的开口度一般只有两级冲程,而且电极压力一旦调定后是不能随意变化的。近年来出现一种新的电伺服点焊钳,焊钳的张开和闭合由伺服电机驱动,码盘反馈,使这种焊钳的张开度可以根据实际需要任意选定并预置,并且电极间的压紧力也可以无级调节。

5.弧焊机器人

弧焊机器人用于进行自动弧焊的工业机器人。弧焊机器人的组成和原理与点焊机器人基本相同,中国在 20 世纪 80 年代中期研制出华宇-Ⅰ型弧焊机器人。弧焊机器人主要有熔化极焊接作业和非熔化极焊接作业两种类型,具有可长期进行焊接作业、保证焊接作业的高生产率、高质量和高稳定性等特点。弧焊机器人的应用范围很广,除汽车行业外,在通用机械、金属结构等许多行业中都有应用,这是因为弧焊工艺早已在诸多行业中得到普及的缘故。随着技术的发展,弧焊机器人正向着智能化的方向发展。

(1)弧焊机器人的结构组成

一般的弧焊机器人是由示教盒、控制盘、机器人本体、自动送丝装置及焊接电源等部分组成。它可以在计算机的控制下实现连续轨迹控制和点位控制。还可以利用直线插补和圆弧插补功能焊接由直线及圆弧所组成的空间焊缝。

(2)弧焊机器人的基本功能

弧焊过程比点焊要复杂得多,工具中心点(TCP),也就是焊丝端头的运动轨迹、焊枪姿态、焊接参数都要求精确控制。所以,弧焊机器人除了前面所述的一般功能外,还必须具有一些适合弧焊要求的功能。

有5个轴的机器人就能用于电弧焊,但是复杂形状的焊缝,机器人会有困难。因此,除了焊缝比较简单外应尽量选用6轴机器人。

弧焊机器人除在做"之"字形拐角焊或小直径圆焊缝焊接时,其轨迹应能贴近示教的轨迹之外,还应具有不同摆动样式的软件功能,供编程时选用,以便做摆动焊,而且摆动在每一周期中的停顿点处,机器人也应自动停止向前运动,以满足工艺要求。此外,还应有接触寻位、自动寻找焊缝起点位置、电弧跟踪及自动再引弧功能等。

(3)弧焊机器人的焊接设备

弧焊机器人多采用气体保护焊方法(MAG、MIG、TIG),通常的晶闸管式、逆变式、波形控制式、脉冲或非脉冲式等的焊接电源都可以装到机器人上作电弧焊。由于机器人控制柜采用数字控制,而焊接电源多为模拟控制,所以需要在焊接电源与控制柜之间加一个接口。近年来,国外机器人生产厂都有自己特定的配套焊接设备,这些焊接设备内已经装入相应的接口板。送丝机构可以装在机器人的上臂上,也可以放在机器人之外,前者焊枪到送丝机之间的软管较短,有利于保持送丝的稳定性,而后者软管校长,当机器人把焊枪送到某些位置,使软管处于多弯曲状态,会严重影响送丝的质量。所以送丝机的安装方式一定要考虑保证送丝稳定性的问题。

思 考 题

1. 试述零件完全定位的基本原理及6点定位规则的含义。
2. 零件定位时,定位基准的选择应考虑哪些因素?
3. 举例说明装焊夹具有哪几大类?
4. 典型夹紧装置由哪几部分组成? 各部分有何作用?
5. 气压与液压动力装置各由哪些部分组成? 两种装置各有哪些优点与不足?
6. 焊件变位机械有哪几类? 试述各自的使用范围及结构特点。
7. 焊接机器人主要由哪几部分组成? 焊接机器人有哪些应用?

第5章 弧焊电源的要求与选用

电弧焊是焊接方法中应用最为广泛的一种焊接方法。不同材料、不同结构的工件,需要采用不同的电弧焊工艺方法,而不同的电弧焊工艺方法则需用不同的电弧焊机。弧焊电源是电弧焊机中的主要部分(核心部分),是对焊接电弧提供电能的一种装置,它必须具备电弧焊接所要求的主要电气特性。有关弧焊电源的国际标准主要是国际电工协会(IEC)的标准《弧焊设备第 1 部分:焊接电源》IEC 60974-1,我国也采用了该标准,如《弧焊设备第 1 部分:焊接电源》GB 15579.1—2004 采用了 IEC 60974-1:2000。

5.1 弧焊电源的分类

弧焊电源根据输出波形分为直流、交流、脉冲弧焊电源,如图 5.1 所示。

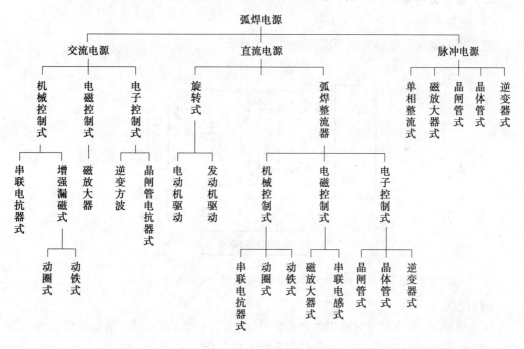

图 5.1 弧焊电源的分类

5.1.1 交流弧焊电源

1.弧焊变压器

(1)原理

将电网的交流电变成适宜于弧焊的交流电,由主、次级相隔的主变压器及所需的调节和指示装量等组成。

（2）优点

弧焊变压器结构简单、易造易修、成本低、磁偏吹很小、空载损失小、噪音小。

（3）缺点

弧焊变压器电弧稳定性差（相对于直流电源）、功率因数较低。

（4）应用

弧焊变压器一般应用于质量要求不高的场合，手工电弧焊（使用酸性焊条）、埋弧焊（大容量的弧焊变压器）和钨极氩弧焊（需加稳弧脉冲，如图 5.2 所示）等。

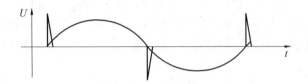

图 5.2　交流钨极氩弧焊电压过零时加稳弧脉冲

2. 方波交流电源

（1）原理

逆变式方波交流电源的原理框图如图 5.3 所示。

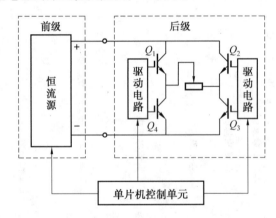

图 5.3　逆变式方波交流电源的原理框图

（2）优点

①电弧稳定，电流过零时再引燃电弧容易，不必加特殊的稳弧器，消除了传统的高频干扰，有利于由计算机参与的自动化焊接系统正常工作。

②通过调节正负半波时间比、幅值比，在保证必要的阴极雾化作用条件下，最大限度地减少钨极为正半波的时间，使整个焊接过程向直流钨极接负方法靠近，延缓了钨极的烧损，这对于自动化焊接提高生产率有利。

③由于采用电子技术控制，可以方便地改变电弧形态、电弧作用力及对母材的热输入能量，从而有效地控制熔深及正反面成形。

5.1.2 直流弧焊电源

1.直流弧焊发电机

(1)原理

直流弧焊发电机一般由特种直流发电机以及获得所需外特性的调节装置等组成。直流弧焊发电机是由电动机驱动的;直流弧焊柴(汽)油发电机是由柴(汽)油机驱动的。

(2)优点

过载能力强,输出脉动小,电网电压波动的影响小。

(3)缺点

噪音及空载损失较大,效率稍低而价格较高。

(4)应用

可用作各种弧焊的电源。

2.弧焊整流器

(1)原理

交流电经整流装置获得直流电的弧焊电源,一般由初、次级绕组相隔的主变压器、半导体整流元件组以及为获得所需外特性的调节装置等组成。晶闸管整流弧焊机简要原理框图如图5.4所示。

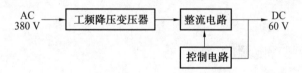

图5.4 晶闸管整流弧焊机简要原理框图

(2)优点

弧焊整流器制造方便、价格低、空载损耗小、噪音小、焊接性能好、控制方便。

(3)应用

弧焊整流器可作各种弧焊的电源。

3.逆变弧焊电源

(1)原理

逆变弧焊机简要原理框图如图5.5所示。

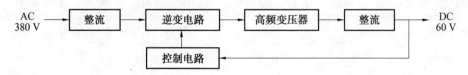

图5.5 逆变弧焊机简要原理框图

（2）优点

逆变弧焊电源体积小,是传统焊机 1/3;质量轻,是传统焊机的 1/5;效率高达 85% ~ 95%,比传统焊机节能 40%;功率因数高达 0.99;微秒级的响应速度,故动特性非常好,焊接质量较传统焊机有很大的提高。

（3）应用

逆变弧焊电源可作各种弧焊的电源。

5.1.3　脉冲弧焊电源

（1）原理

焊接电流以低频调制脉冲方式输出。脉冲波形如图 5.6 所示。

（2）优点

脉冲弧焊电源具有效率高,输入线能量较小,可在较宽范围内控制线能量等优点。

（3）应用

脉冲弧焊电源主要用作气体保护焊和等离子弧焊以及手工弧焊的电源,适用于热敏感性大的高合金材料、薄板和全位置焊接等场合。

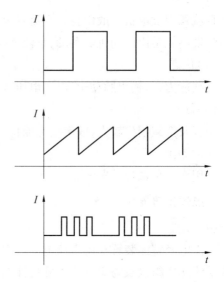

图 5.6　几种脉冲电流波形图

5.1.4　各种弧焊电源的对比

各种弧焊电源的对比见表 5.1。

表 5.1　各种弧焊电源的对比

型号	ZX7-250	ZX5-250	ZX3-250	ZX-250	AX-250
形式	逆变式	晶闸管	动圈式	磁放大器	发电机
额定输入容量/kVA	9.8	14	15	18.45	15.3
额定输入功率/kW	8.3	10	9	11.5	13.48
额定焊接电流/A	250	250	250	250	250
负载持续率/%	60	60	60	60	60
空载损耗/W	50	250	320	250	1900
效率	0.9	0.75	0.83	0.65	0.56
功率因素	0.94	0.75	0.6	0.62	0.83
质量/kg	32	150	182	225	250

5.2 对弧焊电源的要求

1. 弧焊工艺对电源的要求

弧焊电源需具备对弧焊工艺的适应性,即满足弧焊工艺对弧焊电源的下述要求:

①保证引弧容易。

②保证电弧稳定。

③保证焊接参数稳定。

④具有足够宽的焊接参数调节范围。

2. 弧焊电源的电气性能

为满足上述工艺要求,弧焊电源的电气性能应考虑以下 4 个方面:

①对弧焊电源空载电压的要求。

②对弧焊电源外特性的要求。

③对弧焊电源调节性能的要求。

④对弧焊电源动特性的要求。

5.2.1 对弧焊电源外特性的要求

弧焊电源和焊接电弧是一个供电与用电系统。在稳定状态下,弧焊电源的输出电压 U_y 和输出电流 I_y 之间的关系,称为弧焊电源的外特性,或弧焊电源的伏安特性,其数学函数式为

$$U_y = f(I_y) \tag{5.1}$$

对于直流电源,U_y 和 I_y 为平均值,对于交流电源则为有效值。一般直流电源的外特性方程式为

$$U_y = E - I_y r_0 \tag{5.2}$$

式中,E 为电源的电动势;r_0 为电源内部电阻。

1. 弧焊电源外特性形状的分类

(1)下降特性

这种外特性的特点是,当输出电流在运行范围内增加时,其输出电压随着输出电流的增加而下降。其工作部分每增加 100 A 电流,其电压下降一般应大于 7 V。根据斜率的不同又分为垂直下降(恒流)特性、陡降特性和缓降特性等。

①垂直下降(恒流)特性。垂直下降特性也称为恒流特性。其特点是,在工作部分当输出电压变化时输出电流几乎不变。有的在接近短路时施加推力电流,称为恒流带外拖特性。

②陡降特性。其特点是输出电压随输出电流的增大而迅速下降。

③缓降特性。其特点是输出电压随输出电流的增大而缓慢下降。

(2)平特性

平特性有两种:一种是在运行范围内,随着电流增大,电弧电压接近于恒定不变(又

称恒压特性)或稍有下降,电压下降率小于 7 V/100 A;另一种是在运行范围内随着电流增大,电压稍有增加(有时称上升特性),电压上升率应小于 10 V/100 A。

弧焊电源的几种外特性曲线如图 5.7 所示。

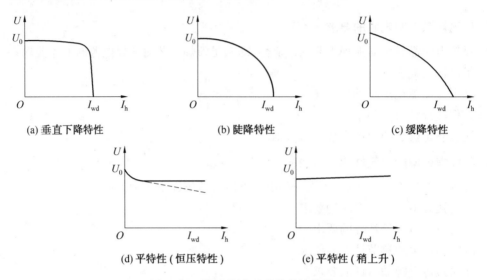

(a) 垂直下降特性   (b) 陡降特性   (c) 缓降特性

(d) 平特性 (恒压特性)   (e) 平特性 (稍上升)

图 5.7 弧焊电源的几种外特性曲线

（3）双阶梯形特性

这种特性的弧焊电源用于脉冲电弧焊。维弧阶段工作于"L"形特性上,而脉冲阶段工作于"┓"形特性上。由这两种外特性切换而成双阶梯形特性,或称框形特性,如图5.8所示。

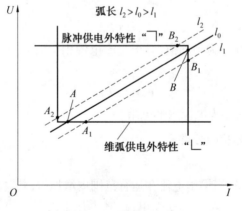

图 5.8 双阶梯形特性

2. 对弧焊电源外特性工作区段形状的要求

（1）焊条电弧焊

在焊条电弧焊中,一般是工作于电弧静特性的水平段上。采用下降外特性的弧焊电源,便可以满足系统稳定性的要求。但是怎样下降的外特性曲线才更合适,还得从保证焊接工艺参数稳定来考虑。图 5.9 中曲线 1、2、3 是陡降度不同的 3 条电源外特性曲线。分析图 5.9 可见,当弧长变化时,电源外特性下降的陡度越大,则电流偏差就越小,焊接电弧和工艺参数稳定。但外特性陡降度过大时,稳态短路电流过小,影响引弧和熔滴过渡;陡降度过小的电源,其稳态短路电流又过大,焊接时产生的飞溅大,电弧不够稳定。

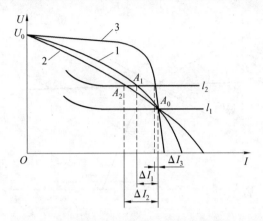

图 5.9 弧长变化时引起的电流偏移
1、2—缓降外特性;3—恒流外特性;l_1、l_2—电弧静特性

因此,焊条电弧焊最好是采用恒流带外拖特性的弧焊电源,如图 5.10 所示。它既可体现恒流特性焊接工艺参数稳定的特点,又通过外拖增大短路电流,提高了引弧性能和电弧熔透能力。

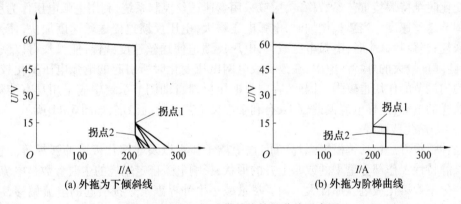

(a) 外拖为下倾斜线　　　　　　　(b) 外拖为阶梯曲线

图 5.10 电源恒流带外拖特性曲线示意图

(2)熔化极弧焊

熔化极电弧焊包括埋弧焊、熔化极氩弧焊(MIG)、CO_2 气体保护焊和含有活性气体的混合气体保护焊(MAG)等。这些焊接方法,在选择合适的电源外特性工作部分的形状时,既要根据其电弧静特性的形状,又要考虑送丝方式。根据送丝方式不同,熔化极电弧焊可分为以下两种:

①等速送丝控制系统的熔化极弧焊。

MIG/MAG、CO_2 焊或细丝(焊丝直径 $\leqslant 3\ mm$)的直流埋弧焊,电弧静特性均是上升的。弧焊电源外特性为下降、平、微升(但上升的陡度需小于电弧静特性上升的陡度)都可以满足“电源–电弧”系统稳定条件。对于这些焊接方法,特别是半自动焊,电弧的自身调节作用较强,焊接过程的稳定,是靠弧长变化时引起焊接电流和焊丝熔化速度的变化来

实现的。弧长变化时,如果引起的电流偏移越大,则电弧自身调节作用就越强,焊接工艺参数恢复得就越快。因此以平特性电源为最佳,如图 5.11 所示。

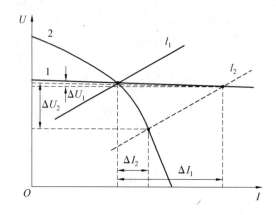

图 5.11　电弧静特性为上升形状时电源外特性对电流偏差的影响
1—平外特性;2—陡降外特性;l_1、l_2—电弧静特性

②变速送丝控制系统的熔化极弧焊。

通常的埋弧焊(焊丝直径大于 3 mm)和一部分 MIG 焊,它们的电弧静特性是平的,下降外特性电源都能满足要求。这类焊接方法的电流密度较小,自身调节作用不强,不能在弧长变化时维持焊接工艺参数稳定,应该采用变速送丝控制系统,利用电弧电压作为反馈量来调节送丝速度。当弧长增加时,电弧电压增大,电压反馈迫使送丝速度加快,使弧长得以恢复;当弧长减小时,电弧电压减小,电压反馈迫使送丝速度减慢,使弧长得以恢复。显然,陡降度较大的外特性电源,在弧长或电网电压变化时所引起的电弧电压变化较大,电弧均匀调节的作用也较强。因此,在电弧电压反馈自动调节系统中应采用具有陡降外特性曲线的电源,这样电流偏差较小,有利于焊接工艺参数的稳定,如图 5.11 所示。

(3)非熔化极弧焊

这种弧焊方法包括钨极氩弧焊(TIG)、等离子弧焊以及非熔化极脉冲弧焊等。它们的电弧静特性工作部分呈平的或略上升的形状,影响电弧稳定燃烧的主要参数是电流,而弧长变化不像熔化极电弧那样大。为了尽量减小由外界因素干扰引起的电流偏移,应采用具有陡降特性的电源,如图 5.7(a)、(b)所示。

(4)熔化极脉冲弧焊

熔化极脉冲弧焊一般采用等速送丝,维弧阶段和脉冲阶段分别工作于两条电源外特性上。根据不同的焊接工艺要求,脉冲电弧和维弧电弧的工作点也可以分别在恒压和恒流特性段,利用"电源-电弧"系统的自身调节作用来稳定焊接参数。以双阶梯形外特性电源最佳,如图 5.8 所示。

3.对弧焊电源空载电压的要求

弧焊电源空载电压的确定应遵循以下几项原则:

①保证引弧容易。

②保证电弧的稳定燃烧。

③保证电弧功率稳定。

④要有良好的经济性。

⑤保证人身安全。

对于通用的交流和直流弧焊电源的空载电压规定如下：

①交流弧焊电源：为了保证引弧容易和电弧的连续燃烧，通常采用

$$U_0(空载电压) \geqslant (1.8 \sim 2.25)U_f(工作电压) \tag{5.3}$$

②焊条电弧焊电源：$U_0 = 55 \sim 70$ V

③埋弧焊电源：$U_0 = 70 \sim 90$ V

④直流弧焊电源：直流电弧比交流电弧易于稳定。但为了容易引弧，一般也取接近于交流弧焊电源的空载电压，只是下限减少 10 V。

综合考虑引弧、稳弧工艺需要，空载电压通常具体要求如下：

弧焊变压器：$U_0 \leqslant 80$ V

弧焊整流器、弧焊逆变器：$U_0 \leqslant 85$ V

弧焊发电机：$U_0 \leqslant 100$ V

一般规定空载电压不得超过 100 V，在特殊用途中，若超过 100 V 时必须备有自动防触电装置。

4. 对弧焊电源稳态短路电流的要求

当电弧引燃和金属熔滴过渡到熔池时，经常发生短路。如果稳态短路电流过大，会使焊条过热，药皮易脱落，使熔滴过渡中有大的积蓄能量而增加金属飞溅。但是，如果短路电流不够大，会因电磁压缩推动力不足而使引弧和焊条熔滴过渡产生困难。对于下降特性的弧焊电源，一般要求稳态短路电流 I_{wd} 对焊接电流 I_f 的比值范围为

$$1.25 < \frac{I_{wd}}{I_f} < 2 \tag{5.4}$$

5.2.2 对弧焊电源调节性能的要求

焊接时，由于工件的材料、厚度及几何形状不同，选用的焊条（或焊丝）直径及采用的熔滴过渡形式也不同，因而需要选择不同的焊接工艺参数，即选择不同的电弧电压 U_f 和焊接电流 I_f 等。为满足上述要求，电源必须具备可以调节的性能。弧焊电源这种外特性可调的性能，称为弧焊电源的调节特性。

1. 弧焊电源的调节性能

电弧电压和电流是由电弧静特性和弧焊电源外特性曲线相交的一个稳定工作点决定的。同时，对应于一定的弧长，只有一个稳定工作点。因此，为了获得一定范围所需的焊接电流和电压，弧焊电源的外特性必须可以均匀调节，以便与电弧静特性曲线在许多点相交，从而得到一系列的稳定工作点。

在稳定工作的条件下，电弧电流 I_f、电压 U_f、空载电压 U_0 和等效阻抗 Z 之间的关系，可表示为

$$U_f = U_0 - I_f Z \tag{5.5}$$

或者

$$I_f = \frac{U_0 - U_f}{Z} \tag{5.6}$$

①改变等效阻抗时的外特性如图 5.12 所示。

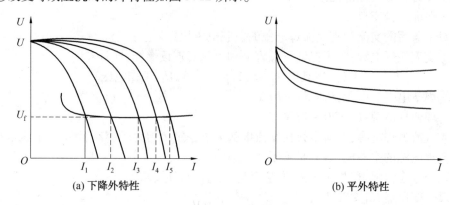

图 5.12 改变等效阻抗时的外特性

②改变空载电压时的外特性如图 5.13 所示。

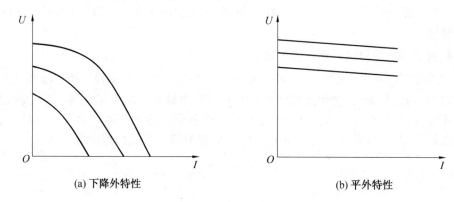

图 5.13 改变空载电压时的外特特性

③同时改变空载电压和等效阻抗时的外特性如图 5.14 所示。

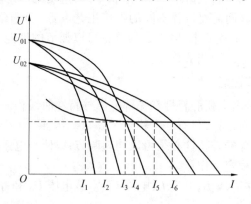

图 5.14 改变 U_0 和 Z 的电源外特性(理想调节特性)

2. 可调参数

(1)下降外特性弧焊电源的可调参数(图 5.15)

下降外特性电源的可调参数有:①工作电流 I_f;②工作电压 U_f;③最大焊接电流 I_{fmax};④最小焊接电流 I_{fmin};⑤电流调节范围。

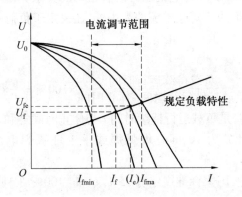

图 5.15 下降外特性弧焊电源的可调参数

标准 GB 15579.1—2004/IEC 60974—1:2000 规定的负载特性为:

①焊条电弧焊和埋弧焊的负载特性为:

当 $I_f \leqslant 600$ A 时,$U_f = (20+0.04I_f)$ V;

当 $I_f > 600$ A 时,$U_f = 44$ V。

②TIG 焊的负载特性为:

当 $I_f \leqslant 600$ A 时,$U_f = (10+0.04I_f)$ V;

当 $I_f > 600$ A 时,$U_f = 34$ V。

(2)平外特性弧焊电源的可调参数(图 5.16)

平外特性电源的可调参数有:①工作电流 I_f;②工作电压 U_f;③最大工作电压 U_{fmax};④最小工作电压 U_{fmin};⑤工作电压调节范围。

标准 GB 15579.1—2004/IEC 60974—1:2000 规定的负载特性为:

当 $I_f \leqslant 600$ A 时,$U_f = (14+0.05I_f)$ V;

当 $I_f > 600$ A 时,$U_f = 44$ V。

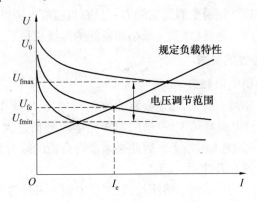

图 5.16 平外特性弧焊接电源的可调参数

3. 弧焊电源的负载持续率与额定值

弧焊电源能输出多大功率,与它的温升有着密切的关系。

弧焊电源的温升除取决于焊接电流的大小外,还决定于负荷的状态,即长时间连续通电还是间歇通电。

负载持续率 FS 为

$$FS=\frac{负载持续运行时间}{负载持续运行时间+休止时间}\times100\%=\frac{t}{T}\times100\% \tag{5.7}$$

式中,T 为电源工作周期,是负载运行持续时间 t 与休止时间之和。

焊条电弧焊的周期 T 为 10 min;埋弧焊或手工埋弧焊电源的周期 T 为 20 min、10 min、5 min。

负载持续率额定级按国家标准规定有 35%、60%、100% 3 种。焊条电弧焊电源的持续率:普通型 60%,轻便型:35%、20%;自动或半自动焊电源的持续率有:100%、80%、60% 3 种。

弧焊电源铭牌上规定的额定电流 I_e,就是指在规定的环境条件下,按额定负载持续率 FS 规定的负载状态工作,即符合标准规定的温升限度下所允许的输出电流值。与额定焊接电流相对应的工作电压为额定工作电压 U_e。

5.2.3　对弧焊电源动特性的要求

1. 动特性问题的提出

用熔化极进行电弧焊时,电极(焊条或焊丝)在被加热形成金属熔滴进入熔池时,经常会出现短路。这样,就会使电弧长度、电弧电压和电流产生瞬间的变化。因而,在熔化极弧焊时,焊接电弧对供电的弧焊电源来说,是一个动态负载。这就需要对弧焊电源动特性提出相应的要求。

所谓弧焊电源的动特性,是指电弧负载状态发生突然变化时,弧焊电源输出电压与电流的响应过程,可以用弧焊电源的输出电流和电压对时间的关系即 $u_f=f(t)$ 和 $i_f=f(t)$ 来表示,它说明弧焊电源对负载瞬变的适应能力。只有当弧焊电源的动特性合适时,才能获得预期有规律的熔滴过渡、电弧稳定、飞溅小和良好的焊缝成形。

2. 对弧焊电源动特性的要求

(1)合适的瞬时短路电流峰值

焊条电弧焊时,从有利于引弧、加速金属的熔化和过渡、缩短电源处于短路状态的时间等方面考虑,希望短路电流峰值大一些好,但短路电流峰值过大,会导致焊条和焊件过热,甚至使焊件烧穿,并会使飞溅增大。因此必须要有合适的瞬时短路电流峰值。

(2)合适的短路电流上升速度

短路电流上升速度太小,不利于熔滴过渡;短路电流上升速度太大,飞溅严重。所以,必须要有合适的短路电流上升速度。

(3)合适的恢复电压最低值

在进行直流焊条电弧焊开始引弧时,当焊条与工件短路被拉开后,即在由短路到空载的过程中,由于焊接回路内电感的影响,电源电压不能瞬间就恢复到空载电压,而是先出现一个尖峰值(时间极短),紧接着下降到电压最低值,然后再逐渐升高到空载电压。这个电压最低值就称为恢复电压最低值。如果过小,即焊条与工件之间的电场强度过小,则不利于阴极电子发射和气体电离,使熔滴过渡后的电弧复燃困难。

综上所述,为保证电弧引燃容易和焊接过程的稳定,并得到良好的焊缝质量,要求弧焊电源应具备对负载瞬变的良好反应能力,即良好的动特性。

5.3　焊接电源的选择与使用

5.3.1　焊接电源的选择

弧焊电源在焊接设备(焊机)中是决定电气性能的关键部分。尽管弧焊电源具有一定的通用性,但不同类型的弧焊电源,在结构、电气性能和主要技术参数等却各有不同。交流弧焊电源和直流弧焊电源的特点和经济性是有很大差别的,见表5.2、表5.3。因而,在应用时只有合理的选择,才能确保焊接过程的顺利进行,既经济又获得良好的焊接效果。

一般应根据以下几个方面来选择弧焊电源:

①焊接材料与工件材料。

②焊接电流种类。

③焊接工艺方法。

④弧焊电源功率。

⑤工作条件和节能要求。

⑥工件重要程度和经济价值。

表 5.2　交、直流弧焊电源特点比较

项目	交流	直流
电弧稳定性	低	高
极性可换性	不存在	存在
磁偏吹	很小	较大
空载电压	较高	较低
触电危险	较大	较小
构造和维修	简单	复杂
噪音	不大	整流器小,逆变器更小
成本	低	高
供电	一般单相	一般三相
质量	较轻	较重,逆变器最轻

表 5.3 交、直流弧焊电源经济性比较

主要指标	弧焊变压器	弧焊整流器	弧焊逆变器
每千克熔敷金属消耗电能/(kW·h)	3~4	3.4~4.2	2
效率 η	0.65~0.90	0.60~0.75	0.8~0.9
功率因数 $\cos\varphi$	0.3~0.6	0.65~0.70	0.85~0.99
空载时功率因数	0.1~0.2	0.3~0.4	0.68~0.86
空载电能消耗/(kW·h)	0.2	0.38~0.46	0.03~0.1
制造材料相对消耗/%	30~35	35~40	8~13
生产弧焊电源的相对工时/%	20~30	50~70	
相对价格	30~40	105~115	

1. 焊接电流种类的选择

焊接电流有直流、交流和脉冲 3 种基本种类,因而也就有相应的弧焊电源:直流弧焊电源、交流弧焊电源和脉冲弧焊电源,除此之外,还有弧焊逆变器。应按技术要求、经济效果和工作条件来合理地选择弧焊电源的种类。

2. 根据焊接工艺方法选择弧焊电源

(1)焊条电弧焊

用酸性焊条焊接一般金属结构,可选用动铁式、动圈式或抽头式弧焊变压器(BXl-300、BX3-300-1、BX6-120-1 等);用碱性焊条焊接较重要的结构钢,可选用直流弧焊电源,如弧焊整流器(ZXG-400、ZXl-250、ZX5-250、ZX5-400、ZX7-400 等),在没有弧焊整流器的情况下,也可采用直流弧焊发电机。这些弧焊电源均应为下降特性。

(2)埋弧焊

埋弧焊一般选用容量较大的弧焊变压器。如果产品质量要求较高,应采用弧焊整流器或矩形波交流弧焊电源。这些弧焊电源一般应具有下降外特性。在等速送丝的场合,宜选用较平缓的下降特性,在变速送丝的场合,则选用陡度较大的下降特性。

(3)钨极氩弧焊

钨极氩弧焊要求用恒流特性的弧焊电源,如弧焊逆变器、弧焊整流器。对于铝及其合金的焊接,应采用交流弧焊电源,最好采用矩形波交流弧焊电源。

(4)CO_2 气体保护焊和熔化极氩弧焊

CO_2 气体保护焊和熔化极氩弧焊可选用平特性(对等速送丝而言)或下降特性(对于变速送丝而言)的弧焊整流器和弧焊逆变器。对于要求较高的氩弧焊必须选用脉冲弧焊电源。

(5)等离子弧焊

等离子弧焊最好选用恒流特性的弧焊整流器或弧焊逆变器。如果为熔化极等离子弧焊,则按熔化极氩弧焊选用弧焊电源。

(6)脉冲弧焊

脉冲等离子弧焊和脉冲氩弧焊选用脉冲弧焊电源。在要求高的场合,宜采用弧焊逆变器、晶体管式脉冲弧焊电源。

从上述可见，一种焊接工艺方法并非一定要用某一种形式的弧焊电源。但是被选用的弧焊电源，必须满足该种工艺方法对电气性能的要求，其中包括外特性、调节性能、空载电压和动特性。如果某些电气性能不能满足要求，也可通过改装来实现，这正好体现了弧焊电源具有一定的通用性。

3.弧焊电源功率的选择

（1）粗略确定弧焊电源的功率

焊接时主要的规范是焊接电流。为简便起见，可按所需的焊接电流对照弧焊电源型号后面的数字来选择容量。例如，BXl-300 中的数字"300"就是表示该型号电源的额定电流为 300 A。

（2）不同负载持续率下的许用焊接电流

弧焊电源能输出的电流值，主要由其允许温升确定。因而在确定许用焊接电流时，需考虑负载持续率。在额定负载持续率 FS_e 下，以额定焊接电流 I_e 工作时，弧焊电源不会超过它的允许温升。当改变时，弧焊电源在不超过其允许温升情况下使用的最大电流，可以根据发热相等，达到同样额定温度的原则进行换算，便可求出不同负载持续率 FS 下的许用焊接电流 I，即

$$I = I_e \sqrt{\frac{FS_e}{FS}} \tag{5.8}$$

4.根据工作条件和节能要求选择弧焊电源

在一般生产条件下，尽量采用单站弧焊电源。但是在大型焊接车间，如船体车间，焊接站数多而且集中，可以采用多站式弧焊电源。由于直流弧焊电源需用电阻箱分流而耗电较大，应尽可能少用。

在维修性的焊接工作情况下，由于焊缝不长，连续使用电源的时间较短，可选用额定负载持续率较低的弧焊电源。例如，采用负载持续率为 40%、25%，甚至 15% 的弧焊电源。弧焊电源用电量很大，从节能要求出发，应尽可能选用高效节能的弧焊电源，如弧焊逆变器，其次是弧焊整流器、变压器，非特别需要，不用直流弧焊发电机。

5.3.2　弧焊电源的安装

1.弧焊整流器、弧焊逆变器和晶体管式弧焊电源的安装

（1）安装前的检查

①新的长期未用的电源，在安装前必须检查绝缘情况，可用 500 V 绝缘电阻表测定。但在测定前，应先用导线将整流器或硅整流元件、大功率晶体管组短路，以防止硅元件或晶体管被过电压击穿。

标准 GB 15579.1—2004/IEC 60974—1:2000 规定：焊接回路、二次绕组对机壳的绝缘电阻应大于 2.5 MΩ；整流器、一二次绕组对机壳的绝缘电阻应不小于 2.5 MΩ；一、二次绕组之间的绝缘电阻应不小于 5 MΩ；与一、二次回路不相连接的控制回路与机架或其他各回路之间的绝缘电阻不小于 2.5 MΩ。

②安装前应检查其内部是否有因运输而损坏或接头松动的情况。

（2）安装时的注意事项

①电网电源功率是否够用,开关、熔断器和电缆选择是否正确,电缆的绝缘是否良好。

②弧焊电源与电网间应装有独立开关和熔断器。

③动力线和焊接电缆线的导线截面和长度要合适,以保证在额定负载时动力线电压降不大于电网电压5%;焊接回路电缆线总压降不大于4 V。

④机壳接地或接零。对电网电源为三相四线制的,应将机壳接在中性线上;对不接地的三相制,应将机壳接地。

⑤采取防潮措施。

⑥安装在通风良好的干燥场所。

⑦弧焊整流器通常都装有风扇对硅元件和绕组进行通风冷却,接线时一定要保证风扇转向正确。通风窗与阻挡物间距不应小于300 mm,以使内部热量顺利排出。

2. 弧焊变压器的安装

接线时首先应注意出厂铭牌上所标的一次电压数值(有 380 V、220 V,也有 380 V 和 220 V 两用)与电网电压是否一致。

弧焊变压器一般是单相的,多台安装时,应分别接在三相电网上,并尽量使三相平衡。其余事项与弧焊整流器安装相同。

5.3.3 弧焊电源的使用

①使用前,必须按产品说明书或有关标准对弧焊电源进行检查,了解其基本原理,为正确使用建立一定的理论知识基础。

②焊前要仔细检查各部分的接线是否正确,焊接电缆接头是否拧紧,以防过热或烧损。

③弧焊电源接电网后或进行焊接时,不得随意移动或打开机壳的顶盖。如要移动,应在停止焊接、切断电源之后方可移动。

④空载运转时,首先听其声音是否正常,再检查冷却风扇是否正常鼓风,旋转方向是否正确;另外,空载时焊钳和工件不能接触,以防短路。

⑤机件要保持清洁,定期用压缩空气吹净灰尘,定期检修。机体上不许堆放金属或其他物品,以防短路或损坏机体。

⑥弧焊电源必须在铭牌上规定的电流调节范围内及相应的负载持续率下工作,否则,有可能使温升过高而烧坏绝缘,缩短使用寿命。若必须在最大负荷下工作时,应经常检查弧焊电源的受热情况。若温升过高,应立即停机或采用其他降温措施。

⑦使用弧焊整流器时,应注意硅元件的保护和冷却,以及磁饱和电抗器是否受振动、撞击而影响性能的稳定性。如硅元件损坏了,要在排除故障和更换硅元件之后才能继续使用。

⑧调节焊接电流和换挡时应在空载下进行,或在切断电源时进行。

⑨要建立必要的管理使用制度。

5.3.4 弧焊电源铭牌简介

按照标准 GB 15579.1—2004/IEC 60974—1:2000 的规定,弧焊电源重要的技术数据应在电源的铭牌上给出,如图 5.17 所示。

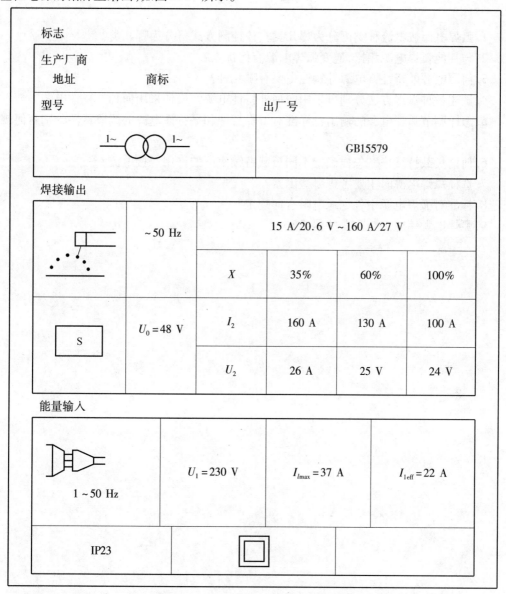

图 5.17 焊条电弧焊单相变压器铭牌

铭牌应包括以下 3 部分内容:

(1)标志部分

标志部分包括制造厂家名称、型号、电源符号、标准号等。

(2)焊接输出部分

焊接输出部分包括焊接工艺符号、电流种类、暂载率及对应的电流与电压数据。

（3）能量输入部分

能量输入部分包括能源种类及相关参数。

思 考 题

1.弧焊电源按电流种类可分为哪几类？按控制方式可分为哪几类？

2.与其他弧焊电源相比,逆变弧焊电源有何优点？

3.何谓电源外特性？电源外特性主要有哪几种？

4.试述各种弧焊方法分别可采用何种外特性电源？最佳采用何种外特性电源？

5.怎样调节弧焊电源的输出？标准对下降特性和平特性电源的调节特性分别有何规定？

6.何谓负载持续率？怎样确定不同负载持续率下的许用焊接电流？

7.选择弧焊电源时主要考虑哪些因素？

8.标准对弧焊电源中各绝缘电阻有何规定？

9.弧焊电源铭牌上包含哪些信息？

第6章　焊接基本操作与焊工考试

焊接质量的优劣在很大程度上取决于焊工的操作技能,因此要求焊工必须掌握正确的焊接操作方法,并且通过相关标准所规定的考试才能上岗。本章首先介绍几种常用电弧焊方法的操作技术,然后介绍国内外有关焊工考试的标准及要求。

6.1　电弧焊的基本操作方法

6.1.1　焊条电弧焊的操作方法

焊条电弧焊最基本的操作是引弧、运条和收尾。

1. 引弧

引弧即产生电弧。焊条电弧焊是采用低电压、大电流放电产生电弧,依靠电焊条瞬时接触工件实现。引弧时必须将焊条末端与焊件表面接触形成短路,然后迅速将焊条向上提起 2~4 mm 的距离,此时电弧即引燃。引弧的方法有两种:碰击法和划擦法,如图 6.1 所示。

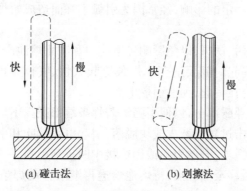

(a) 碰击法　　　　　　(b) 划擦法

图 6.1　引弧方法

(1)碰击法

碰击法也称点接触法或称敲击法。碰击法是将焊条与工件保持一定距离,然后垂直落下,使之轻轻敲击工件,发生短路,再迅速将焊条提起,产生电弧的引弧方法。此种方法适用于各种位置的焊接。

(2)划擦法

划擦法也称线接触法或称摩擦法。划擦法是将电焊条在坡口上滑动,成一条线,当端部接触时,发生短路,因接触面很小,温度急剧上升,在未熔化前,将焊条提起,产生电弧的引弧方法。此种方法易于掌握,但容易玷污坡口,影响焊接质量。

上述两种引弧方法应根据具体情况灵活应用。划擦法引弧虽比较容易,但这种方法使用不当时,会擦伤焊件表面。为尽量减少焊件表面的损伤,应在焊接坡口处划擦,划擦长度以 20~25 mm 为宜。在狭窄的地方焊接或焊件表面不允许有划伤时,应采用碰击法引弧。碰击法引弧较难掌握,焊条的提起动作太快并且焊条提得过高,电弧易熄灭;动作太慢,会使焊条粘在工件上。当焊条一旦粘在工件上时,应迅速将焊条左右摆动,使之与焊件分离;若仍不能分离时,应立即松开焊钳、切断电源,以免短路时间过长而损坏电焊机。

(3)引弧的技术要求

在引弧处,由于钢板温度较低,焊条药皮还没有充分发挥作用,会使引弧点处的焊缝较高,熔深较浅,易产生气孔,所以通常应在焊缝起始点后面 10 mm 处引弧,如图 6.2 所示。引燃电弧后拉长电弧,并迅速将电弧移至焊缝起点进行预热。预热后将电弧压短,酸性焊条的弧长约等于焊条直径,碱性焊条的弧长应为焊条直径的一半左右,进行正常

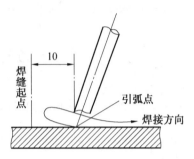

图 6.2　引弧点的选择

焊接。采用上述引弧方法即使在引弧处产生气孔,也能在电弧第二次经过时,将这部分金属重新熔化,使气孔消除,并且不会留引弧伤痕。为了保证焊缝起点处能够焊透,焊条可做适当的横向摆动,并在坡口根部两侧稍加停顿,以形成一定大小的熔池。

引弧对焊接质量有一定的影响,经常因为引弧不好而造成始焊的缺陷。综上所述,在引弧时应做到以下几点:

①工件坡口处无油污、锈斑,以免影响导电能力和防止熔池产生氧化物。

②在接触时,焊条提起时间要适当。焊条提起太快,气体未电离,电弧可能熄灭;太慢,则使焊条和工件黏合在一起,无法引燃电弧。

③焊条的端部要有裸露部分,以便引弧。若焊条端部裸露不均,则应在使用前用锉刀加工,防止在引弧时,碰击过猛使药皮成块脱落,引起电弧偏吹和引弧瞬间保护不良。

④引弧位置应选择适当,开始引弧或因焊接中断重新引弧,一般均应在离始焊点后面 10~20 mm 处引弧,然后移至始焊点,待熔池熔透再继续移动焊条,以消除可能产生的引弧缺陷。

2. 运条

电弧引燃后,就开始正常的焊接过程。为获得良好的焊缝成形,焊条得不断地运动。焊条的运动称为运条。运条是电焊工操作技术水平的具体表现。焊缝质量的优劣、焊缝成形的好坏,主要由运条来决定。

运条由 3 个基本运动合成,分别是焊条的送进运动、焊条的横向摆动运动和焊条的沿焊缝移动运动,如图 6.3 所示。

(1)焊条的送进运动

焊条的送进运动主要是用来维持所要求的电弧长度。由于电弧的热量熔化了焊条端部,电弧逐渐变长,有熄弧的倾向。要保持电弧继续燃烧,必须将焊条向熔池送进,直至整

根焊条焊完为止。为保证一定的电弧长度,焊条的送进速度应与焊条的熔化速度相等,否则会引起电弧长度的变化,影响焊缝的熔宽和熔深。

(2)焊条的摆动和沿焊缝移动

焊条的摆动和沿焊缝移动这两个动作是紧密相连的,而且变化较多、较难掌握。通过两者的联合动作可获得一定宽度、高度和一定熔深的焊缝。所谓焊接速度即单位时间内完成的焊缝长度。如图6.4所示,表示焊接速度对焊缝成形的影响。焊接速度太慢,会焊成宽而局部隆起的焊缝;焊接速度太快,会焊成断续细长的焊缝;焊接速度适中时,才能焊成表面平整,焊波细致而均匀的焊缝。

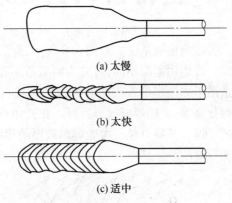

(a) 太慢

(b) 太快

(c) 适中

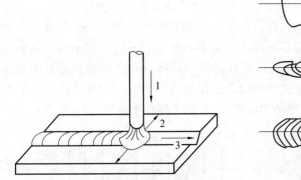

图6.3 焊条的3个基本运动

1—焊条送进;2—焊条摆动;3—沿焊缝移动

图6.4 焊接速度对焊缝成形的影响

(3)运条手法

为了控制熔池温度,使焊缝具有一定的宽度和高度,在生产中经常采用下面几种运条手法。

①直线形运条法。采用直线形运条法焊接时,应保持一定的弧长,焊条不摆动并沿焊接方向移动。由于此时焊条不做横向摆动,所以熔深较大,且焊缝宽度较窄。在正常的焊接速度下,焊波饱满平整。此法适用于板厚3~5 mm的不开坡口的对接平焊、多层焊的第一层焊道和多层多道焊。

②直线往返形运条法。此法是焊条末端沿焊缝的纵向做来回直线形摆动,如图6.5所示,主要适用于薄板焊接和接头间隙较大的焊缝。其特点是焊接速度快、焊缝窄、散热快。

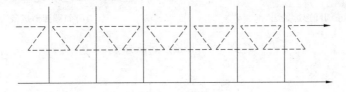

图6.5 直线往返形运条法

③锯齿形运条法。此法是将焊条末端做锯齿形连续摆动并向前移动,如图6.6所示,在两边稍停片刻,以防产生咬边缺陷。这种手法操作容易、应用较广,多用于比较厚的钢

板的焊接,适用于平焊、立焊、仰焊的对接接头和立焊的角接接头。

④月牙形运条法。如图6.7所示,此法是使焊条末端沿着焊接方向做月牙形的左右摆动,并在两边的适当位置作片刻停留,以使焊缝边缘有足够的熔深,防止产生咬边缺陷。此法适用于仰、立、平焊位置以及需要比较饱满焊缝的地方。其适用范围和锯齿形运条法基本相同,但用此法焊出来的焊缝余高较大。其优点是,能使金属熔化良好,而且有较长的保温时间,熔池中的气体和熔渣容易上浮到焊缝表面,有利于获得高质量的焊缝。

图6.6 锯齿形运条法

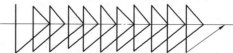

图6.7 月牙形运条法

⑤三角形运条法。如图6.8所示,此法是使焊条末端做连续三角形运动,并不断向前移动。按适用范围不同,可分为斜三角形和正三角形两种运条方法。其中斜三角形运条法适用于焊接T形接头的仰焊缝和有坡口的横焊缝。其特点是能够通过焊条的摆动控制熔化金属,促使焊缝成形良好。正三角形运条法仅适用于开坡口的对接接头和T形接头的立焊。其特点是一次能焊出较厚的焊缝断面,有利于提高生产率,而且焊缝不易产生夹渣等缺陷。

(a)斜三角形运条法

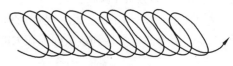

(b)正三角形运条法

图6.8 三角形运条法

⑥圆圈形运条法。如图6.9所示,使焊条末端连续做圆圈运动,并不断前进。这种运条方法又分正圆圈和斜圆圈两种。正圆圈形运条法只适于焊接较厚工件的平焊缝,其优点是能使熔化金属有足够高的温度,有利于气体从熔池中逸出,可防止焊缝产生气孔。斜圆圈形运条法适用于T形接头的横焊(平角焊)和仰焊以及对接接头的横焊缝,其特点是可控制熔化金属不受重力影响,能防止金属液体下淌,有助于焊缝成形。

(a)正圆圈形运条法

(b)斜圆圈形运条法

图6.9 圆圈形运条法

3. 收尾

电弧中断和焊接结束时,应把收尾处的弧坑填满。若收尾时立即拉断电弧,则会形成比焊件表面低的弧坑。

在弧坑处常出现疏松、裂纹、气孔、夹渣等现象,因此焊缝完成时的收尾动作不仅是熄灭电弧,而且要填满弧坑。收尾动作有以下几种:

（1）划圈收尾法

焊条移至焊缝终点时，做圆圈运动，直到填满弧坑再拉断电弧。此法主要适用于厚板焊接的收尾。

（2）反复断弧收尾法

收尾时，焊条在弧坑处反复熄弧、引弧数次，直到填满弧坑为止。此法一般适用于薄板和大电流焊接，但碱性焊条不宜采用，因其容易产生气孔。

（3）回焊收尾法

焊条移至焊缝收尾处立即停止，并改变焊条角度回焊一小段。此法适用于碱性焊条。

当换焊条或临时停弧时，应将电弧逐渐引向坡口的斜前方，同时慢慢抬高焊条，使得熔池逐渐缩小。当液体金属凝固后，一般不会出现缺陷。

6.1.2　半自动 CO_2 气体保护焊的操作方法

1. 半自动 CO_2 气体保护焊的引弧与收弧

（1）引弧

半自动 CO_2 焊时，采用"短路引弧"法，引弧过程如图 6.10 所示。常用的引弧方式是，将焊丝端头与焊接处划擦同时按焊枪按钮，称为"划擦引弧"，这时引弧成功率较高。引弧后应迅速调整焊枪位置、焊枪角度，注意保持焊枪到焊件的距离。

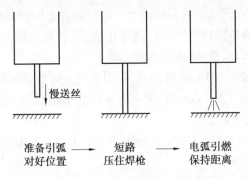

图 6.10　短路引弧过程

引弧处由于工件的温度较低，熔深都比较浅，特别是在短路过渡时容易引起未焊透。为防止产生这种缺陷，可以采取倒退引弧法，如图 6.11 所示，引弧后快速返回工件端头，再沿焊缝移动，在焊道重合部分进行摆动，使焊道充分熔合，以完全消除弧坑。

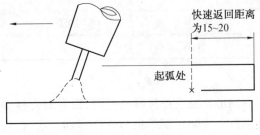

图 6.11　倒退引弧法

（2）收弧

焊道收尾处往往出现凹陷,称为弧坑。CO_2 电弧焊比一般焊条电弧焊用的电流大,所以弧坑也大。弧坑处易产生火口裂纹及缩孔等缺陷。为此,应设法减小弧坑尺寸,主要方法如下:

①采用带有电流衰减装置的焊机时,填充弧坑电流一般只为焊接电流的 50%～60%,易填满弧坑。

②没有电流衰减装置时,在熔池未凝固之时,应反复断弧、引弧几次,直至弧坑填满。

③使用工艺板,把弧坑引到工艺板上,焊完之后去掉它。

收弧时不能马上抬高喷嘴,即使弧坑已填满,电弧已熄灭,也要让焊枪在弧坑处停留几秒钟后才能移开。若收弧时立即抬高焊枪,则容易因保护不良引起缺陷。

2. 半自动 CO_2 气体保护焊平焊操作技术

半自动 CO_2 气体保护焊平焊时通常要实现单面焊双面成形。所谓单面焊双面成形技术,就是从正面焊接,同时获得背面成形良好的焊道,常用于焊接薄板及厚板的打底焊道。单面焊双面成形技术常采用悬空焊接法和加垫板焊接法。

（1）悬空焊接法

无垫板的单面焊双面成形焊接时对焊工的技术水平要求较高,对坡口精度、装配质量和焊接参数也提出了严格的要求。

坡口间隙对单面焊双面成形的影响很大。坡口间隙小时,焊丝应对准熔池的前部,增大穿透能力,使焊缝焊透;坡口间隙大时,为防止烧穿,焊丝应指向熔池中心,并进行适当摆动。摆动方式与坡口间隙有关,按下述情形确定:

①当坡口间隙为 0.2～1.4 mm 时,一般采用直线式焊接或小幅(锯齿形)摆动。

②当坡口间隙为 1.2～2.0 mm 时,采用月牙形的小幅摆动,在焊缝中心稍快些移动,而在两侧作片刻停留(0.5 s)。

③当坡口间隙更大时,摆动方式应在横向摆动的基础上增加前后摆动,这样可避免电弧直接对准间隙,防止烧穿。

不同板厚推荐的根部间隙值见表6.1。

表6.1　不同板厚推荐的根部间隙值

板厚/mm	根部间隙/mm	板厚/mm	根部间隙/mm
0.8	<0.2	4.5	<1.6
1.6	<0.5	6.0	<1.8
2.3	<1.0	10.0	<2.0
3.2	<1.6		

（2）加垫板焊接法

加垫板的单面焊双面成形比悬空焊接容易控制,而且对焊接参数的要求也不十分严格。垫板材料通常为纯铜板。为防止铜垫板与焊件焊到一起,最好采用水冷铜垫板。表6.2是加垫板焊接的典型焊接参数。

表 6.2 加垫板焊接的典型焊接参数

板厚/mm	根部间隙/mm	焊丝直径/mm	焊接电流/A	电弧电压/V
0.8～1.6	0～0.5	0.9～1.2	80～140	18～22
2.0～3.2	0～1.0	1.2	100～180	18～23
4.0～6.0	0～1.2	1.2～1.6	200～420	23～38
8.0	0.5～1.6	1.6	350～450	34～42

(3)操作要点

薄板对接焊一般都采用短路过渡,中厚板大都采用细滴过渡。坡口形状可采用 I 形、Y 形、单边 V 形、U 形和 X 形等。通常 CO_2 焊时的钝边较大而坡口角度较小。

在坡口内焊接时,如果坡口角度较小,熔化金属容易流到电弧前面去,而引起未焊透,所以在焊接根部焊道时,应该采用右焊法和直线式移动。当坡口角度较大时,应采用左焊法和小幅摆动焊接根部焊道。

左焊法操作的特点:

①易观察焊接方向。

②电弧不直接作用于母材上,熔深较浅,焊道平而宽。

③抗风能力强,保护效果好。

右焊法操作的特点与上述相反。

3. 半自动 CO_2 气体保护焊的各种操作实例

(1)开坡口对接平焊的操作方法

①焊前准备焊件材料:Q235 钢板,尺寸及数量:300 mm×150 mm×8 mm 一对,坡口角度为 60°,钝边厚度为 0.5～1 mm,间隙为 1.5～2 mm,如图 6.12 所示。

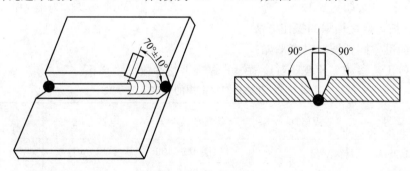

图 6.12 开坡口对接平焊

②焊接工艺参数。焊接工艺参数见表 6.3。

③操作要领。平焊时,采用左焊法,焊丝中心线前倾角为 10°～15°。打底层焊丝要伸到坡口根部,采用月牙形的小幅度摆动焊丝,焊枪摆动时在焊缝的中心移动稍快,摆动到焊缝两侧要稍作停顿 0.5～1 s。若坡口间隙较大,应在横向摆动的同时做适当的前后移动的倒退式月牙形摆动,这种摆动可避免电弧直接对准间隙,以防烧穿。盖面层采用锯齿形或月牙形摆动焊丝,并在坡口两侧稍作停顿,防止咬边。

表6.3 开坡口对接平焊的焊接工艺参数

焊丝牌号	规格/mm	焊接电流/A	电弧电压/V	气体流量/(L·min⁻¹)
H08Mn2SiA（ER50-6）	φ1.2	打底层:90～100	18～19	15
		盖面层:120～130	19～20	

（2）开坡口对接立焊的操作方法

①焊前准备同开坡口对接平焊。

②焊接工艺参数。开坡口对接立焊的焊接工艺参数见表6.4。

表6.4 开坡口对接立焊的焊接工艺参数

焊丝牌号	规格/mm	焊接电流/A	电弧电压/V	气体流量/(L·min⁻¹)
H08Mn2SiA（ER50-6）	φ1.2	打底层:90～100	18～19	15
		盖面层:90～100	18～19	

③操作要领。立焊时,打底层焊丝要伸到坡口根部,采用月牙形的小幅度摆动焊丝,焊枪摆动时在焊缝的中心移动稍快,摆动到焊缝两侧要稍作停顿0.5～1 s。若坡口间隙较大,应在横向摆动的同时做适当的前后移动的倒退式月牙形摆动,这种摆动可避免电弧直接对准间隙,以防烧穿。盖面层采用锯齿形或反月牙形摆动焊丝,并在坡口两侧稍作停顿,防止咬边,如图6.13所示。

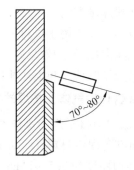

图6.13 开坡口对接立焊

（3）开坡口对接横焊的操作方法

①焊前准备同开坡口对接平焊。

②焊接工艺参数。开坡口对接横焊的焊接工艺参数见表6.5。

表6.5 开坡口对接横焊的焊接工艺参数

焊丝牌号	规格/mm	焊接电流/A	电弧电压/V	气体流量/(L·min⁻¹)
H08Mn2SiA（ER50-6）	φ1.2	打底层:90～100	18～19	15
		盖面层:100～110	18～19	

③操作要领。横焊时,采用左焊法,打底层焊丝要伸到坡口根部,采用月牙形的小幅度摆动焊丝,焊枪摆动时在焊缝的中心移动稍快,摆动到焊缝上坡口时要稍作停顿0.5～1 s。若坡口间隙较大,应在横向摆动的同时做适当的前后移动的倒退式月牙形摆动,这种摆动可避免电弧直接对准间隙,以防烧穿。盖面层采用斜锯齿形摆动焊丝,焊两道,第一道焊缝要熔合下坡口线,焊接速度略慢于第二道,焊第二道时要覆盖第一道焊缝的1/2,并要防止产生咬边现象,如图6.14所示。

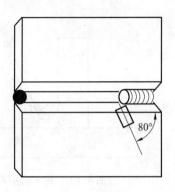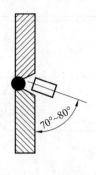

图 6.14　开坡口对接横焊

（4）平角焊的操作方法

①焊前准备焊件材料：Q235 钢板；尺寸及数量：300 mm×60 mm×6 mm 一对；定位焊：对称焊两点，长度为 5 mm；当焊件较长时，每隔 200 mm 焊一点，长度 20～30 mm。

②焊接规范及工艺参数。平角焊的焊接工艺参数见表 6.6。

表 6.6　平角焊的焊接工艺参数

焊丝牌号	规格/mm	焊接电流/A	电弧电压/V	气体流量 /(L·min⁻¹)
H08Mn2SiA （ER50-6）	$\phi1.2$	160～180	22～24	15

③操作要领。焊脚尺寸决定焊接层数与焊接道数，一般焊脚尺寸为 10～12 mm 时采用单层焊，超过 12 mm 以上采用多层多道焊。

a.单层焊焊枪角度如图 6.15 所示。运丝方法：斜锯齿形，左焊法。斜锯齿形运条时，跨距要宽，并在上边稍作停留，防止咬边及焊脚尺寸下垂，如图 6.16 所示。

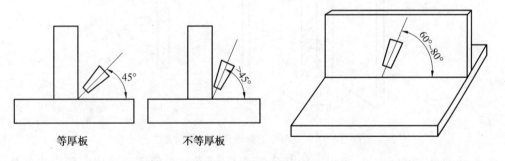

等厚板　　　　　　不等厚板

图 6.15　平角焊时的焊枪角度

b.多层多道焊。焊第一道与单层焊相同；焊第二道时，焊枪与水平方向的夹角应大些，使水平位置的焊件很好的熔合，多为 45°～55°，对第一道焊缝应覆盖 2/3 以上，焊枪与水平方向的夹角仍为 60°～80°，运丝方法采用斜锯齿形；焊第三道时，焊枪与水平方向的夹角应小些，为 40°～45°，其他的不变，不至于产生咬边及下垂现象，运丝方法采用斜锯齿形，均匀运丝，对第二道焊缝的覆盖应为 1/3，如图 6.17 所示。

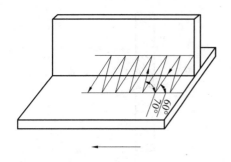

图 6.16 平角焊时的运丝方法

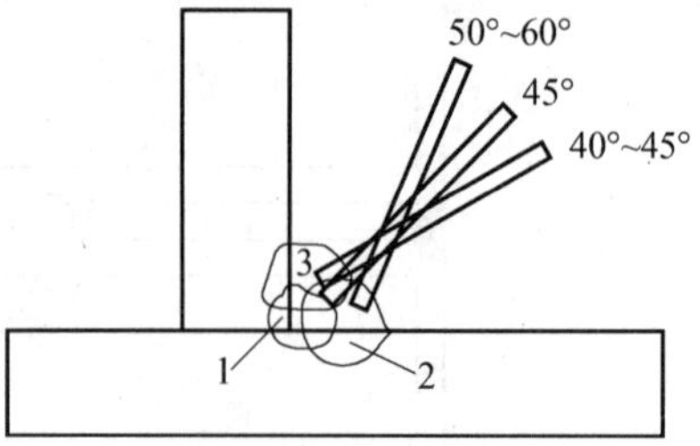

图 6.17 多层多道平角焊

（5）立角焊的操作方法

①焊前准备与平角焊相同。

②焊接工艺参数。立角焊焊接工艺参数见表 6.7。

表 6.7 立角焊的焊接工艺参数

焊丝牌号	规格/mm	焊接电流/A	电弧电压/V	气体流量/(L·min⁻¹)
H08Mn2SiA（ER50-6）	ϕ1.2	120～130	19～20	15

③操作要领。

a. 单层焊:焊脚尺寸为 14～16 mm,焊丝角度和摆动方法如图 6.18 所示。

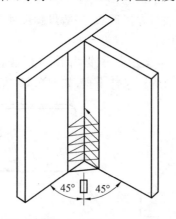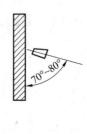

图 6.18 立角焊的焊丝角度和摆动方法

焊接前首先站好位置,使焊枪能充分摆动不受影响,焊丝摆动采用三角形或反月牙形,摆动间距要稍宽,约为 4 mm。三角形摆动时 3 个顶点要稍作停顿,并且顶点的停留时间要略长于其他两点,下边过渡要快,但要熔合良好,防止电弧不稳产生跳弧现象。

b. 多层焊当焊件较厚、焊脚尺寸较大时需要采用多层焊,其焊丝角度和焊接方法与单层焊相同。

6.1.3 手工钨极氩弧焊的操作方法

TIG 焊可分为手工 TIG 焊和自动 TIG 焊两种,正确与熟练操作是保证焊接质量的重要前提。由于工件厚度、施焊姿势、接头形式等条件不同,操作技术也不尽相同。下面主要介绍手工 TIG 焊基本操作技术。

1. 引弧

引弧前应提前 5~10 s 送气。引弧有两种方法:高频振荡引弧(或脉冲引弧)和接触引弧,最好是采用非接触引弧。采用非接触引弧时,应先使钨极端头与工件之间保持较短距离,然后接通引弧器电路,在高频电流或高压脉冲电流的作用下引燃电弧。这种引弧方法可靠性高,且由于钨极不与工件接触,因而钨极不致因短路而烧损,同时还可防止焊缝因电极材料落入熔池而形成夹钨等缺陷。

在用无引弧器的设备施焊时,需采用接触引弧法。即将钨电极末端与工件直接短路,然后迅速拉开而引燃电弧。接触引弧时,设备简单,但引弧可靠性较差。由于钨极与工件接触,可能使钨极端头局部熔化而混入焊缝金属中,造成夹钨缺陷。为了防止焊缝钨夹渣,在用接触引弧法时,可先在一块引弧板(一般为紫铜板)上引燃电弧,然后再将电弧移到焊缝起点处。

2. 焊接

焊接时,为了得到良好的气保护效果,在不妨碍视线的情况下,应尽量缩短喷嘴到工件的距离,采用短弧焊接,一般弧长 4~7 mm。焊枪与工件角度的选择也应以获得好的保护效果,便于填充焊丝为准。平焊、横焊或仰焊时,多采用左焊法。厚度小于 4 mm 的薄板立焊时,采用向下焊或向上焊均可;板厚大于 4 mm 的工件,多采用向上立焊。要注意保持电弧一定高度和焊枪移动速度的均匀性,以确保焊缝熔深、熔宽的均匀,防止产生气孔和夹杂等缺陷。为了获得必要的熔宽,焊枪除做匀速直线运动外,允许做适当的横向摆动。

在需要填充焊丝时,焊丝直径一般不得大于 4 mm,因为焊丝太粗易产生夹渣和未焊透现象。焊接时,焊枪、焊丝和工件之间必须保持正确的相对位置,如图 6.19 所示。焊丝与工件间的角度不宜过大,否则会扰乱电弧和气流的稳定。手工钨极氩弧焊时,送丝可以采用断续送进和连续送进两种方法。要绝对防止焊丝与高温的钨极接触,以免钨极被污染、烧损,电弧稳定性被损坏;断续送丝时要防止焊丝端部移出气体保护区而氧化。环缝自动钨极氩弧焊时,焊枪应逆旋转方向偏离工件中心线一定距离,以便于送丝和保证焊缝的良好成形。

3. 收弧

焊缝在收弧处要求不存在明显的下凹以及产生气孔与裂纹等缺陷。为此,在收弧处应添加填充焊丝使弧坑填满,这对于焊接热裂纹倾向较大的材料时,尤为重要。此外,还可采用电流衰减方法和逐步提高焊枪的移动速度或工件的转动速度,以减少对熔池的热输入来防止裂纹。在焊接拼板接缝时,通常采用引出板将收弧处引出工件,使得易出现缺陷的收弧处脱离工件。

熄弧后,不要立即抬起焊枪,要使焊枪在焊缝上停留 3~5 s,待钨极和熔池冷却后,再抬起焊枪,停止供气,以防止焊缝和钨极受到氧化。至此焊接过程便结束,应关断焊机、切断水、电、气路。

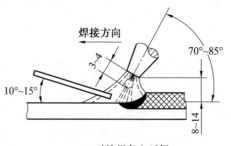

(a) 对接焊条电弧焊

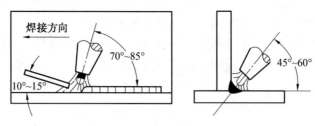

(b) 角接焊条电弧焊

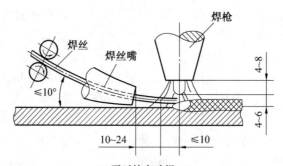

(c) 平对接自动焊

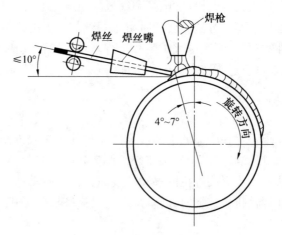

(d) 环缝自动焊

图 6.19　焊枪、焊丝和工件之间的相对位置

6.1.4 埋弧焊操作技术

1. 对接直焊缝焊接技术

对接直焊缝的焊接方法有两种基本类型,即单面焊和双面焊。根据钢板厚度又可分为单层焊、多层焊,又有各种衬垫法和无衬垫法。

对于厚度在 14 mm 以下的板材,可以不开坡口一次焊成;双面焊时,不开坡口的可焊厚度达 28 mm。当厚度较大时,为保证焊透,最常采用的坡口形式为 Y 形坡口和 X 形坡口。单面焊时,为防止烧穿、保证焊缝的反面成形,应采用反面衬垫,衬垫的形式有焊剂垫、钢垫板,或手工焊封底,如图 6.20 所示。另外,由于埋弧焊在引弧和熄弧处电弧不稳定,为保证焊缝质量,焊前应在焊缝两端接上引弧板和熄弧板,焊后去除,如图 6.21 所示。

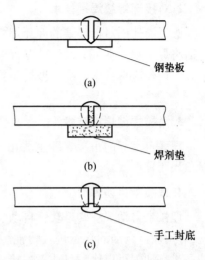

图 6.20 埋弧焊的衬垫和手工封底

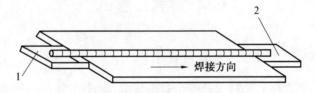

图 6.21 引弧板和熄弧板
1—引弧板;2—熄弧板

(1)焊剂垫法埋弧自动焊

在焊接对接焊缝时,为了防止熔渣和熔池金属的泄漏,采用焊剂垫作为衬垫进行焊接。焊剂垫的焊剂与焊接用的焊剂相同。焊剂要与焊件背面贴紧,能够承受一定的均匀的托力。要选用较大的焊接规范,使工件熔透,以达到双面成形。

(2)手工焊封底埋弧自动焊

对无法使用衬垫的焊缝,可先行用手工焊进行封底,然后再采用埋弧焊。

(3)悬空焊

悬空焊一般用于无坡口、无间隙的对接焊,它不用任何衬垫,装配间隙要求非常严格。为了保证焊透,正面焊时要焊透工件厚度的 40% ~ 50%,背面焊时必须保证焊透 60% ~ 70%。在实际操作中一般很难测出熔深,经常是靠焊接时观察熔池背面颜色来判断估计,所以要有一定的经验。

(4)多层埋弧焊

对于较厚钢板,一次不能焊完的,可采用多层焊。第一层焊时,规范不要太大,既要保证焊透,又要避免裂纹等缺陷。每层焊缝的接头要错开,不可重叠。

2. 对接环焊缝焊接技术

圆形筒体的对接环缝的埋弧焊要采用带有调速装置的滚胎。如果需要双面焊,第一遍需将焊剂垫放在下面筒体外壁焊缝处。将焊接小车固定在悬臂架上,伸到筒体内焊下平焊。焊丝应偏移中心线下坡焊位置上。第二遍正面焊接时,在筒体外,上平焊处进行施焊。

3. 角接焊缝焊接技术

埋弧自动焊的角接焊缝主要出现在 T 形接头和搭接接头中。一般可采取船形焊和斜角焊两种形式。

4. 埋弧半自动焊

埋弧半自动焊主要是软管自动焊,其特点是采用较细直径(2 mm 或 2 mm 以下)的焊丝,焊丝通过弯曲的软管送入熔池。电弧的移动是靠手工来完成,而焊丝的送进是自动的。半自动焊可以代替自动焊焊接一些弯曲和较短的焊缝,主要应用于角焊缝,也可用于对接焊缝。

6.2 焊工考试

6.2.1 国内焊工考试的标准与要求

本节主要以《TSGZ6002 特种设备安全技术规范:附件 A 特种设备金属材料焊工考试范围、内容、方法和结果评定》为参考,介绍特种设备用金属材料焊工考试范围、内容、方法、结果评定与项目代号。适用于特种设备用金属材料的气焊、焊条电弧焊、钨极气体保护焊、熔化极气体保护焊、埋弧焊、等离子弧焊、气电立焊、电渣焊、摩擦焊、螺柱焊和耐蚀堆焊的焊工考试。

1. 术语

焊工是指从事焊接操作的人员。焊工分为手工焊焊工、机动焊焊工和自动焊焊工。机动焊焊工和自动焊焊工合称为焊机操作工。

2. 基本知识考试范围

①特种设备的分类、特点和焊接要求。

②金属材料的分类、型号、牌号、化学成分、使用性能、焊接特点和焊后热处理。

③焊接材料(包括焊条、焊丝、焊剂和气体等)类型、型号、牌号、性能、使用和保管。

④焊接设备、工具和测量仪表的种类、名称、使用和维护。

⑤常用焊接方法的特点、焊接工艺参数、焊接顺序、操作方法及其焊接质量的影响因素。

⑥焊缝形式、接头形式、坡口形式、焊缝符号及图样识别。

⑦焊接缺陷的产生原因、危害、预防方法和返修。

⑧焊缝外观检验方法和要求,无损检测方法的特点、适用范围。

⑨焊接应力和变形的产生原因和防止方法。

⑩焊接质量控制体系、规章制度、工艺纪律基本要求。

⑪焊接作业指导、焊接工艺评定。

⑫焊接安全和规定。

⑬特种设备法律、法规和标准。

⑭法规、安全技术规范等有关焊接作业人员考核和管理规定。

3. 焊接操作技能考试

(1)焊接操作技能的要素

与焊接操作技能有关的要素如下:

①焊接方法。

②焊接方法的机动化程度。

③金属材料的类别。

④填充金属的类别。

⑤试件形式。

⑥衬垫。

⑦焊缝金属厚度。

⑧管材外径。

⑨焊接工艺要素。

(2)焊接操作技能考试要素的分类与代号

①焊接方法。焊接方法与代号见表6.8。每种焊接方法都可能表现为手工焊、机动焊、自动焊等操作方式。

表6.8 焊接方法与代号

焊接方法	代号
焊条电弧焊	SWAW
气焊	OFW
钨极气体保护焊	GTAW
熔化极气体保护电弧焊	GMAW(含药芯焊丝电弧焊 FCAW)
埋弧焊	SAW
电渣焊	ESW
等离子弧焊	PAW
气电立焊	EGW
摩擦焊	FRW
螺柱电弧焊	SW

②金属材料类别。金属材料类别与示范见表6.9。

表6.9 金属材料类别与示范

种类	类别	代号	材料、牌号、级别				
钢	低碳钢	Fe I	Q195 Q215 Q235 Q245R Q275	10 15 20 25 20G	HP245 HP265 WCA	L175 L210	S205
	低合金钢	Fe II	HP295 HP325 HP345 HP365 Q295 Q345 Q390 Q420 S240 S290 S315 S360 S385 S415 S450 S480	L245 L290 L320 L360 L415 L450 L485 L555 07MnCrMoVR 12MnNiVR 20MnG 10MnDG	Q345R 16Mn Q370R 15MNV 20MnMo 10MnWVNb 13MnNiMoR 20MnMoNb 14Cr1MoR 12Cr1MoV 12Cr1MoVG 12Cr2Mo 12Cr2Mo1 12Cr2Mo1R 12Cr2MoG 12CrMoWVTiB 12Cr3MoVSiTiB	15MoG 20MoG 12CrMo 12CrMoG 15CrMo 15CrMoR 15CrMoG 14Cr1Mo	09MnD 09MnNiD 09MnNiDR 16MnD 16MnDR 16MnDG 15MnNiDR 20MnMoD 07MnNiCrMoVDR 08MnNiCrMoVD 10Ni3MoVD 06Ni3MoDG ZG230-450 ZG20CrMo ZG15Cr1Mo1V ZG12Cr2Mo1G
	$w(Cr) \geqslant 5\%$ 钢钼钢、铁素体钢、马氏体钢	Fe III	1Cr5Mo 10Cr9MoVNb	06Cr13 00Cr27Mo	12Cr13 06Cr13Al	10Cr17 ZG16Cr5MoG	1Cr9Mo1
	奥氏体钢、奥氏体与铁素体双相钢	Fe IV	06Cr19Ni10 06Cr19Ni11Ti 022Cr19Ni10 CF3 CF8	06Cr17Ni12Mo2 06Cr17Ni12Mo2Ti 06Cr19Ni13Mo3 022Cr17Ni12Mo2 022Cr19Ni13Mo3 022Cr19Ni5Mo3Si2N	06Cr23Ni13 06Cr25Ni20 12Cr18Ni9		

③试件位置。焊缝位置基本上由试件位置决定。试件类别、位置与其代号见表6.10。板材对接焊缝试件和管材对接焊缝试件的类别、位置及其代号如图6.22、图6.23所示。

表6.10 试件类别、位置与代码

试件类别	试件位置		代 号
板材对接焊缝试件	平焊试件		1G
	横焊试件		2G
	立焊试件		3G
	仰焊试件		4G
板材角焊缝试件	平焊试件		1F
	横焊试件		2F
	立焊试件		3F
	仰焊试件		4F
管材对接焊缝试件	水平转动试件		1G(转动)
	垂直固定试件		2G
	水平固定试件	向上焊	5G
		向下焊	5GX(向下焊)
	45°固定试件	向上焊	6G
		向下焊	6GX(向下焊)
管材角焊缝试件（分管-板角焊缝试件和管-管角焊缝试件两种）	45°转动试件		1F(转动)
	垂直固定横焊试件		2F
	水平转动试件		2FR
	垂直固定仰焊试件		4F
	水平固定试件		5F
管板角接头试件	水平转动试件		2FRG(转动)
	垂直固定平焊试件		2FG
	垂直固定仰焊试件		4FG
	水平固定试件		5FG
	45°固定试件		6FG
螺柱焊试件	平焊试件		1S
	横焊试件		2S
	仰焊试件		4S

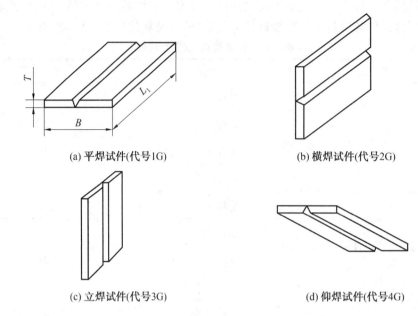

(a) 平焊试件(代号1G) (b) 横焊试件(代号2G)

(c) 立焊试件(代号3G) (d) 仰焊试件(代号4G)

图 6.22 板材对接焊缝试件的类别、位置及其代号

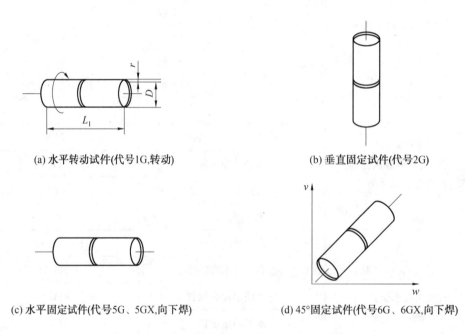

(a) 水平转动试件(代号1G,转动) (b) 垂直固定试件(代号2G)

(c) 水平固定试件(代号5G、5GX,向下焊) (d) 45°固定试件(代号6G、6GX,向下焊)

图 6.23 管材对接焊缝试件的类别、位置及其代号

④焊接工艺因素。焊接工艺因素与代号见表6.11。

表 6.11　焊接工艺因素与代号

机动化程度	焊接工艺因素		焊接工艺因素代号
手工焊	气焊、钨极气体保护焊、等离子弧焊用填充金属丝	无	01
		实芯	02
		药芯	03
	钨极气体保护焊、熔化极气体保护焊和等离子弧焊时,背面保护气体	有	10
		无	11
	钨极气体保护焊电流类别与极性	直流正接	12
		直流反接	13
		交流	14
	熔化极气体保护焊	喷射弧、熔滴弧、脉冲弧	15
		短路弧	16
机动焊	钨极气体保护焊自动稳压系统	有	04
		无	05
	各种焊接方法	目视观察、控制	19
		遥控	20
	各种焊接方法自动跟踪系统	有	06
		无	07
	各种焊接方法每面坡口内焊道	单道	08
		多道	09
自动焊	摩擦焊	连续驱动摩擦	21
		惯性驱动摩擦	22

4. 焊接操作技能考试规定

(1)焊接方法

变更焊接方法,焊工需重新进行焊接操作技能考试。

在同一种焊接方法中,当发生下列情况时,也需重新进行焊接操作技能考试:

①手工焊焊工变更为焊机操作工,或者焊机操作工变更为手工焊焊工。

②自动焊焊工变更为机动焊焊工。

(2)金属材料的类别

焊工采用某类别任一钢号,经过焊接操作技能考试合格后,当发生下列情况时,不需重新进行焊接操作技能考试:

①手工焊焊工焊接该类别其他钢号。

②手工焊焊工焊接该类别钢号与类别号较低钢号所组成的异种钢号焊接接头。

③除 Fe Ⅳ 类外,手工焊焊工焊接类别号较低钢号。

④焊接操作工焊接各类别中的钢号。

（3）填充金属的类别

①手工焊焊工采用某类别填充金属材料,经焊接操作技能考试合格后,适用于焊件相应种类的填充金属的类别范围(见表6.12)。

②焊机操作工采用某类别填充金属材料,经焊接操作技能考试合格后,适用于焊件相应种类的各类填充金属材料。

表6.12 填充金属类别、示范与适用范围

填充金属		试件用填充金属类别代号	相应型号、牌号	适用于焊件填充金属类别范围	相应标准
种类	类别				
钢	碳钢焊条、低合金钢焊条、马氏体钢焊条、铁素体钢焊条	FeF1(钛钙型)	EXX03	FeF1	JT/T 4747 (GB/T 5117 GB/T 5118 GB/T 983 (奥氏体、奥氏体与铁素体双相钢焊条除外))
		FeF2(纤维素型)	EXX10　EXX11	FeF1	
			EXX10-X EXX11-X	FeF2	
		FeF3(钛型、钛钙型)	EXXX(X)-16	FeF1	
			EXXX(X)-17	FeF3	
		FeF3J(低氢型、碱性)	EXX15　EXX16 EXX18　EXX48 EXX15-X EXX16-X EXX18-X EXX48-X EXXX(X)-15 EXXX(X)-16 EXXX(X)-17	FeF1 FeF3 FeF3J	
	奥氏体钢焊条、奥氏体与铁素体双相钢焊条	FeF4(钛型、钛钙型)	EXXX(X)-16 EXXX(X)-17	FeF4	JB/T 4747 (GB/T 983(奥氏体、奥氏体与铁素体双相钢焊条))
		FeF4J(碱性)	EXXX(X)-15 EXXX(X)-16 EXXX(X)-17	FeF4 FeF4J	
	全部钢焊丝	FeFS	全部实芯焊丝和药芯焊丝	FeFS	JB/T 4747

（4）焊剂、保护气体、钨极

焊接操作技能考试合格的焊工,当变更焊剂型号、保护气体种类、钨极种类时,不需要重新进行焊接操作技能考试。

（5）试件位置

①手工焊焊工或者焊机操作工,采用对接焊缝试件、角焊缝试件和管板角接头试件,经焊接操作技能考试合格后,适用于焊件的焊缝和焊件位置,见表6.13。

②在管材角焊缝试件焊接操作技能考试时,可在管-板角焊缝试件与管-管角焊缝试件中任选一种。

③手工焊焊工向下立焊试件考试合格后,不能免考向上立焊,反之也不可。

表6.13　试件适用于焊缝和焊接位置

试件		适用焊件范围			
		对接焊缝位置		角焊缝位置	管板角接头焊件位置
形式	代号	板材和外径大于600 mm的管材	外径小于或者等于600 mm的管材		
板材对接焊缝试件	1G	平	平②	平	
	2G	平、横	平、横②	平、横	
	3G	平、立①	平②	平、横、立	
	4G	平、仰	平②	平、横、仰	
管材对接焊缝试件	1G	平	平	平	
	2G	平、横	平、横	平、横	
	5G	平、立、仰	平、立、仰	平、立、仰	
	5GX	平、立向下、仰	平、立向下、仰	平、立向下、仰	
	6G	平、横、立、仰	平、横、立、仰	平、横、立、仰	
	6GX	平、立向下、横、仰	平、立向下、横、仰	平、立向下、横、仰	
管板角接头试件	2FG			平、横	2FG
	2FGR			平、横	2FRG、2FG
	4FG			平、横、仰	4FG、2FG
	5FG			平、横、立、仰	5FG、2FRG、2FG
	6FG			平、横、立、仰	所有位置
板材角焊缝试件	1F			平	
	2F			平、横	
	3F			平、横、立	
	4F			平、横、仰	
管材角焊缝试件	1F			平	
	2F			平、横	
	2FR			平、横	
	4F			平、横、仰	
	5F			平、立、横、仰	

注：①表中"立"表示向上立焊；向下立焊表示为"立向下"；

②板材对接焊缝试件考试合格后，适用于管材对接焊缝焊件时，管外径应大于或等于76 mm

（6）衬垫

手工焊焊工和机动焊焊工采用不带衬垫对接焊缝试件或者管板角接头试件，经焊接操作技能考试合格后，分别适用于带衬垫对接焊缝焊件或者管板角接头焊件，反之不适用。

（7）试件焊缝金属尺寸

①手工焊焊工采用对接焊缝试件,经焊接操作技能考试合格后,适用于焊件焊缝金属厚度范围见表6.14。其中t为每名焊工、每种焊接方法在试件上的对接焊缝金属厚度(余高不计),当某焊工用一种焊接方法考试且试件截面全焊透时,t与试件母材厚度T相等(t不得小于12 mm,且焊缝不得少于3层)。

表6.14　手工焊对接焊缝试件适用于对接焊缝焊件焊缝金属厚度范围

焊件母材厚度 T/mm	适用于焊件焊缝金属厚度	
	最小值	最大值
<12	不限	$2t$
≥12	不限	不限

②手工焊焊工用半自动熔化极气体保护焊、短弧焊接对接焊缝试件,焊缝金属厚度t<12 mm,经焊接操作技能考试合格后,适用于焊件焊缝金属厚度为小于或者等于1.1t;若当试件金属厚度t≥12 mm,且焊缝不少于3层,经焊接操作技能考试合格后,适用于焊件焊缝金属厚度大于1.1t。

③焊机操作工采用对接焊缝试件或者管板角接头试件考试时,母材厚度T与试件板材厚度(S_0)由考试机构自定,经焊接操作技能考试合格后,适用于焊件焊缝金属厚度不限。

（8）管材外径

①对接焊缝和管板角接头。

a. 手工焊焊工采用管材对接焊缝试件,经焊接操作技能考试合格后,适用于管材对接焊缝焊件外径范围见表6.15,适用于焊缝金属厚度范围见表6.14。

表6.15　手工焊管材对接焊缝试件适用于对接焊缝焊件外径范围

管材试件外径 D/mm	适用于管材焊件外径范围	
	最小值/mm	最大值
<25	D	不限
25≤D<76	25	不限
≥76	76	不限
≥300(注)	76	不限

注:管材向下焊试件

b. 手工焊焊工采用管板角接头试件,经焊接操作技能考试合格后,适用于管板角接头焊件尺寸范围见表6.16。当某焊工用一种焊接方法考试且试件截面全焊透时,t与试件板材厚度S_0相等;当S_0≥12时,t应不小于12 mm,且焊缝不得少于3层。

c. 焊机操作工采用管材对接焊缝试件或者管板角接头试件考试时,管外径由考试机构自定,经焊接操作技能考试合格后,适用于管材对接焊缝焊件外径和管板角接头焊件管外径不限。

表 6.16 手工焊管板角接头试件适用于管板角接头焊件尺寸范围

试件管外径 D/mm	适用于管板角接头焊件尺寸范围/mm				
	管外径		管壁厚度	焊件焊缝金属厚度	
	最小值	最大值		最小值	最大值
<25	D	不限	不限	不限	当 $S_0<12$ 时,$2t$; 当 $S_0 \geq 12$ 时,不限
25≤D<76	25	不限	不限		
≥76	76	不限	不限		

②角焊缝。

a. 手工焊焊工或者焊机操作工采用对接焊缝试件或者管板角接头试件,经焊接操作技能考试合格后,除其他条款规定需要重新考试外,适用于角焊缝焊件,且母材厚度和管径不限。

b. 手工焊焊工或者焊机操作工采用管材角焊缝试件,经焊接操作技能考试合格后,除其他条款规定需要重新考试外,手工焊焊工适用于管材焊缝试件尺寸范围见表 6.17,焊机操作工不限。

c. 手工焊焊工或者焊机操作工采用板材角焊缝试件,经焊接操作技能考试合格后,除其他条款规定需要重新考试外,手工焊焊工适用于角焊缝焊件范围见表 6.18,焊机操作工不限。

表 6.17 手工焊焊工考试管材角焊缝试件适用于管材角焊缝焊件尺寸范围

管材试件外径 D/mm	适用于管材尺寸范围/mm		
	外径最小值	外径最大值	管壁厚度
<25	D	不限	不限
25≤D<76	25	不限	不限
≥76	76	不限	不限

表 6.18 手工焊焊工考试板材角焊缝试件适用于角焊缝焊件范围

焊件母材厚度 T/mm	适用于角焊缝焊件范围	
	母材厚度/mm	焊件类型
5~10	不限	板材角焊缝 外径 D≥76 mm 管材角焊缝
<5	$T \sim 2T$	

(9)焊接工艺因素

当表 6.11 中焊接工艺因素代号 01、02、03、04、06、08、10、12、13、14、15、19、20、21、22 中某一代号因素变更时,焊工需重新进行焊接操作技能考试。

5.考试评定

(1)综合评定

①焊工基本知识考试满分为100分,不低于60分为合格。

②焊工焊接操作技能考试通过检验试件进行评定,各试件按本章规定的检验内容逐项进行,每个试件的各项检验均合格时,该考试项目为合格。

③由2名以上(含2名)焊工进行的组合考试,应当分别检验与记录,如某项不合格,在能够确认该项施焊焊工时,则该焊工考试不合格;如不能确认该项施焊焊工的,则参与该组合考试的焊工均不合格;其他组合考试,有任一项目不合格,则组合考试项目不合格。

(2)试件检验

试件的检验项目、数量和试样数量见表6.19,每个试件须先进行外观检查,合格后再进行其他项目检验。

表6.19 试件的检验项目、数量和试样数量

试件类别	试件形式	试件厚度或管径/mm		检验项目					
		厚度	管外径	外观检查(件)	射线检测(件)	弯曲检验(个)			金相检验(宏观)
						面弯	背弯	侧弯	
对接焊缝试件	板	<12	—	1	1	1	1	—	—
		≥12	—	1	1	—	—	2	—
	管	—	<76	3	3	1	1	—	—
		—	≥300	1	1	1	1	—	—
	管材向下焊	<12		1	1	1	1	—	—
		≥12		1	1	—	—	2	—
角接焊缝试件	管与板	—	<76	2	—	—	—	—	4
		—	≥76	1	—	—	—	—	4
角焊缝试件	板	≤10	—	1	—	—	—	—	4
	管与板	任意厚度	<76	2	—	—	—	—	4
			≥76	1	—	—	—	—	4

注:当试件厚度大于或者等于10 mm时,可以用2个侧弯试样代替面弯与背弯试样

6.焊工操作技能考试项目代号

焊工操作技能考试项目代号,应当按照每个焊工、每种焊接方法分别表示。

手工焊焊工操作技能考试项目表示方法为①-②-③-④/⑤-⑥-⑦,如果操作技能考试项目中不出现某项时,则不包括该项。项目具体其含义如下:

①——焊接方法代号,见表6.8,耐蚀堆焊代号N与试件母材厚度。

②——金属材料分类代号,见表6.9,试件为异类别金属材料用"X/X"表示。

③——试件位置代号,见表6.10,带衬垫代号K。

④——焊缝金属厚度(对于板材角焊试件为试件母材厚度 T)。

⑤——外径。

⑥——填充金属类别代号,见表6.12。

⑦——焊接工艺因素代号,见表6.11。

例如,厚度为14 mm 的 Q345R 钢板对接焊缝平焊试件带衬垫,使用 J507 焊条手工焊接,试件全焊透,项目代号为 SMAW-FeⅡ-1G(K)-14-Fef3J。

7. 焊工有限期

①持证手工焊焊工或者焊机操作工某焊接方法中断特种设备焊接作业6个月以上,该手工焊焊工或者焊机操作工若再使用该焊接方法进行特种设备焊接作业前,应当复审抽考。

②特种设备作业人员证每4年复审一次。首次取得的合格项目在第一次复审时,需要重新进行考试;第二次以后(含第二次)复审时,可以在合格项目范围内抽考。

③持证焊工应当在期满3个月前,将复审申请资料提交给原考试机构,原考试机构统一向发证部门提出复审申请;焊工个人也可以将复审申请资料直接提交发证机关,申请复审。

跨地区作业的焊工,可以向作业所在地的发证机关申请复审。

6.2.2 国际焊工考试的标准与要求

本节主要以《ISO 9606—1 焊工考试-熔化焊-第一部分:钢》为例,介绍系统的焊工技能评定准则,主要以手工焊和半自动焊接为主,不适合于全机械化或者自动化焊接方法。

1. 术语和定义

(1)焊工:用手操持焊钳、焊枪或焊炬进行焊接的人。

(2)考官:被任命验证是否符合应用标准的某个人。

(3)考试机构:被任命验证是否符合应用标准的某个组织。

(4)焊接衬垫:为保证接头根部焊透和焊缝背面成形,沿接头背面预置的一种衬托物。

(5)根部焊道:多层焊时,在接头根部焊接的焊道。

(6)填充焊道:多层焊时,在根部焊道之后、盖面焊道之前熔敷的焊道。

(7)盖面焊道:多层焊时,焊接完成之后在焊缝表面可见的焊道。

(8)焊缝金属厚度:除余高以外的焊缝厚度。

2. 符号及缩略语

(1)焊接方法代号

ISO 9606-1 标准包含了下列手工焊和半自动焊接方法(焊接方法代号见 EN ISO 4063):

111 手工电弧焊

114 药芯焊丝电弧焊(自保护)

121 丝极埋弧焊

125 管状焊丝埋弧焊

131 熔化极惰性气体保护焊(MIG)

135 熔化极非惰性气体保护焊(MAG)

136 管状焊丝非惰性气体保护焊

141 钨极惰性气体保护焊(TIG)

15 等离子弧焊

311 氧乙炔焊

(2)有关试件的缩略语代号

α 公称角焊缝厚度

BW 对接焊缝

D 管外径

FW 角焊缝

P   板

T   管

z 角焊缝的焊脚尺寸

(3)有关其他焊接因素的缩略语代号

bs 双面焊

lw 左焊法

mb 衬垫焊接

nb 无衬垫焊接

rw 右焊法

ng 背面不清根或不打磨

sl 单层

ss 单面焊

3. 主要参数及认可范围

焊工考试以主要参数为基础,ISO 9606-1 标准规定了每个主要参数的认可范围。如果焊工从事认可范围之外的焊接工作,则需要重新进行新的考试。

(1)主要参数

主要参数有焊接方法、试件类型、焊缝种类、母材、焊接材料、尺寸、焊接位置、焊接细节(衬垫、单面焊、双面焊、单层、多层、左焊道、右焊道)。

(2)焊接方法

每项考试一般只认可一种焊接方法,改变焊接方法需要进行新的考试。允许焊工使用多种工艺焊接一个试件取得两种(或者更多种)焊接方法的认可。表 6.20 给出了针对对接焊缝单个焊接方法及多个焊接方法的认可范围。

(3)试件类型替代

考试应在板或管子上进行,并采用下列准则:

①外径 $D>25$ mm 管子上的焊缝包括板子上的焊缝。

②板子上的焊缝在以下条件下适合于管子上的焊缝：

a. 管子外径 $D \geqslant 150$ mm，焊接位置 PA、PB 和 PC。

b. 管子外径 $D \geqslant 500$ mm，所有其他焊接位置。

表 6.20　对接焊缝单个或者多个焊接方法的认可范围

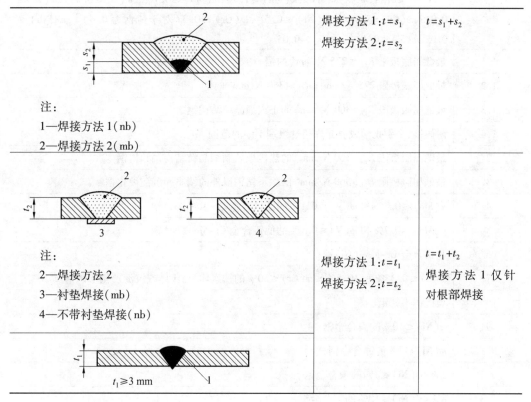

注： 1—焊接方法 1（nb） 2—焊接方法 2（mb）	焊接方法 1：$t = s_1$ 焊接方法 2：$t = s_2$	$t = s_1 + s_2$
注： 2—焊接方法 2 3—衬垫焊接（mb） 4—不带衬垫焊接（nb）	焊接方法 1：$t = t_1$ 焊接方法 2：$t = t_2$	$t = t_1 + t_2$ 焊接方法 1 仅针对根部焊接

（4）焊缝种类

考试应采用对接焊缝或角焊缝，并依据下列准则进行：

①对接焊缝适合于任何接头类型上的对接焊缝，支管连接除外。

②如果在相同条件下焊接，对接焊缝的焊接适用于角焊缝。在生产中主要为角焊缝焊接时，应对焊工进行相应的角焊考试。

③不带衬垫的管子对接焊缝适合于角度大于等于 60° 的支管。对支管而言，其认可范围以支管的外径为基础。

④如果生产工件以支管焊接为主或者涉及复杂的支管连接，焊工应接受特殊的培训，并应在必要时进行支管连接方面的焊工考试。

（5）母材

为了减少考试数量，根据《焊接　金属材料分类体系指南》（CR ISO 15608）将焊接特性类似的钢材进行分组，见表 6.21。

某类组中任何一种钢材的焊接，对该类组中所有其他钢材及按表 6.22 规定的其他类组焊接的焊工考试均有效。焊接该类组之外的母材时，需做单独考试。

表 6.21 钢材分组体系：(ISO15608)

组	钢的类型
1	钢的最低屈服极限 $R_{Eh}^①$ ≤460 N/mm，同时其化学成分为：$w(C)$ ≤0.24，$w(Si)$ ≤0.60，$w(Mn)$ ≤1.70，$w(Mo)$ ≤0.70[②]，$w(S)$ ≤0.045，$w(P)$ ≤0.045，$w(Cu)$ ≤0.40[②]，$w(Ni)$ ≤0.5[②]，$w(Cr)$ ≤0.3（对于铸钢为 0.4）[②]，$w(Nb)$ ≤0.05，$w(V)$ ≤0.12[②]，$w(Ti)$ ≤0.05
1.1	最低屈服极限 R_{Eh} ≤275 N/mm² 的钢
1.2	最低屈服极限 275 N/mm²<R_{Eh} ≤360 N/mm² 的钢
1.3	最低屈服极限 R_{Eh} >360 N/mm² 的正火细晶粒结构钢
1.4	耐候钢，个别化学成分允许超过组别 1 中的范围
2	最低屈服极限 R_{Eh} >360 N/mm² 的热机械轧制细晶粒结构钢和铸钢
3	最低屈服极限 R_{Eh} >360 N/mm² 的除不锈钢以外的调质和沉淀硬化钢
4	$w(Mo)$ ≤0.7% 和 $w(V)$ ≤0.1% 的低钒合金 Cr-Mo-(Ni)钢
5	$w(Mo)$ ≤0.7% 和 $w(V)$ ≤0.1% 的低钒合金 Cr-Mo-(Ni)钢
6	高钒合金 Cr-Mo-(Ni)钢
7	$w(C)$ ≤0.35% 和 10.5% ≤$w(Cr)$ ≤30% 的铁素体、马氏体或沉淀硬化不锈钢
8	奥氏体不锈钢
9	$w(Ni)$ ≤10% 的镍合金钢
9.1	$w(Ni)$ ≤3% 的镍合金钢
9.2	3% <$w(Ni)$ ≤8% 的镍合金钢
9.3	8% <$w(Ni)$ ≤10% 的镍合金钢
10	奥氏体和铁素体不锈钢（双相）
11	0.25% <$w(Ni)$ ≤0.5% 的组别 1[③]以外的钢

注：①根据钢的产品标准，R_{Eh} 可用 $R_{p0.2}$ 或 $R_{t0.5}$ 代替；
　　②当 $w(Cr+Mo+Ni+Cu+V)$ ≤0.75% 时，可超出此值；
　　③当 $w(Cr+Mo+Ni+Cu+V)$ ≤1.0 % 时，可超出此值

表 6.22 母材的认可范围

试件的母材类组①	认可范围									9		10	11
	1.1 1.2 1.4	1.3	2	3	4	5	6	7	8	9.1	9.2+9.3		
1.1,1.2,1.4	×	—	—	—	—	—	—	—	—	—	—	—	—
1.3	×	×	×	—	—	—	—	—	—	×	—	—	×
2	×	×	×	—	—	—	—	—	—	×	—	—	×

续表 6.22

试件的母材类组[1]		认可范围									9		10	11
		1.1 1.2 1.4	1.3	2	3	4	5	6	7	8	9.1	9.2+9.3		
3		×	×	×	×	—	—	—	—	—	×	—	—	×
4		×	×	×	×	×	×	×	×	—	×	—	—	×
5		×	×	×	×	×	×	×	×	—	×	—	—	×
6		×	×	×	×	×	×	×	×	—	×	—	—	—
7		×	×	×	×	×	×	×	×	—	×	—	—	×
8		—	—	—	—	—	—	—	—	×	—	×	×	—
9	9.1	×	×	×	×	—	—	—	—	—	×	—	—	×
	9.2+9.3	×	×	×	×	—	—	—	—	—	—	×	—	×
10		—	—	—	—	—	—	—	—	×	—	×	×	—
11		×	×	×	×	—	—	—	—	—	—	—	—	×

注:①母材类组按 CR ISO 15608 的划分;

②× 表示焊工得到认可的类组,—表示焊工未得到的认可的类组

（6）焊接材料

带填充金属的认可,如 141、15 和 311 焊接方法,适合于不带填充金属的焊接,反之则不可。焊接材料的认可范围见表 6.23。

表 6.23　焊接材料的认可范围

焊接方法	考试所使用的焊接材料[1]	认可范围		
		A、RA、RB、RC、RR、R	B	C
111	A、RA、RB、RC、RR、R	×	—	—
	B	×	×	—
	C	×	—	×
—	—	实芯焊丝(S)	药芯焊丝(M)	药芯焊丝(B)	药芯焊丝(R、P、V、W、Y、Z)

焊接方法	考试所使用的焊接材料[1]	实芯焊丝(S)	药芯焊丝(M)	药芯焊丝(B)	药芯焊丝(R、P、V、W、Y、Z)
131 135	实芯焊丝(S)	×	×	—	—
136 141	药芯焊丝(M)	×	×	—	—
136	药芯焊丝(B)	—	—	×	×
114 136	药芯焊丝 (R、P、V、W、Y、Z)	—	—	—	×

注:①焊工考试时,无衬垫打底焊道(ss nb)所使用的药皮类型应与实际生产相同;

②× 表示焊工得到认可的类组,—表示焊工未得到的认可的类组

（7）尺寸

对接焊缝的焊工考试以母材厚度或管子外径为基础，表6.24及表6.25规定了其认可范围。表6.26规定了角焊缝试件的母材厚度认可范围。

表6.24　对接焊缝试件的母材厚度认可范围

厚度 t/nm	认可范围/nm
$t<3$	$t \sim 2t$[①]
$3 \leqslant t \leqslant 12$	$3 \sim 2t$[②]
$t>12$	$\geqslant 5$

注：①对氧乙炔焊（311）：$t \sim 1.5t$；
　　②对氧乙炔焊（311）：$3 \sim 1.5t$

表6.25　管外径认可范围

试件的管外径 D	认可范围
$D \leqslant 25$ mm	$D \sim 2D$
$D>25$ mm	$\geqslant 0.5 \times D$（最小25 mm）

注：对中空结构而言，D 为较小边的尺寸

表6.26　角焊缝试件的母材厚度认可范围

试件的材料厚度 t/mm	认可范围/mm
$t<3$	$t \sim 3$
$t \geqslant 3$	$\geqslant 3$

（8）焊接位置

每个焊接位置的认可范围见表6.27，这些焊接位置及代号参见《焊缝-施焊位置-倾斜和旋转角度定义》ISO6947（图6.24）。

表6.27　焊接位置的认可范围

考试位置	认可范围										
	PA	PB[①]	PC	PD	PE	PF（板）	PF（管）	PG（板）	PG（管）	H-L045	J-L045
PA	×	×	—	—	—	—	—	—	—	—	—
PB[①]	×	×	—	—	—	—	—	—	—	—	—
PC	×	×	×	—	—	—	—	—	—	—	—
PD	×	×	×	×	×	×	—	—	—	—	—
PE	×	×	×	×	×	×	—	—	—	—	—
PF（板）	×	×	—	—	×	×	—	—	—	—	—
PF（管）	×	×	—	×	×	×	×	—	—	—	—
PG（板）	—	—	—	—	—	—	—	×	—	—	—

续表6.27

考试位置	认可范围										
	PA	PB①	PC	PD	PE	PF(板)	PF(管)	PG(板)	PG(管)	H−L045	J−L045
PG(管)	×	×		×	×	—	—	×	×	—	—
H−L045	×	×	×	×	×	×	×	—	—	×	—
J−L045	×	×	×	×				×	×		×

注:① PB 和 PD 的考试位置适用于角焊缝,而且只能认可其他位置上的角焊缝;

②× 表示焊工得到认可的那些焊接位置,—表示焊工未得到认可的那些焊接位置

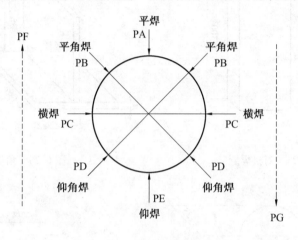

图 6.24   焊接位置及代号

(9)其他焊接因素

表6.28 和表6.29 给出了其他焊接因素的认可范围。

表6.28   对接焊缝的认可范围

试件的焊接因素	认可范围		
	单面焊/不带衬垫(ss nb)	单面焊/带衬垫(ss mb)	双面焊(bs)
单面焊/不带衬垫(ss nb)	×	×	×
单面焊/带衬垫(ss mb)	—	×	×
双面焊(bs)	—	×	×

注:× 表示焊工得到认可的那些焊缝;—表示焊工未得到认可的那些焊缝

表6.29   角焊缝的认可范围

试件的焊接因素	认可范围		
	单面焊/不带衬垫(ss nb)	单面焊/带衬垫(ss mb)	双面焊(bs)
单面焊/不带衬垫(ss nb)	×	×	×
单面焊/带衬垫(ss mb)	—	×	×
双面焊(bs)	—	×	×

注:× 表示焊工得到认可的那些焊缝;—表示焊工未得到认可的那些焊缝

使用氧乙炔焊进行焊接时,左焊法改成右焊法或反之均要求新的考试。

4. 实验及检验

(1)试件的形状和尺寸

要求焊接试样的形状和尺寸如图 6.25 ~ 6.28 所示(单位:mm)。

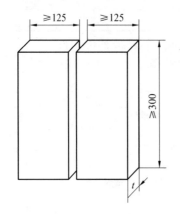

图 6.25　对接焊缝

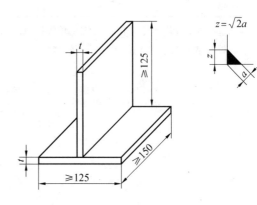

图 6.26　角接焊缝

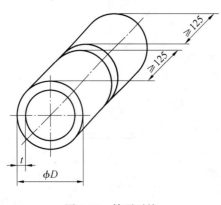

图 6.27　管子对接

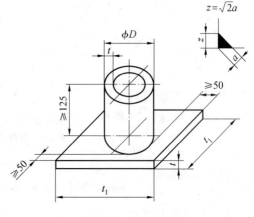

图 6.28　管子角接

(2)检验方法

每条焊完的焊缝应按表 6.30 的规定在焊态下检验。

表 6.30 所要求的附加检验应在外观检验合格后进行。

考试采用永久衬垫时,应在无损检验之前将其去除。

为了清晰地显示焊缝,宏观试样应在一侧制备并腐蚀,一般不要求抛光。

进行射线检验时,要求附加两个横向弯曲试样(一个正弯,一个背弯或两个侧弯)或两个断裂试验。对采用 131、135、136(仅金属粉末芯焊丝)和 311 焊接方法焊接的对接焊缝而言,要求附加一个正弯和一个背弯(见表 6.30)。

表 6.30　检验方法

检验方法	对接焊缝(板或管)	角焊缝及支管连接
EN 970 外观检验	强制	强制
EN 1435 射线检验	强制①②③	非强制
EN 910 弯曲试验	强制①②⑥	不适用
EN 1320 断裂试验	强制①②⑥	强制④⑤

注:① 射线检验、弯曲或断裂试验三者任选其一;

　② 进行射线检验时,131、135、136(仅金属粉末芯焊丝)和311焊接方法还必须附加弯曲或断裂试验;

　③ 对于厚度大于等于8 mm的铁素体钢,射线检验可用超声波检验代替;

　④ 必要时,断裂试验可用至少两个磁粉试样代替;

　⑤ 管子的断裂试验可用射线检验代替;

　⑥ 外径 $D \leqslant 25$ mm时,弯曲断裂试验可用试件的缺口拉伸试验代替

5. 焊工考试认可标记

焊工考试认可的标记应包括下列内容:

①本标准标号、②主要参数、③焊接方法、④试件类型、⑤接头种类、⑥材料类组、⑦焊接材料、⑧试件尺寸、⑨焊接位置、⑩焊缝细节。

例如:ISO9606-1 136 P BW 1.3 B t15 PE ss nb ml,表示的意义分别为:136:药芯焊丝MAG;P:板;BW:对接接头;1.3:1.3 组钢材;B:碱性药芯;t15:材料厚度 15 mm;PE:仰焊位置;ss nb:单面焊、无衬垫、多层。

6. 有效期

(1)初次认可

焊工认可的有效期从试件的焊接之日开始,其前提条件是要求的考试已经完成而且考试结果合格。

(2)有效期确认

颁发的焊工资格证书有效期为两年,前提条件是雇主的焊接主管或负责人每6个月做一次确认,确定该焊工在最初的认可范围内持续工作。

思 考 题

1.引弧与熄弧时分别容易产生哪些缺陷?应怎样操作加以预防?

2.运条是否适当会产生什么影响?有哪些运条方式?

3.不同位置焊缝采用 CO_2 气体保护焊时,焊接参数有何不同?为什么?

4.钨极氩弧焊采用什么方式引弧?焊接时焊枪、焊丝、工件应保持怎样的位置关系?

5.TSGZ6002 标准为焊工操作考试规定了哪些试件与哪些焊接位置?

6.ISO 9606-1 标准规定了哪些主要参数的认可范围?在什么情况下需要进行新的考试?

第7章 焊接结构的装配与焊接

装配与焊接是焊接结构生产过程中的核心,直接关系到焊接结构的质量和生产效率。同一种焊接结构,由于其生产批量、生产条件不同,或由于结构形式不同,可有不同的装配方式、不同的焊接工艺、不同的装配-焊接顺序,也就会有不同的工艺过程。本章重点介绍装配与焊接工艺方法,与本章内容相关的标准主要是《钢结构焊接规范》(GB 50661—2011)。

7.1 焊前清理

焊前清理是清除焊缝边缘的铁锈、氧化皮、油污等和去除由于机械切割、熔化切割所产生的毛刺、熔渣、飞溅,也包括焊缝的清根、打磨和修整等。其目的是为了保证焊接接头的质量,避免焊缝中出现气孔、夹渣等缺陷。因此,焊前清理有着极为重要的意义。焊口及焊丝的清理,对铝、锆、钛等材料的焊接质量尤为重要。焊前表面清理方法有机械清理和化学清理两大类,其具体方法与应用已在"3.1.1 母材的预处理"中述及,此处不再赘述。常用机械清理除锈方法效果的比较见表 7.1,几类材料化学清理腐蚀液成分及工艺见表 7.2。

表 7.1 常用机械清理除锈方法效果的比较

清理除锈方法	手敲	手磨	风动锤	风动砂轮	喷砂	喷丸
除锈速度 /($m^2 \cdot h^{-1}$)	0.125	0.55	0.63	0.85	8	6

注:以上数据不包括辅助时间

表 7.2 几类材料化学清理腐蚀液成分及工艺

焊件材料	溶液成分及温度	冲洗或中和溶液
冷轧低合金钢	(除油用)	先在 70 ~ 80 ℃ 热水中清洗,然后在冷水中洗净
	工业用磷酸三钠(Na_3PO_4):50 kg/m^3	
	煅烧苏打(Na_2CO_3):25 kg/m^3	
	苛性钠(NaOH):40 kg/m^3	
	温度:60 ~ 70 ℃	
	(酸洗用)	常温下在 50 ~ 70 kg/m^3 的氢氧化钠或氢氧化钾溶液中中和
	硫酸(H_2SO_4):0.11 m^3	
	氯化钠(NaCl):10 kg	
	KCl 填充剂:1 kg	
	温度:50 ~ 60 ℃	

续表7.2

焊件材料	溶液成分及温度		冲洗或中和溶液
热轧低合金钢、不锈钢、耐热钢及高温合金钢	（酸洗用）		先在 60～70 ℃ 质量分数为 10% 的 Na_2CO_3 溶液中清洗,然后在冷水中冲净
	硫酸(H_2SO_4):0.085 m^3		
	盐酸(HCl):0.215 m^3		
	硝酸(HNO_3):0.01 m^3		
	温度:50～60 ℃		
带氧化膜的钛合金	（酸洗用）		在 40～50 ℃ 热水中冲净
	盐酸(HCl):0.35 m^3		
	硝酸(HNO_3):0.06 m^3		
	氟化钠(NaF):50 kg		
	温度:40～50 ℃		
黄铜、青铜	（除油用）		先在 40～50 ℃ 热水中清洗,然后在冷水中冲洗
	工业用磷酸三钠(Na_3PO_4):15 kg		
	煅烧苏打(Na_2CO_3):15 kg		
	苛性钠(NaOH):15 kg		
	温度:40～50 ℃		
	（酸洗用）		室温下在 50～70 kg/m^3 的 NaOH 或 KOH 溶液中中和
	硫酸(H_2SO_4):0.1 m^3		
	盐酸(HCl):0.001 m^3		
	硝酸(HNO_3):0.075 m^3		
	室温		

7.2　焊接结构的装配

　　装配是将焊前加工好的零、部件,采用适当的工艺方法,按生产图样和技术要求连接成部件或整个产品的工艺过程。装配工序的工作量大,约占整体产品制造工作量的 30%～40%,且装配的质量和顺序将直接影响焊接工艺、产品质量和劳动生产率。所以,提高装配工作的效率和质量,对缩短产品制造周期、降低生产成本、保证产品质量等方面,都具有重要的意义。

7.2.1　装配方式的分类

　　装配方式可按结构类型及生产批量、工艺过程、工艺方法及工作地点来分类。

1. 按结构类型及生产批量的大小分类

(1)单件小批量生产

单件小批量生产的结构经常采用划线定位的装配方法。该方法所用的工具、设备比较简单,一般是在装配台上进行。划线法装配工作比较繁重,要获得较高的装配精度,要求装配工人必须具有熟练的操作技术。

(2)成批生产

成批生产的结构通常在专用的胎架上进行装配。胎架是一种专用的工艺装备,上面有定位器、夹紧器等,具体结构是根据焊接结构的形状特点设计的。

2. 按工艺过程分类

(1)由单独的零件逐步组装成结构

对结构简单的产品,可以是一次装配完毕后进行焊接;当装配复杂构件时,大多数是装配与焊接交替进行。

(2)由部件组装成结构

装配工作是将零件组装成部件后,再由部件组装成整个结构并进行焊接。

3. 按装配工作地点分类

(1)工件固定式装配

装配工作在固定的工作位置上进行,这种装配方法一般用在重型焊接结构或产量不大的情况下。

(2)工件移动式装配

工件沿一定的工作地点按工序流程进行装配,在工作地点上设有装配用的胎具和相应的工人。这种装配方式在产量较大的流水线生产中应用广泛,但有时为了使用某种固定的专用设备,也常采用这种装配方式。

7.2.2 装配的基本条件

在金属结构装配中,将零件装配成部件的过程称为部件装配;将零件或部件总装成产品则称为总装配。通常装配后的部件或整体结构直接送入焊接工序,但有些产品先要进行部件装配焊接,经矫正变形后再进行总装配。无论何种装配方案都需要对零件进行定位、夹紧和测量,这就是装配的 3 个基本条件。

1. 定位

定位就是确定零件在空间的位置或零件间的相对位置。

图 7.1 所示为在平台上装配工字梁。工字梁的两翼板的相对位置是由腹板和挡铁 5 来定位,它们的端部是由挡铁 7 来定位。平台的工作面既是整个工字梁的定位基准面,又是结构的支承面。

2. 夹紧

夹紧就是借助通用或专用夹具的外力将已定位的零件加以固定的过程。图 7.1 中翼板与腹板间相对位置确定后,通过调节螺杆来实现夹紧。

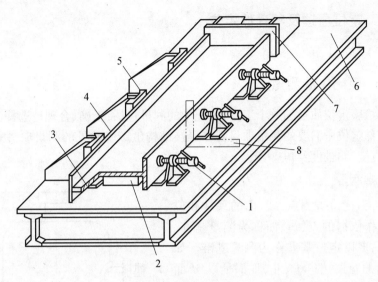

图 7.1　工字梁的装配

1—调节螺杆;2—垫铁;3—腹板;4—翼板;5、7—挡铁;6—平台;8—90°角尺

3. 测量

　　测量是指在装配过程中,对零件间的相对位置和各部件尺寸进行一系列的技术测量,从而鉴定定位的正确性和夹紧力的效果,以便调整。

　　上述 3 个基本条件是相辅相成的,定位是整个装配工序的关键,定位后不进行夹紧就难以保证和保持定位的可靠与准确;夹紧是在定位的基础上,如果没有定位,夹紧就失去了意义;测量是为了保证装配的质量,但在有些情况下可以不进行测量(如一些胎夹具装配,定位元件定位装配等)。

　　零件的正确定位,不一定与产品设计图上的定位一致,而是从生产工艺的角度,考虑焊接变形后的工艺尺寸。如图 7.2 所示的槽形梁,设计尺寸应保持两槽板平行,而在考虑焊接收缩变形后,工艺尺寸为 204 mm,使槽板与底板有一定的角度,正确的装配应按工艺尺寸进行。

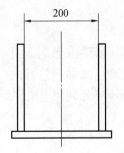
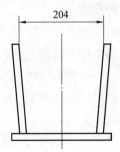

图 7.2　槽形梁的工艺尺寸

7.2.3 定位原理及零件的定位

参见第4章4.1节。

7.2.4 装配中的测量

测量是检验定位质量的一个工序,装配中的测量包括:正确、合理地选择测量基准,准确地完成零件定位所需要的测量项目。在焊接结构生产中常见的测量项目有线性尺寸、平行度、垂直度、同轴度及角度等。

1. 测量基准

测量中,为衡量被测点、线、面的尺寸和位置精度而选作依据的点、线、面称为测量基准。一般情况下,多以定位基准作为测量基准。如图7.3所示的容器接口Ⅰ、Ⅱ、Ⅲ都是以 M 面为测量基准测量尺寸 h_1、h_2 和 H_2,这样接口的设计标准、定位标准、测量标准三者合一,可以有效地减小装配误差。

当以定位基准作为测量基准不利于保证测量的精度或不便于测量操作时,就应本着能使测量准确、操作方便的原则,重新选择合适的点、线、面作为测量基准。如图7.1所示的工字梁,其腹板平面是腹板与翼板垂直定位的基准,但以此平面作为测量基准去测量腹板与翼板的垂直度,则不是很方便,也不利于获得精确的测量值。此时,若按图7.1所示采用以装配平台面作为测量基准,用90°角尺测量翼板与平台的垂直度,既容易测量,又能保证测量的准确性。

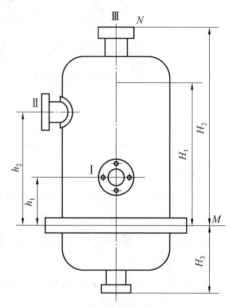

图7.3 容器上各接口位置

2. 各种项目的测量

(1)线性尺寸的测量

线性尺寸是指工件上被测点、线、面与测量基准间的距离。线性尺寸的测量是最基础的测量项目,其他项目的测量往往是通过线性尺寸的测量来间接进行的。线性尺寸的测量主要是利用刻度尺(卷尺、盘尺、直尺等)来完成,特殊场合利用激光测距仪来进行。

(2)平行度的测量

平行度的测量主要有下列两个项目:

①相对平行度的测量。相对平行度是指工件上被测的线(或面)相对于测量基准线(或面)的平行度。平行度的测量是通过线性尺寸测量来进行的。其基本原理是测量工件上线的两点(或面上的三点)到基准的距离,若相等就平行,否则就不平行。但在实际测量中为减小测量中的误差,应注意:

a. 测量的点应多一些,以避免工件不直而造成的误差。

b. 测量工具应垂直于基准。

c. 直接测量不方便时,间接测量。

图 7.4 是相对平行度测量的例子,图(a)为线的平行度,测量 3 个点以上,图(b)为面的平行度,测量两个以上位置。

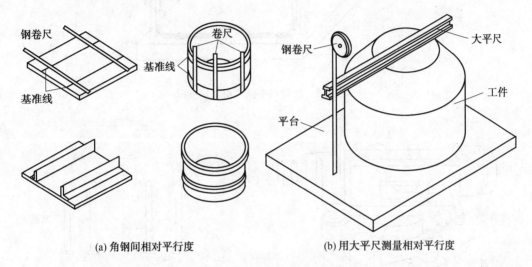

(a) 角钢间相对平行度　　　　　　　(b) 用大平尺测量相对平行度

图 7.4 相对平行度的测量

②水平度的测量。容器里的液体(如水),在静止状态下其表面总是处于与重力作用方向相垂直的位置称为水平。水平度就是衡量零件上被测的线(或面)是否处于水平位置。许多金属结构制品,在使用中要求有良好的水平度。例如,桥式起重机的运行轨道,就需要良好的水平度,否则,将不利于起重机在运行中的控制,甚至引起事故。

施工装配中常用水平尺、软管水平仪、水准仪、经纬仪等量具或仪器来测量零件的水平度。

a. 用水平尺测量。水平尺是测量水平度最常用的量具。测量时,将水平尺放在工件的被测平面上,查看水平尺上玻璃管内气泡的位置,如在中间即达到水平。使用水平尺要轻拿轻放,要避免工件表面的局部凹凸不平影响测量结果。

b. 用软管水平仪测量。软管水平仪是用一根较长的橡皮管两端各接一根玻璃管所构成,管内注入液体。注入液体时要从一端注入,防止管内留有空气。冬天要注入不易冻的酒精、乙醚等。测量时,观察两玻璃管内的水平面高度是否相同,如图 7.5 所示。软管水平仪通常用来测量较大结构的水平。

c. 用水准仪测量。水准仪由望远镜、水准器和基座组成,如图 7.6(a)所示。利用它测量水平度不仅能衡量各种测量点是否处于同一水平,而且能给出准确的误差值,便于调整。

图 7.6(b)是用水准仪来测量球罐柱脚水平的例子。球罐柱脚上预先标出基准点,把水准仪安置在球罐柱脚附近,用水准仪测试。如果水准仪测出各基准点的读数相同,则表示各柱脚处于同一水平面;若不同,则可根据由水准仪读出的误差值调整柱脚高低。

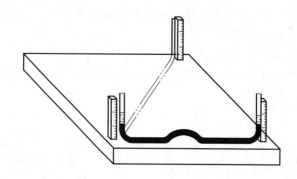

图 7.5 软管水平仪测量水平度

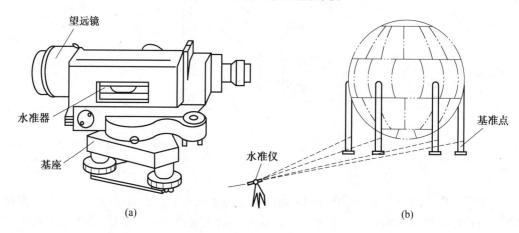

(a)   (b)

图 7.6 水准仪测量水平度

（3）垂直度的测量

垂直度的测量主要有以下两个项目：

①相对垂直度的测量。相对垂直度是指工件上被测的直线（或面）相对于测量基准线（或面）的垂直程度。相对垂直度是装配工作中极常见的测量项目，并且很多产品都对其有严格的要求。例如，高压电线塔等呈棱锥形的结构，往往由多节组成。装配时，技术要求的重点是每节两端面与中心线垂直。只有每节的垂直度符合要求之后，才有可能保证总体安装的垂直度。

尺寸较小的工件可以利用 90°角尺直接测量；当工件尺寸很大时，可以采用辅助线测量法，即用刻度尺作为辅助线测量直角三角形的斜边长。例如，两直角边各为 1 000 mm，斜边长应为 1 414.2 mm。另外，也可用直角三角形直角边与斜边之比值为 3∶4∶5 的关系来测定。

对于一些桁架类结构上某些部位的垂直度难以测量时，可采用间接测量法测量。如图 7.7 是对塔类桁架进行端面与中心线垂直度间接测量的例子。首先过桁架两端面的中心拉一钢丝，再将其平置于测量基准面上，并使钢丝与基准面平行。然后用直角尺测量桁架两端面与基准面的垂直度，若桁架两端面垂直于基准面，必同时垂直桁架中心线。

②铅垂度的测量。铅垂度的测量是测定工件上线或面是否与水平面垂直。常用吊线

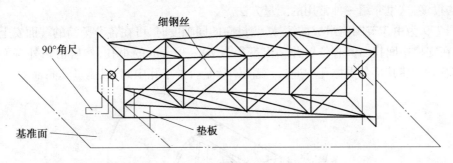

图 7.7　用间接测量法测量相对垂直度

锤或经纬仪测量。采用吊线锤时,将线锤吊线拴在支杆上(临时点焊上的小钢板或利用其他零件),测量工件与吊线之间的距离来测铅垂度。

　　当结构尺寸较大而且铅垂度要求较高时,常采用经纬仪来测量铅垂度。经纬仪主要由望远镜、垂直度盘、水平度盘和基座等组成,如图 7.8(a)所示。它可测角、测距、测高、测定直线、测铅垂度等。

　　图 7.8(b)是用经纬仪测量球罐柱脚的铅垂度实例。先把经纬仪安置在柱脚的横轴方向上,目镜上十字线的纵线对准柱脚中心线的下部,将望远镜上下微动观测。若纵线重合于柱脚中心线,说明柱脚在此方向上垂直,如果发生偏离,就需要调整柱脚。然后,用同样的方法把经纬仪安置在柱脚的纵轴方向观测,如果柱脚中心线在纵轴上也与纵轴重合,则柱脚处于铅垂位置。

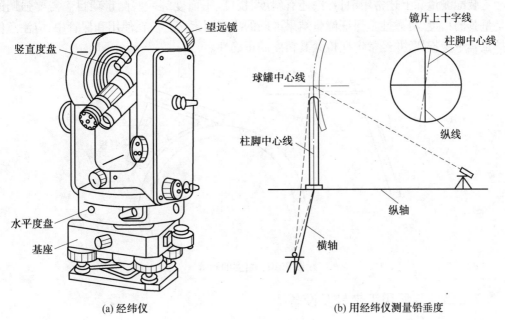

(a) 经纬仪　　　　　　　　　　　　(b) 用经纬仪测量铅垂度

图 7.8　经纬仪及其应用

(4)同轴度的测量

同轴度是指工件上具有同一轴线的几个零件装配时其轴线的重合程度。测量同轴度的方法很多,这里介绍一种常用的测量方法。

图 7.9 为由 3 节圆筒组成的筒体,测量它的同轴度时,可在各节圆筒的端面安上临时支撑,在支撑中间找出圆心位置并钻出直径为 20 ~ 30 mm 的小孔,然后由两外端面中心拉一细钢丝,使其从各支撑孔中通过,观测钢丝是否处于孔中间,以测量其同轴度。

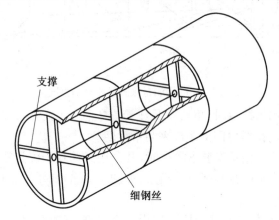

图 7.9 圆筒内拉钢丝测同轴度

(5)角度的测量

装配中,通常利用各种角度样板来测量零件间的角度。图 7.10 是利用角度样板测量角度的实例。

装配测量除上述常用项目外,还有斜度、挠度、平面度等一些测量项目。需要强调的是量具的精度、可靠性是保证测量结果准确的决定因素之一。在使用和保管中,应注意保护量具不受损坏,并经常定期检验其精度的正确性。

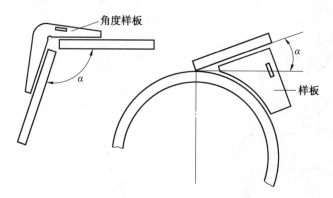

图 7.10 角度的测量

7.2.5 装配用工夹具及设备

1. 装配用工具及量具

常用的装配工具有大锤、小锤、錾子、手砂轮、撬杠、扳手及各种划线用的工具等。常用的量具有钢卷尺、钢直尺、水平尺、90°角尺、线锤及各种检验零件定位情况的样板等。

图7.11是几种常用装配工具的示意图,图7.12为常用量具示意图。

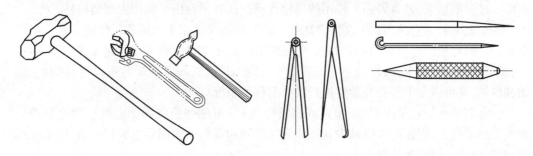

图7.11　常用装配工具

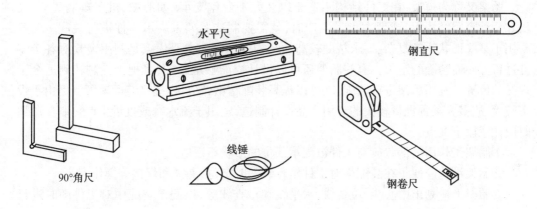

水平尺

钢直尺

线锤

90°角尺

钢卷尺

图7.12　常用量具

2. 装配用夹具

参见第4章4.2节。

3. 装配用设备

装配用设备有平台、转胎、专用胎架等,对装配用设备的一般要求如下:

①平台或胎架应具备足够的强度和刚度。

②平台或胎架表面应光滑平整,要求水平放置。

③尺寸较大的装配胎架应安置在相当坚固的基础上,以免基础下沉导致胎具变形。

④胎架应便于对工件进行装、卸、定位焊、焊接等装配操作。

⑤设备构造简单,使用方便,成本要低。

（1）装配用平台

装配用平台的主要类型如下:

①铸铁平台。它是由许多块铸铁组成的,结构坚固,工作表面进行机械加工,平面度比较高,面上具有许多孔洞,便于安装夹具。常用于进行装配以及用于钢板和型钢的热加工弯曲。

②钢结构平台。这种平台是由型钢和厚钢板焊制而成的。它的上表面一般不经过切削加工,所以平面度较差。常用于制作大型焊接结构或制作桁架结构。

③导轨平台。这种平台是由安装在水泥基础上的许多导轨组成的。每条导轨的上表面都经过切削加工,并有紧固工件用的螺栓沟槽。这种平台用于制作大型结构件。

④水泥平台。它是由水泥浇注而成的一种简易而又适用于大面积工作的平台。浇注前在一定的部位预埋拉桩、拉环,以便装配时用来固定工件。在水泥中还放置交叉形扁钢,扁钢面与水泥面平齐,作为导电板或用于固定工件。这种水泥平台可以拼接钢板、框架和构件,又可以在上面安装胎架进行较大部件的装配。

⑤电磁平台。它是由平台(型钢或钢板焊成)和电磁铁组成的。电磁铁能将型钢吸紧固定在平台上,焊接时可以减少变形。充气软管和焊剂的作用是组成焊剂垫,用于埋弧自动焊,可防止漏渣和铁液下淌。

(2)胎架

胎架又称为模架,在工件结构不适于以装配平台作支承(如船舶、机车车辆底架、飞机和各种容器结构等)或者在批量生产时,就需要制造胎架来支承工件进行装配。胎架常用于某些形状比较复杂、要求精度较高的结构件。它的主要优点是利用夹具对各个零件进行方便而精确的定位。有些胎架还可以设计成能够翻转的,可把工件翻转到适合于焊接的位置。利用胎架进行装配,既可以提高装配精度,又可以提高装配速度。但由于投资较大,故多为某种批量较大的专用产品设计制造,适用于流水线或批量生产。制作胎架时应注意以下几点:

①胎架工作面的形状应与工件被支承部位的形状相适应。

②胎架结构应便于在装配中对工件施行装、卸、定位、夹紧和焊接等操作。

③胎架上应划出中心线、位置线、水平线和检查线等,以便于装配中对工件随时进行校正和检验。

④胎架上的夹具应尽量采用快速夹紧装置,并有适当的夹紧力;定位元件需尺寸准确并耐磨,以保证零件准确定位。

⑤胎架必须有足够的强度和刚度,并安置在坚固的基础上,以避免在装配过程中基础下沉或胎架变形而影响产品的形状和尺寸。

7.2.6 装配的基本方法

1. 装配前的准备

装配前的准备工作是装配工艺的重要组成部分,充分、细致的准备工作,是高质量高效率地完成装配工作的有力保证。它通常包括以下几个方面:

(1)熟悉产品图样和工艺规程

要清楚各部件之间的关系和连接方法,并根据工艺规程选择好装配基准和装配方法。

(2)装配现场和装配设备的选择

依据产品的大小和结构的复杂程度选择和安置装配平台和装配胎架。装配工作场地应尽量设置在起重设备工作区间内,对场地周围进行必要清理,使之达到场地平整、清洁,人行道通畅。

(3)工量具的准备

装配中常用的工、量、夹具和各种专用吊具,都必须配齐组织到场。

此外,根据装配需要配置的其他设备,如焊机、气割设备、钳工操作台、风砂轮等,也必须安置在规定的场所。

(4)零、部件的预检和除锈

产品装配前,对于从上道工序转来或从零件库中领取的零、部件都要进行核对和检查,以便于装配工作的顺利进行。同时,对零、部件的连接处的表面进行去毛刺、除锈垢等清理工作。

(5)适当划分部件

对于比较复杂的结构,往往是部件装焊之后再进行总装,这样既可以提高装配−焊接质量,又可以提高生产效率,还可以减小焊接变形,因此,应将产品划分为若干部件。

2. 零件的定位方法

参见第4章4.1节。

3. 零件的装配方法

焊接结构生产中应用的装配方法很多,根据结构的形状尺寸、复杂程度以及生产性质等进行选择。装配方法按定位方式不同可分为划线定位装配和工装定位装配;按装配地点不同可分为工件固定式装配和工件移动式装配。

(1)划线定位装配法

图7.13所示为钢屋架的划线定位装配。先在装配平台上按1∶1的实际尺寸划出屋架零件的位置和结合线(称地样)(图7.13(a)),然后依照地样将零件组合起来(图7.13(b)),此装配法也称为地样装配法。

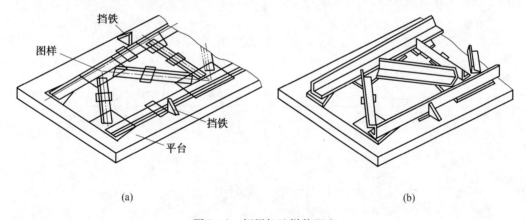

(a)　　　　　　　　　　　　　　　　　(b)

图7.13　钢屋架地样装配法

(2)工装定位装配法

工装定位装配法主要有下列几种方法:

①样板定位装配法。断面形状对称的结构,如钢屋架、梁、柱等结构,可采用样板定位的特殊形式——仿形复制法进行装配。图7.14所示为简单钢屋架部件装配过程:将图7.13中用地样装配法装配好的半片屋架吊起翻转后放置在平台上作为样板(称仿模),在其对应位置放置对应的节点板和各种杆件,用夹具卡紧后定位焊,便复制出与仿模对称的另一半片屋架。这样连续地复制装配出一批屋架后,即可组成完整的钢屋架。

②定位元件定位装配法。图 7.15 所示为挡铁定位装配法示例。在大圆筒外部加装钢带圈时,在大圆筒外表面焊上若干挡铁作为定位元件,确定钢带圈在圆筒上的高度位置,并用弓形螺旋夹紧器把钢带圈与筒体壁夹紧密贴,定位焊牢,完成钢带圈装配。

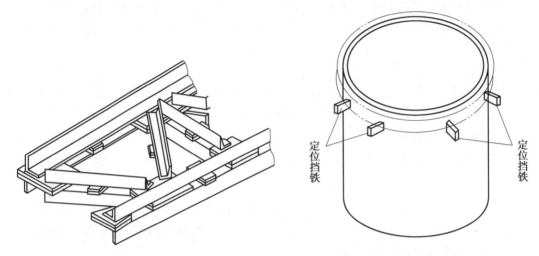

图 7.14　钢屋架仿形复制装配　　　　　　图 7.15　挡铁定位装配法

图 7.16 为双臂角杠杆的焊接结构,它由 3 个轴套和两个臂杆组成。装配时,臂杆之间的角度和三孔距离用活动定位销和固定定位销定位,两臂杆的水平高度位置和中心线位置用挡铁定位,两端轴套高度用支承垫定位,然后夹紧,定位焊完成装配。它的装配全部用定位器定位后完成的,装配质量可靠,生产率高。

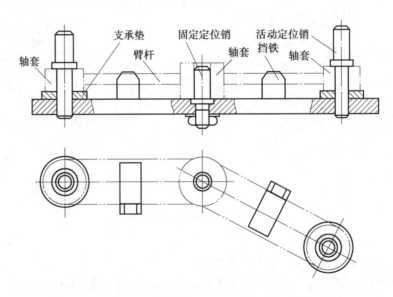

图 7.16　双臂角杠杆的焊接结构

应当注意的是,用定位元件定位装配时,要考虑装配后工件的取出问题。因为零件装配时是逐个分别安装上去的,自由度大,而装配完后,零件与零件已连成一个整体,如果定位元件布置不适当时,则装配后工件难以取出。

③胎夹具(又称胎架)装配法。对于批量生产的焊接结构,若需装配的零件数量较多,内部结构又不很复杂时,可将工件装配所用的各定位元件、夹紧元件和装配胎架三者组合为一个整体,构成装配胎架。利用装配胎架进行装配和焊接,可以显著地提高装配工作效率,保证装配质量,减轻劳动强度,同时也易于实现装配工作的机械化和自动化。

(3)工件固定式装配法

工件固定式装配方法是装配工作在一处固定的工作位置上装配完全部零、部件,这种装配方法一般用在重型焊接结构产品和产量不大的情况下。

(4)工件移动式装配法

工件移动式装配方法是工件顺着一定的工作地点按工序流程进行装配。在工作地点上设有装配胎位和相应的工人。这种方式不完全限于轻小型产品上,有时为了使用某些固定的专用设备也常采用这种方式,在较大批量或流水线生产中通常也采用这种方式。

7.2.7 装配中的定位焊

定位焊也称点固焊,用来固定各焊接零件之间的相互位置,以保证整体结构件得到正确的几何形状和尺寸。

定位焊缝一般比较短小,而且该焊缝作为正式焊缝留在焊接结构之中,故所使用的焊条或焊丝应与正式焊缝所使用的焊条或焊丝牌号和质量相同。

进行定位焊时应注意以下几点:

①定位焊缝比较短小,并且要求保证焊透,故应选用直径小于 4 mm 的焊条或 CO_2 气保护焊直径小于 1.2 mm 的焊丝。又由于工件温度较低,热量不足而容易产生未焊透,故定位焊缝焊接电流应较焊接正式焊缝时大 10% ~ 15%。

②定位焊缝有未焊透、夹渣、裂纹、气孔等焊接缺陷时,应该铲掉并重新焊接,不允许留在焊缝内。

③定位焊缝的引弧和熄弧处应圆滑过渡,否则,在焊正式焊缝时在该处易造成未焊透、夹渣等缺陷。

④定位焊缝长度、间距等尺寸一般根据板厚选取,薄板取小值,厚板取大值,见表7.3。对于强行装配的结构,因定位焊缝承受较大的外力,应根据具体情况适当加大定位焊缝长度,间距适当缩小。对于装配后需吊运的工件,定位焊缝应保证吊运中零件不分离,因此对起吊中受力部分的定位焊缝,可加大尺寸或数量,或在完成一定的正式焊缝以后吊运,以保证安全。

表 7.3 定位焊缝参考尺寸

焊接厚度/mm	焊缝高度/mm	焊缝长度/mm	间 距/mm
≤4	<4	5 ~ 10	50 ~ 100
4 ~ 12	3 ~ 6	10 ~ 20	100 ~ 200
>12	~ 6	15 ~ 30	100 ~ 300

7.2.8 装配工艺过程的制定

1. 装配工艺过程的制定

（1）装配工艺过程制定的内容

装配工艺过程制定的内容包括：零件、组件、部件的装配次序；在各装配工艺工序上采用的装配方法；选用何种提高装配质量和生产率的装备、胎卡具和工具。

（2）装配工艺方法的选择

零件备料及成形加工的精度对装配质量有着直接的影响，但加工精度越高，其工艺成本就越高。根据不同产品和不同生产类型的条件，常用的装配工艺方法主要有以下几种：

①互换法。互换法的实质是用控制零件的加工误差来保证装配精度。这种装配法零件是完全可以互换的，装配过程简单，生产率高，对装配工人的技术水平要求不高，便于组织流水作业，但要求零件的加工精度较高，适用于批量及大量生产。

②选配法。选配法是在零件加工时为降低成本而放宽零件加工的公差带，故零件精度不是很高。装配时需挑选合适的零件进行装配，以保证规定的装配精度要求。这种方法对零件的加工工艺要求放宽，便于零件加工，但装配时工人要对零件进行挑选，增加了装配工时和难度。

③修配法。修配法是指零件预留修配余量，在装配过程中修去部分多余的材料，使装配精度满足技术要求。用此法时，零件的制作精度可放得较宽，但增加了手工装配的工作量，而且装配质量取决于工人的技术水平。

在选择装配工艺方法时，应根据生产类型和产品种类等方面来考虑。一般单件、小批量生产或重型焊接结构生产，常以修配法为主，互换件的比例少，工艺灵活性大，工序较为集中，大多使用通用工艺装备；成批生产或一般焊接结构，主要采用互换法，也可灵活采用选配法和修配法，工艺划分应以生产类型为依据，使用通用或专用工艺装备，可组织流水作业生产。

2. 装配顺序的制定

焊接结构制造时，装配与焊接的关系十分密切。在实际生产中，往往装配与焊接是交替进行的，在制定装配工艺过程中，要全面分析，使所拟定的装配工艺过程对以后各工序都带来有利的影响。在确定部件或结构的装配顺序时，不能单纯孤立地只从装配工艺的角度去考虑，必须与焊接工艺一起全面分析，实际上就是装配焊接顺序的确定。

装配–焊接顺序基本上有3种类型：整装–整焊、随装随焊和分部件装配–焊接法。

（1）整装–整焊

整装–整焊即将全部零件按图样要求装配起来，然后转入焊接工序，将全部焊缝焊完，此种类型是装配工人与焊接工人各自在自己的工位上完成，可实行流水作业，停工损失很小。装配可采用装配胎具进行，焊接可采用滚轮架、变位机等工艺装备和先进的焊接方法，有利于提高装配–焊接质量。这种方法适用于结构简单、零件数量少、大批量生产条件。

（2）随装随焊

随装随焊即先将若干个零件组装起来，随之焊接相应的焊缝，然后再装配若干个零件，再进行焊接，直至全部零件装完并焊完，并成为符合要求的构件。这种方法是装配工人与焊接工人在一个工位上交替作业，影响生产效率，也不利于采用先进的工艺装备和先进的工艺方法。因此，此种方法仅适用于单件小批量产品和复杂结构的生产。

（3）分部件装配-焊接法

将结构件分解成若干个部件，先由零件装配成部件，然后再由部件装配-焊接成结构件，最后再把它们焊成整个产品结构。这种方法适合批量生产，可实行流水作业，几个部件可同步进行，有利于应用各种先进工艺装备、控制焊接变形和采用先进的焊接工艺方法。因此，此方法适用于可分解成若干个部件的复杂结构，如机车车辆底架、船体结构等。

分部件装配-焊接法能促使生产效率提高，改善产品质量和工人的劳动条件，同时，对加强生产管理，协调各部件的生产进度，以保证生产的节奏起到很大的促进作用。分部件装配-焊接法的优越性如下：

①分部件装配-焊接法可以提高装配-焊接的质量，并可改善工人的劳动条件。把整体的结构划分成若干部件以后，它们就变得质量较轻、尺寸较小、形状简单，因而便于操作。同时把一些需要全位置操作的工序改变为在便于操作的位置施焊，尽量减少立焊、仰焊、横焊，并且可将角焊缝变为船形位置。

②分部件装配-焊接法容易控制和减少焊接应力及焊接变形。焊接应力和焊接变形与焊缝在结构中所处的位置有着密切的关系。在划分部件时，要充分地考虑到将部件的焊接应力与焊接变形控制到最小。一般都将总装配时的焊接量减少到最小，以减少可能引起的焊接变形。另外，在部件生产时，可以比较容易地采用胎架或其他措施来防止变形，即使已经产生了较大的变形，也比较容易修整和矫正。这对于成批和大量生产的构件，显得更为重要。

③分部件装配-焊接法可以缩短产品的生产周期。生产组织中各部件的生产是平行进行的，避免了工种之间的相互影响和等候。生产周期可缩短 $\frac{1}{3} \sim \frac{1}{2}$，对于提高工厂的经济效益是非常有利的。

④分部件装配-焊接法可以提高生产面积的利用率，减少和简化总装时所用的胎位数。

⑤在成批和大量生产时可广泛采用专用的胎架，分部件以后可以大大地简化胎架的复杂程度，并且使胎架的成本降低。另外，工人有专门的分工，熟练程度可提高。

部件的合理划分是发挥上述优越性的关键，分部件装配-焊接时应从以下几方面来考虑部件的划分：

①尽可能使各部件本身是一个完整的构件，便于各部件间最后的总装。另外，各部件间的结合处应尽量避开结构上应力最大的地方，从而保证不因划分工艺部件而损害结构的强度。

②能最大限度地发挥部件生产的优点，使装配工作和焊接工作方便，同时在工艺上易于达到技术条件的要求，如焊接变形的控制，防止因结构刚性过大而引起裂纹的产生等。

③划分部件时,还应考虑现场生产能力和条件对部件在质量上、体积上的限制。如在建造船体时,分段划分必须考虑到起重设备的能力和车间装配–焊接场地的大小。对焊后要进行热处理的大部件,要考虑到退火炉的容积大小等问题。

④在大量生产的情况下,考虑生产均衡性的要求。

另外确定装配焊接顺序时还必须考虑以下几点:

①有利于施焊和质量检查,使所有焊缝能方便焊接和检验。

②有利于控制焊接应力与变形,对焊后热处理是否方便。

③有利于生产组织与管理,能提高生产率。

④避免强力装配。

7.2.9 典型结构件的装配

焊接结构装配方法的选择应根据产品的结构特点和生产类型进行。同类的焊接结构可以采用不同的装配方法,即使是同一个焊接结构也可以按装配的前后顺序采用几种装配方法。

(1)钢板的拼接

钢板拼接是最基本的部件装配,多数钢板结构或钢板混合结构都要先进行这道工序。钢板拼接分为厚板拼接和薄板拼接。在钢板拼接时,焊缝应错开,防止十字交叉焊缝,焊缝与焊缝之间最小距离应大于3倍板厚,而且大于100 mm,容器结构焊缝之间通常错开500 mm以上。

钢板拼接时应注意以下几点:

①按要求留出装配间隙和保证接口处平齐。

②厚板对接定位焊,可以按间距250~300 mm用30~50 mm长的定位焊缝焊固。如果局部应力较大,可根据实际情况适当缩短定位焊缝的距离。

③厚度大于34 mm的碳素结构钢和大于或等于30 mm的低合金结构钢板拼接时,为防止低温时焊缝产生裂纹,当环境温度较低时,可先在焊缝坡口两侧各80~100 mm范围内进行预热,其预热温度及层间温度应控制在100~150 ℃。

④对于3 mm以下的薄钢板,焊缝长度在2 m以上时,焊后容易产生波浪变形。拼板时可以把薄钢板四周用短焊缝固定在平台上,然后在接缝两侧压上重物,接缝定位焊缝长为8 mm,间距为40 mm,采用分段退焊法,焊后用手锤或铆钉枪轻打焊缝,消除应力后钢板即可平直。

图7.17所示为厚板拼接的一般方法。先按拼接位置将各板排列在平台上,然后将各板靠紧,或按要求留出一定的间隙。如果板缝高低不平,可用压马调平,然后定位焊固定。若板缝对接采用埋弧焊,应根据焊接规程的要求,开或不开坡口。如果不开坡口,应须先在定位焊处铲出沟槽,使定位焊缝的余高与未定位焊的接缝基本相平,不影响埋弧焊的质量。对于采用埋弧焊的对接缝,则在电磁平台焊剂垫上进行更好。

(2)T形梁的装配

T形梁是由翼板和腹板组合而成的焊接结构,根据生产类型不同,可采用下列两种装配方法:

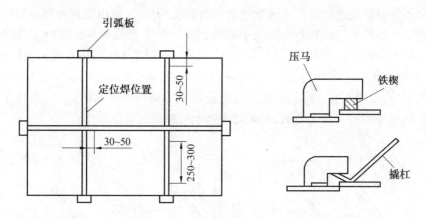

图 7.17　厚板拼接

①划线定位装配法。在小批量或单件生产时采用,先将腹板和翼板矫直、矫平,然后在翼板上划出腹板的位置线,并打上样冲眼。将腹板按位置线立在翼板上,并用90°角尺校对两板的相对垂直度,然后进行定位焊。定位焊后再经检验校正,才能焊接。

②胎夹具装配法。成批量装配 T 形梁时,采用图 7.18 所示的简单胎夹具。装配时,不用划线,将腹板立在翼板上,端面对齐,以压紧螺栓的支座为定位元件来确定腹板在翼板上的位置,并由水平压紧螺栓和垂直压紧螺栓分别从两个方向将腹板与翼板夹紧,然后在接缝处定位焊。

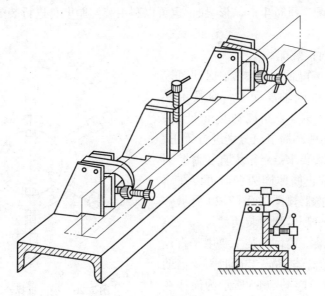

图 7.18　T 形梁的胎具装配

(3)箱形梁的装配

箱形梁一般由翼板、腹板和筋板组合焊接而成。根据生产类型不同,可采用下列装配方法:

①划线装配法。图 7.19(a)所示为箱形梁,装配前,先把翼板、腹板分别矫直、矫平,

板料长度不够时应先进行拼接。装配时将翼板放在平台上,划出腹板和肋板的位置线,并打上样冲眼。各肋板按位置垂直装配于翼板上,用90°角尺检验垂直度后定位焊,同时在肋板上部焊上临时支撑角钢,固定肋板之间的距离,如图7.19(b)虚线所示。再装配两腹板,使它紧贴肋板立于翼板上,并与翼板保持垂直,用90°角尺校正后施定位焊固定。装配完两腹板后,由焊工按一定的焊接顺序先进行箱形梁内部焊缝的焊接,并经焊后矫正,内部涂上防锈漆后再装配上盖板,即完成了整个箱形梁的装配工作。

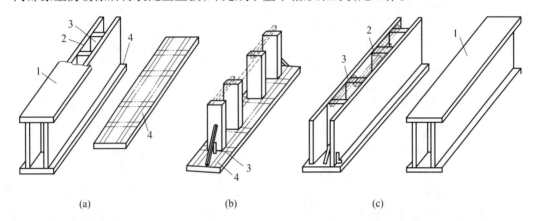

图 7.19 箱形梁的装配

1、4—翼板;2—腹板;3—肋板

②胎夹具装配。批量生产箱形梁时,也可以利用装配胎夹具进行装配,以提高装配质量和装配效率。

(4)圆筒节对接装配

圆筒节对接装配的要点,在于保证对接环缝和两节圆筒的同轴度误差符合技术要求。为使两节圆筒易于获得同轴度和便于装配中翻转,装配前两圆筒节应分别进行矫正,使其圆度符合技术要求。对于大直径薄壁圆筒体的装配,为防止筒体椭圆变形可以在筒体内使用径向推撑器撑圆,如图7.20所示。

筒体装配可分卧装和立装两类:

①筒体的卧装。筒体卧装主要用于直径较小、长度较长的筒体装配,装配时需要借助于装配胎架,图7.21(a)、(b)所示为筒体在滚轮架和辊筒架上装配。当筒体直径很小

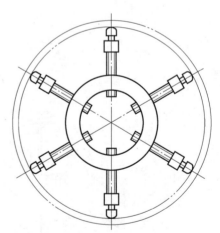

图 7.20 径向推撑器装配筒体

时,也可以在槽钢或型钢架上进行,如图7.21(c)所示。对接装配时,将两圆筒置于胎架上靠紧或按要求留出间隙,然后采用本章所述的测量圆筒同轴度的方法,校正两节圆筒的同轴度,校正合格后施行定位焊。

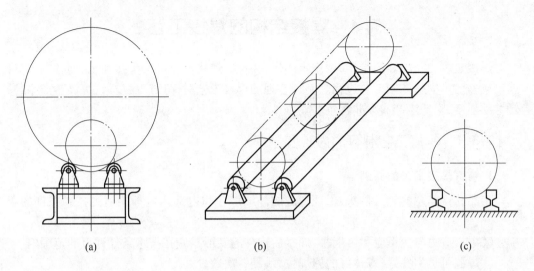

图 7.21　筒体卧装示意图

　　②筒体的立装。为防止筒体因自重而产生椭圆变形,直径较大和长度较短的筒节拼装多数采用立装,即竖装,从而可以克服由于自重而引起的变形。

　　立装时可采用图 7.22 所示的方法:先将一节圆筒放在平台(或水平基础)上,并找好水平,在靠近上口处焊上若干个螺旋压马。然后将另一节圆筒吊上,用螺旋压马和焊在两节圆筒上的若干个螺旋拉紧器拉紧进行初步定位。然后检验两节圆筒的同轴度并校正,检查环缝接口情况,并对其调整合格后进行定位焊。

　　油罐等大型圆筒容器装配,因直径较大,不能卧装,可采用立装倒装法。倒装方法是首先把罐顶与第一节筒体进行装配,并全部焊完。然后,用起重机械将第一节圆筒体提升一定高度。接着把第二节圆筒体平移到第一节圆筒体下面,再用前面所述的立装方法,把第一节筒体缓缓地落在第二节筒体上面,接口处用若干螺旋压马进行定位,并用若干

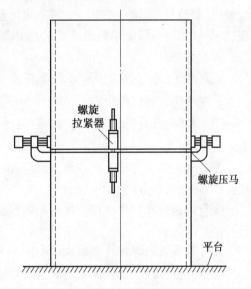

图 7.22　圆筒体立装对接

螺旋拉紧器拉紧,调整筒体同轴度和接口情况,合格后定位焊,最后将该节全部焊缝焊完。再用起重机械将第二节筒体提升一定高度,用同样的方法装配第三节筒体,以此类推,直到装完最后一节筒体,最后一节筒体尚须与罐底板连接并焊成一起。倒装法的筒体环缝焊接位置始终在最底下一节筒体上,比正装法省去搭脚手架的麻烦;同时,筒体的提升也是从最底下一节挂钩起吊,又可省去使用高大的起重设备,所以是比较常用的装配方案。

7.3　焊接结构的焊接工艺

焊接是将已装配好的结构,用规定的焊接方法、焊接参数进行焊接加工,使各零、部件连接成一个牢固整体的工艺过程。制订合理的焊接工艺对保证产品质量,提高生产率,减轻劳动强度,降低生产成本非常重要。

7.3.1　焊接工艺制订的内容和原则

1.制订焊接工艺的原则

①能获得满意的焊接接头,保证焊缝的外形尺寸和内部质量都能达到技术条件的要求。

②焊接应力与变形应尽可能小,焊接后构件的变形量应在技术条件许可的范围内。

③焊缝可达到性好,有良好的施焊位置,翻转次数少。

④当钢材淬硬倾向大时,应考虑采用预热、后热,防止焊接缺陷产生等。

⑤有利于实现机械化、自动化生产,有利于采用先进的焊接工艺方法。

制订的工艺方案应便于采用各种机械的、气动的或液压的工艺装备,如装配胎夹具、翻转机、变位机、辊轮支座等。如进行大批量生产可以采用机械手或机器人来进行装配焊接;应尽量采用能保证结构设计要求和提高焊缝质量、提高劳动生产率、改善劳动条件的先进焊接方法。

⑥有利于提高劳动生产率和降低成本,尽量使用高效率、低能耗的焊接方法。

2.焊接工艺制订的内容

①根据产品中各接头焊缝的特点,合理地选择焊接方法及相应的焊接设备与焊接材料。

②合理地选择焊接工艺参数,如焊条电弧焊时的焊条直径、焊接电流、电弧电压、焊接速度、施焊顺序和方向、焊接层数等。

③合理地选择焊接材料中焊丝及焊剂牌号、气体保护焊时的气体种类、气体流量、焊丝伸出长度等。

④合理地选择焊接热参数,如预热、中间加热、后热及焊后热处理的工艺参数(如加热温度、加热部位和范围、保温时间及冷却速度的要求等)。

⑤选择或设计合理的焊接工艺装备,如焊接胎具、焊接变位机、自动焊机的引导移动装置等。

7.3.2　焊接方法、焊接材料及焊接设备的选择

在制订焊接工艺方案时,应根据产品的结构尺寸、形状、材料、接头形式及对焊接接头的质量要求,结合现场的生产条件、技术水平等,选择最经济、最方便、最先进、高效率并能保证焊接质量的焊接方法。

1. 选择焊接方法

为了正确地选择焊接方法,必须了解各种焊接方法的生产特点及适用范围(如焊件厚度、焊缝空间位置、焊缝长度和形状等)。同时,考虑各种焊接方法对装配工作的要求(工件坡口要求、所需工艺装备等)、焊接质量及其稳定程度、经济性(劳动生产率、焊接成本、设备复杂程度等)以及工人劳动条件等。

在成批或大量生产时,为降低生产成本,提高产品质量及经济效益,对于能够用多种焊接方法来生产的产品,应进行试验和经济比较,如材料、动力和工时消耗等,最后核算成本,选择最佳的焊接方法。

2. 选择焊接材料

选择了最佳焊接方法后,就可根据所选焊接方法的工艺特点来确定焊接材料。确定焊接材料时,还必须考虑到焊缝的力学性能、化学成分以及在高温、低温或腐蚀介质工作条件下的性能要求等。总之,必须做到综合考虑才能合理选用。

3. 选择焊接设备

焊接设备的选择应根据已选定的焊接方法和焊接材料,同时还要考虑焊接电流的种类、焊接设备的功率、工作条件等方面,使选用的设备能满足焊接工艺的要求。

7.3.3 焊接参数的选定

正确合理的焊接参数应有利于保证产品质量,提高生产率。焊接参数的选定主要考虑以下几方面:

①深入地分析产品的材料及其结构形式,着重分析材料的化学成分和结构因素共同作用下的焊接性。

②考虑焊接热循环对母材和焊缝的热作用,这是获得合格产品及焊接接头焊接应力和变形最小的保证。

③根据产品的材料、焊件厚度、焊接接头形式、焊缝的空间位置、接缝装配间隙等,查找各种焊接方法有关标准、资料。

④通过试验确定焊缝的焊接顺序、焊接方向以及多层焊的熔敷顺序等。

⑤参考现成的技术资料和成熟的焊接工艺。

⑥确定焊接参数不应忽视焊接操作者的实践经验。

7.4 焊接前后的加热措施

为保证焊接结构的性能与质量,防止裂纹产生,改善焊接接头的韧性,消除焊接应力,有些结构需进行加热处理。加热处理工艺可处于焊接工序之前或之后,主要包括预热、后热及焊后热处理。

7.4.1 预热

预热是焊前对焊件进行全部或局部加热,目的是减缓焊接接头加热时的温度梯度及冷却速度,适当延长在 $800 \sim 500$ ℃区的冷却时间,从而减少或避免产生淬硬组织,有利于氢的逸出,可防止冷裂纹的产生。预热温度的高低,应根据钢材淬硬倾向的大小、冷却条件和结构刚性等因素通过焊接性试验而定。钢材的淬硬倾向大、冷却速度快、结构刚性大,其预热温度要相应提高。

常用的一些确定预热温度的计算公式,都是根据不产生裂纹的最低预热温度而建立的,而且都是在一定的试验条件下得到的。因此选用公式时要特别注意其应用范围,否则会导致错误的结果。根据构件整体预热方式提出的计算公式见表7.4。

表7.4 由裂纹敏感指数 P_W 确定的预热温度计算公式及应用条件

防止裂纹所需预热温度/℃	裂纹敏感指数/%	公式的应用条件
$T_0 = 1\,440P_W^{①} - 392$	$P_W = P_{CM} + \dfrac{[H]}{60} + \dfrac{\delta^{②}}{600}$	局部缝隙斜 Y 形坡口试件 P_W 的成分范围
$T_0 = 2\,030P_W - 550$	$P_W = P_{CM} + \dfrac{[H]}{60} + \dfrac{\delta}{600}$	局部缝隙 K 形坡口试件 P_W 的成分范围
$T_0 = 1\,330P_W - 380$	$P_W = P_{CM} + \dfrac{[H]}{60} + \dfrac{\delta}{600}$	连通的斜 Y 形坡口试件 P_W 的成分范围
$T_0 = 1\,600P_W - 408$	$P_W = P_{CM} + 0.075\log[H] + \dfrac{R^{③}}{40\,000}$	连通的斜 Y 形坡口试件 P_W 同上,但氢量可用于高氢含量

注:①P_{CM} 为合金元素的裂纹敏感指数,可用下式计算:

$$P_{CM} = w(C) + \frac{w(Si)}{20} + \frac{w(Mn) + w(Cu) + w(Cr)}{20} + \frac{w(Ni)}{60} + \frac{w(Mo)}{15} + \frac{w(V)}{10} + 5w(B)$$

②δ 为试验钢板的厚度,mm;

③R 为拘束度,kgf/(mm·mm)。

表7.4 中的[H]为甘油法测定的扩散氢含量(mL/100 g),与国际焊接学会(IIW)所用的水银法测量氢有如下关系:

$$[H] = 0.68H_{IIW} - 1.2 \ (H_{IIW}—IIW 定氢法)$$

P_W 的适用范围如下:

$w(C) = 0.07\% \sim 0.22\%$,$w(Si) = 0\% \sim 0.60\%$,$w(Mn) = 0.40\% \sim 104\%$

$w(Cu) = 0\% \sim 0.50\%$,$w(Ni) = 0\% \sim 1.20\%$,$w(Cr) = 0\% \sim 1.20\%$

$w(Mo) = 0\% \sim 0.70\%$,$w(V) = 0\% \sim 0.12\%$,$w(Ti) = 0\% \sim 0.05\%$

$w(Nb) = 0\% \sim 0.04\%$,$w(B) = 0\% \sim 0.005\%$,$[H] = 1.0 \sim 5.0$ mL/100 g

$\delta = 19 \sim 50$ mm,$R = 500 \sim 3\,300$ kgf/(mm·mm)

线能量 $E = 17 \sim 30$ kJ/cm,试件坡口为斜 Y 形。

许多大型结构采用整体预热是困难的,甚至不可能,如大型球罐、管道等,因此常采用局部预热的办法,防止产生裂纹。

7.4.2 后热

后热是在焊后立即对焊件全部(或局部)利用预热装置进行加热到 $300 \sim 500$ ℃并保温 $1 \sim 2$ h 后空冷的工艺措施,其目的是防止焊接区扩散氢的聚集,避免延迟裂纹的产生。

试验表明,选用合适的后热温度,可以降低一定的预热温度,一般可以降低 50 ℃左右,在一定程度上改善了焊工劳动条件,也可代替一些重大产品所需要的焊接中间热处理,简化生产过程,提高生产率,降低成本。

对于焊后要立即进行热处理的焊件,因为在热处理过程中可以达到除氢处理的目的,故不需要另做后热处理。但是,焊后若不能立即热处理而焊件又必须除氢时,则需焊后立即做后热处理,否则,有可能在热处理前的放置期间内产生延迟裂纹。

7.4.3 焊后热处理

焊接结构的焊后热处理,是为了改善焊接接头的组织和性能、消除残余应力而进行的热处理。焊后热处理的目的:

①消除或降低焊接残余应力。

②消除焊接热影响区的淬硬组织,提高焊接接头塑性和韧性。

③促使残余氢逸出。

④对有些钢材(如低碳钢、500 MPa 级高强钢),可以使其断裂韧性得到提高,但对另一些钢(如 800 MPa 级高强钢)由于能产生回火脆性而使其断裂韧性降低,对这类钢不宜采用焊后热处理。

⑤提高结构的几何稳定性。

⑥增强构件抵抗应力腐蚀的能力。

实践证明,许多承受动载的结构焊后必须经热处理,消除结构内的残余应力后才能保证其正常工作,如大型球磨机、挖掘机框架、压力机等。对于焊接的机器零件,用热处理方法来消除内应力尤为必要,否则,在机械加工之后发生变形,影响加工精度和几何尺寸,严重时会造成焊件报废。对于合金钢来说,通常是经过焊后热处理来改善其焊接接头的组织和性能之后才能显现出材料性能的优越性。

一般来说,对于结构的板厚不大,又不是用于动载荷,而且是用塑性较好的低碳钢来制造,就不需要焊后热处理。对于板厚较大,又是承受动载荷的结构,其外形尺寸越大、焊缝越多越长,残余应力也越大,也就越需要焊后热处理。焊后热处理最好是将焊件整体放入炉中加热至规定温度,如果焊件太大可采取局部或分部件加热处理,或在工艺上采取措施解决。消除残余应力的热处理,一般都是将焊件加热到 500～650 ℃进行退火即可,在消除残余应力的同时,对焊接接头的性能有一定的改善,但对焊接接头的组织则无明显的影响。若要求焊接接头的组织细化、化学成分均匀,提高焊接接头的各种性能,对一些重要结构,常采用先正火随后立即回火的热处理方法,它既能起到改善接头组织和消除残余应力的作用,又能提高接头的韧性和疲劳强度,是生产中常用的一种热处理方法。

预热、后热、焊后热处理方法的工艺参数,主要由结构的材料、焊缝的化学成分、焊接方法、结构的刚度及应力情况、承受载荷的类型、焊接环境的温度等来确定。

思 考 题

1.什么是装配?装配的基本条件是什么?

2.装配-焊接顺序有几种类型?各有什么特点?如何确定装配顺序?

3. 装配中常用的测量项目有哪些？相应的测量项目需采用什么样的测量工具或仪器？

4. 装配设备有哪些？怎样正确选择和使用？

5. 常用的装配方法有哪些？在装配中应如何选择装配方法？

6. 什么是装配胎架？用装配胎具装配有什么特点？

7. 如何正确进行装配中的定位焊？

8. 焊接工艺制订的内容有哪些？制订的原则是什么？

9. 如何选择焊接工艺参数？

10. 焊接加热措施包括哪些内容？各有什么作用？如何选择热参数？

第8章 焊接生产质量标准与质量控制

8.1 焊接生产的质量标准体系

8.1.1 焊接生产质量标准体系的基本概念

ISO9000:2005 有关焊接生产质量的概念图如图 8.1~8.8 所示。

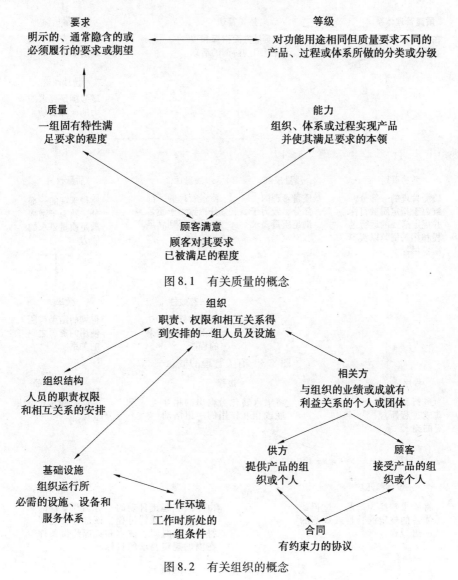

图 8.1 有关质量的概念

图 8.2 有关组织的概念

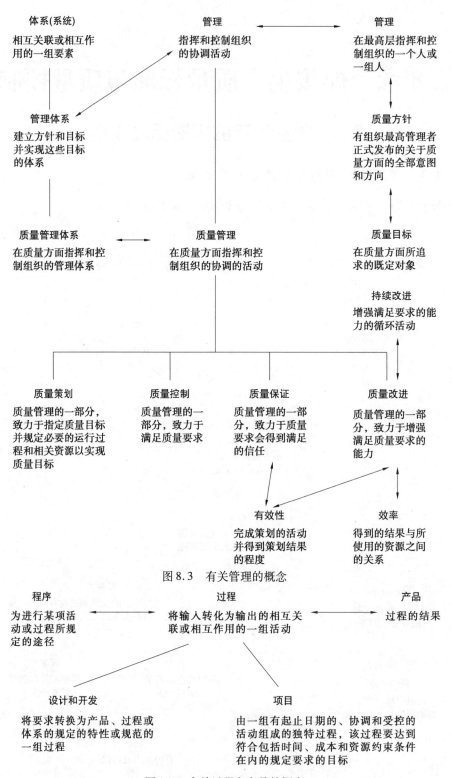

图 8.3 有关管理的概念

图 8.4 有关过程和产品的概念

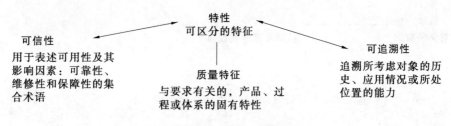

图8.5 有关特性的概念

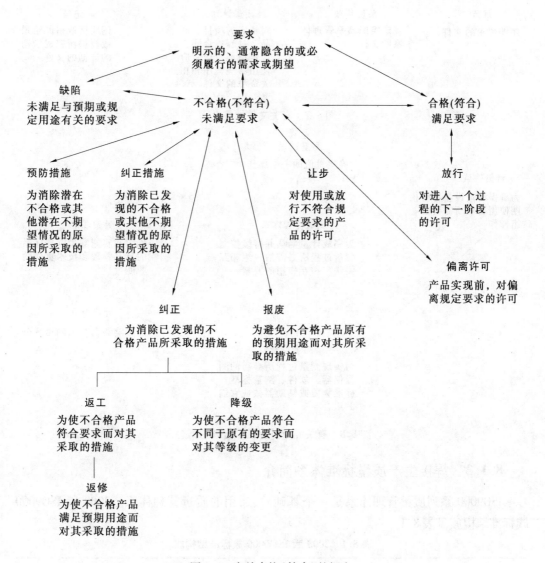

图8.6 有关合格(符合)的概念

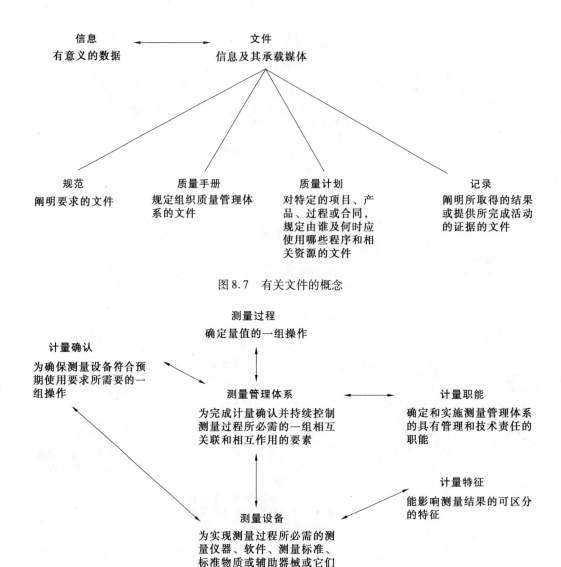

图8.7 有关文件的概念

图8.8 有关测量过程质量管理的概念

8.1.2 焊接生产质量标准体系简介

ISO9000 系列质量管理体系是一个基础的、通用的质量管理体系。2008 版 ISO9000 族标准结构族见表8.1。

表8.1 **2008 版 ISO9000 族标准结构族**

第一部分: 核心标准	ISO9000:2005 质量管理体系——基础和术语
	ISO9001:2008 质量管理体系——要求
	ISO9004:2009 质量管理体系——业绩改进指南
	ISO19011:2002 质量管理体系——质量和(或)环境管理体系审核指南

续表8.1

第二部分: 其他标准	ISO10001:2004《质量管理—顾客满意——组织行为准则指南》 ISO10002:2004《质量管理—顾客满意——组织处理投诉指南》 ISO10003:2004《质量管理—顾客满意——组织外部争议解决指南》 ISO10005:2005 质量管理　质量计划指南 ISO10006:2003 质量管理体系　项目质量管理指南 ISO10007:2003 质量管理　技术状态管理指南 ISO10012:2003 测量管理体系　测量过程和测量设备的要求 ISO10014:2006 质量管理　实现财务与经济效益的指南 ISO10015:1999 质量管理　培训指南 ISO10019:2005 质量管理体系　咨询师选择和使用指南
第三部分: 技术报告	ISO/TR10013:2001 质量管理体系文件指南 ISO/TR10017:2003 ISO19001-2000 的统计技术指南
第四部分: 小册子	ISO 小册子,质量管理原则 ISO 小册子,标准选择和使用指南 ISO 小册子,小型组织实施指南

　　以过程为基础的质量管理体系模式如图8.9所示,而采用焊接工艺制造的产品,在运行使用或焊接过程中直接影响到人身财产和设备的安全。例如,锅炉与压力容器、桥梁、交通工具等,如果焊接质量出现问题,所造成的危害是毁灭性的。所以,焊接是一项要求极为严格的制造技术,焊接在 ISO9000 体系中是作为一门特殊工艺,因此要求有专门的针对此项工艺采取具体的质量体系,由此形成了 ISO3834 标准,即焊接质量管理体系。ISO3834 标准是基于 ISO9000 系列标准形成和发展的,是对 ISO9000 标准的细化。与 ISO9000 相比,它的内容更加具体,操作性也更强。

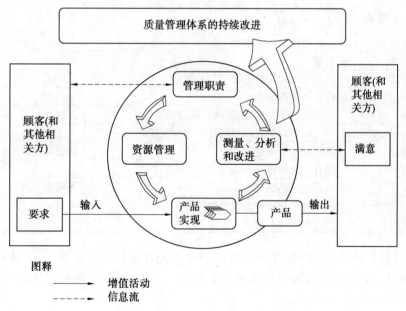

图 8.9　以过程为基础的质量管理体系模式

ISO 3834《焊接质量技术要求——金属材料熔化焊》分 5 个部分：

①ISO 3834-1 相应质量要求等级的选择准则；

②ISO 3834-2 完整质量要求；

③ISO 3834-3 标准质量要求；

④ISO 3834-4 基本质量要求；

⑤ISO 3834-5 确认符合质量要求所需的文件。

ISO 3834 各级别焊接质量要求的主要内容及对比见表8.2。

表8.2 ISO 3834 各级别焊接质量要求的主要内容及对比

要素	ISO 3834-2(完整)	ISO 3834-3(标准)	ISO 3834-4(基本)
合同评审	所有文件的评审	评审范围稍小	建立这种能力并具备信息手段
设计评审	确认焊接的设计		
分承包商	按主要制造商对待		应符合所有要求
焊工	按 ISO9606 或有关标准认可		
焊接管理人员	制造商应配置合适的焊接管理人员		无要求,但制造商的人员责任除外
检验人员	具有足够的、胜任的人员		足够并胜任,必要时从他方获得
生产设备	对制备、切割、焊接、运输、起重及安全设备和防护服均有要求		应当按照合适的工作指令配置并维护焊接设备
设备维护	应具有设备维护的书面计划	无特殊要求,适当维护	无要求
生产计划	实施适宜的生产计划	实施适宜的生产计划	无要求
焊接工艺规程(WPS)	应编制焊接工艺规程并确保其在生产中得到正确使用		无要求
焊接工艺评定	应在生产之前进行评定,评定方法应按相关的产品或按规程要求进行		无要求
工作指令	具有明确的工作指令		无要求
文件	必须	未规定	无要求
焊材复验	只在合同规定时进行	未规定	无要求
焊材保管	符合供货商的建议		
母材存放	应保证其不受到有害影响,保持标志		无要求
焊后热处理	对所有焊后热处理规程及实施负全部责任		无要求
焊接检验	按规定的要求进行		按合同规定的职责
不符合项	具有一定的措施		
校准	具有一定的措施		无规定
标志及可追溯性	应按要求保持标志及可追溯性		无规定
质量报告	合同要求保存至少 5 年以上		

焊接质量体系的运转一般是通过控制焊接工艺评定与焊接工艺、焊工培训、焊接材料、焊缝返修、施焊过程、检验等基本环节来实现的。通过对这些基本环节的质量控制,可以建立一个完整的质量保证体系。

质量管理过程的典型案例如下：

以某化工设备厂在 20 m³ 汽油储罐筒节生产过程中的质量管理记录为例,来初步了解质量管理体系的运行过程。

1. 下料

下料员完成筒节展开划线、切割,开展自检,并填写送检单(见表 8.3)。

表 8.3　化工设备厂下料送检单

产品名称及规格			20 m³ 汽油储罐		产品编号		42201002	
工件名称	编号	数量	下料尺寸	质量要求 (误差)	实测数据	检验结论	转入工序	其他
筒节	040312	1	长 6 932 宽 1 865	长 ±2 宽 ±2 对角 ≤3	长 6 933 宽 1 864 对角 ≤2	合格	卷圆	
自检签名:×××		互检签名:×××		检验员:×××		2004 年 4 月 4 日		

2. 卷圆

成型班按筒节加工工艺卡要求,进行卷圆,开展自检,并填写相应送检单(见表 8.4)。

表 8.4　化工设备厂车间送检单

班组:成形 1 班						
产品名称及规格	20 m³ 汽油储罐		产品编号	42201002	数量	1
工件名称	筒节	完成工序	卷板	转入工序	纵缝焊接	
编号	040312					
自检结果		互检结果		专职检验结果		
装配间隙 1~2;错边<1 椭圆度 ≤1 点焊牢固,表面无缺陷		装配间隙 1~2;错边<1 椭圆度 ≤1 点焊牢固,表面无缺陷		符合工艺卡质量要求,合格		
自检签名:××× 2004 年 4 月 4 日		互检签名:××× 2004 年 4 月 4 日		检验员:××× 2004 年 4 月 4 日		

3. 纵缝焊接

焊工施焊纵缝及产品焊接试板,填写焊接记录卡(见表 8.5)。焊工班长经外观自检,填写焊缝检验委托单(见表 8.6),并将焊接试板送质检科进行理化试验。

表 8.5　化工设备厂焊接记录卡

产品名称及规格		20 m³ 汽油储罐			产品编号		42201002	
焊缝名称	编号	焊工编号	零件名称		材质标记	零件名称	材质标记	
筒节纵缝	040312A1	16	筒节		040312	—	—	
工步名称	焊接方法	材料牌号 及规格	焊接电流 /A	电弧电压 /V	保护气体 流量 L/min	焊接速度	层间温度 /℃	
打底焊	CO_2 气保焊	$\phi1.0$ H08Mn2SiA	80~90	16~18	12		室温	
填充焊			100~120	18~20			100~150	
盖面焊			120~130					
焊工签名:×××		巡检员签名:×××			2004 年 4 月 5 日			

表 8.6　化工设备厂焊接检验委托单

产品名称及规格		20 m³ 汽油储罐		产品编号	42201002
工件名称	材质编号	焊缝名称	编号	焊工编号	送检单位
筒节	040312	筒节纵缝	040312A1	16	冷焊车间
要求检验项目:焊缝质量、几何尺寸、试板力学性能、其他					
自检结果	焊缝表面无超出规定的缺陷,合格		班组长签名:×××　2004 年 4 月 5 日		
建议	目检外观;按 20% 的拍片,Ⅱ级合格;试板做拉伸、冲击试验 质量负责人签名:×××　2004 年 4 月 5 日				
经办人:×××				2004 年 4 月 5 日	

4. 检验

质量检测员完成无损探伤及试板力学性能试验后,填写探伤合格通知单(见表8.7)及产品合格通知单(见表8.8)各一式两份,一份送到车间,以便车间进行下道工序,另一份送质检科存档。

表 8.7　化工设备厂探伤合格通知单

产品名称及规格		20 m³ 汽油储罐			产品编号		42201002
工件名称	筒节	焊缝编号	040312A1	返修单号		合格次数	1
工件编号	040312	焊工编号	16	返修次数		合格日期	2004.4.6
探伤结果	1 片——Ⅱ级,合格			探伤员签名:×××			2004 年 4 月 6 日
复核人签名:×××				签收人签号:×××			2004 年 4 月 8 日

表 8.8　产品试板合格通知单

产品名称及规格	20 m³ 汽油储罐	产品编号	42201002	工艺评定号	2002-03
试板号	040312	材料牌号	Q235A	焊接方法	CO_2 气保焊
焊工编号	16		焊接材料		ϕ1.0H08Mn2SiA
探伤结果	Ⅱ级,合格		评片员签名:×××		2004 年 4 月 6 日
接头力学性能	σ_b =439 MPa, σ_s =319 MPa,延伸率32.9%,冲击功=73、97、87 结论:合格:　　　试验员签名:×××				2004 年 4 月 8 日
复核人签名:×××	2004 年 4 月 8 日		签收人签名:×××		2004 年 4 月 8 日

8.1.3　焊接生产质量影响因素

1. 工序质量影响因素

工序是生产过程的基本环节,也是检验的基本环节。焊接结构的生产包括许多工序,如去污除锈、校直、划线、下料、边缘加工、成形、组装、焊接、热处理、检验等。各个工序都有一定的质量要求并存在影响其质量的因素。由于工序的质量终将决定产品的质量,因此须分析影响工序质量的各种因素,采取切实有效的控制措施,从而达到保证产品质量的目的。

影响工序质量的因素,概括起来有人员、机器设备、原材料、工艺方法和环境5种因素,各种因素对不同工序质量影响的程度有很大差别,应根据具体情况分析。在焊接结构的生产过程中,焊接工作是一道重要工序,影响焊接质量的因素也不外乎上述5个方面。

(1)操作人员因素

各种不同的焊接方法对操作者的依赖程度不同。手工操作在手工电弧焊接中占支配地位,操作者的工作技能和谨慎态度对焊接质量至关重要。即使是埋弧自动焊,焊接工艺参数的调整和施焊时也离不开人的操作,包括各种半自动焊、电弧沿焊接接头的移动也是靠人掌握。若操作者质量意识差,操作时粗心大意,不遵守焊接工艺规程,操作技能低或技术不熟练等都会影响质量。

对人员因素的控制措施如下:

①加强"质量第一、用户第一、下道工序是用户"的质量意识教育,提高责任心和一丝不苟的工作作风,并建立质量责任制。

②定期进行岗位培训,从理论上认识执行工艺规程的重要性,从实践上提高操作技能。

③加强焊接工序的自检、互检与专职检查。

④执行焊工考试制度,坚持持证上岗,建立焊工技术档案。

(2)机器设备因素

各种焊接设备的性能、稳定性及其可靠性直接影响焊接质量。设备结构越复杂,机械化、自动化程度越高,焊接质量对它的依赖性也就越高,要求这类设备具有更好的性能及稳定性。从保证焊接工序质量出发,对机器设备应做好以下几点:

①定期的维护、保养和检修。

②定期校验焊接设备上的电流表、电压表、气体流量计等仪表。

③建立设备状况的技术档案。

④建立设备使用人员责任制。

(3)原材料因素

焊接生产所使用的原材料包括母材、焊接材料(焊条、焊丝、焊剂、保护气体)等,这些材料的自身质量是保证焊接产品质量的基础和前提。从全面质量管理的观点出发,为了保证焊接质量,在生产过程的起始阶段,即投料之前就要把好材料关。对原材料的控制,主要有以下措施:

①加强原材料的进厂验收和检验。

②建立严格的材料管理制度。

③实行材料标记移植制度,以达到材料的可追溯性。

④选择信誉比较高、产品质量比较好的供应厂和协作厂进行订货和加工。

(4)工艺方法因素

焊接质量对工艺方法的依赖性较强,在影响工序质量的诸因素中占有比较重要的地位。工艺方法对焊接质量的影响主要来自两个方面:一方面是工艺制订的合理性;另一方面是执行工艺的严格性。首先要对某一产品或某种材料的焊接工艺进行工艺评定,然后根据评定合格的"工艺评定报告"和图样技术要求制订焊接工艺规程,编制焊接工艺说明书或焊接工艺卡。这些以书面形式表达的各种工艺参数是指导施焊时的依据,是保证焊接质量的基础。不合理的焊接工艺固然不能保证焊出合格的焊缝,但即使有了正确合理的工艺规程,若不严格贯彻执行,同样也不能焊接出合格的焊缝。两者相辅相成,相互依赖,不能忽视或偏废任何一个方面。

对工艺方法因素的控制措施有:

①按有关规定进行焊接工艺评定。

②选择有经验的焊接技术人员编制所需的工艺文件。

③加强施焊过程中的现场管理与检查

④按要求制作焊接产品试板与焊接工艺纪律检查试板,以检验工艺方法的正确性与合理性。

(5)环境因素

在特定环境下,焊接质量对环境的依赖性较大。焊接操作常常在室外露天进行,必然受到外界自然条件(如温度、湿度、风力及雨雪天气)的影响,在其他因素一定的情况下,也有可能单纯因环境因素造成焊接质量问题。环境因素的控制措施比较简单,当环境条件不符合规定要求时,如风力较大或雨雪天气可暂时停止焊接工作,或采取防风、防雨雪措施后再进行焊接,在低气温下焊接时,可对工件适当预热等。

上述影响焊接质量的 5 个方面因素是从大的方面来划分的。实际上,每个大因素又包括若干小因素,每一个小因素还可以分解成几个更小的因素。一般来说,用于实际生产的焊接工艺都是焊前经过评定合格的,如果采用评定合格的工艺施焊,仍然出现焊接质量不合格的情况,就可以从影响工序质量的 5 个因素中去分析、查找,并注意予以改进和排除。

2. 影响焊接质量的技术因素

影响焊接质量的技术因素主要有焊接材料(母材金属和填充金属)、焊接方法和工艺、接头的几何形状及焊后热处理等。这些因素相互影响、相互联系、相互制约,无论哪一因素选用或操作不当,都会影响焊接质量。

(1)焊接材料

母材金属的化学成分、力学性能、均匀性、表面状况和厚度都会对焊缝金属的热裂、母材金属和焊缝金属的冷裂、脆性断裂、老化和层状撕裂倾向产生影响。母材金属的碳当量和强度级别越高、焊接接头的抗裂性越低,断裂韧性也越差。尤其是焊接高强度钢时,开裂问题更为突出。硬度越高也越不利于焊接质量控制,不同的金相组织具有不同的硬度,焊接热影响区的最高硬度可作为评定焊接接头抗裂性的一项指标。

(2)焊接方法和工艺

焊接方法的选择应在保证焊接产品质量的前提下,具有较高的生产率和较低的生产成本。选择焊接方法应充分考虑产品的结构类型、母材金属的性能、接头形状和生产条件等因素。施焊过程中也应通过控制焊接工艺保证焊接质量,包括焊前准备、焊接顺序、焊接线能量以及层间温度的控制等。

(3)接头的几何形状

焊接接头几何形状应尽可能不干扰应力分布,避免截面发生突变。对非等厚截面的对接焊缝,接头设计时应使两条中心线在同一条直线上,然后将较厚部分加工到与较薄部分厚度相同。制造过程中也应注意组装精度,尽量避免在有应力叠加或应力集中的区域内布置焊缝。为了便于焊接和使用中的探伤及维修,所有焊缝都应有合适的焊接可操作性。

(4)焊后热处理

焊后热处理主要作用是防止焊缝金属或热影响区冷裂纹的形成。焊后热处理主要用于预热不足、防止冷裂纹形成的场合。例如,在高拘束度接头和焊接性较差的材料焊接中,必须采用焊后热处理工艺减少淬硬性,才能可靠有效地防止冷裂纹。对某些低合金钢特殊结构,可采用后热来降低预热温度。

焊后消氢处理是以消除扩散氢为目的的常用焊后热处理,但消氢处理要求温度较高,消耗能量多,实际生产中只有对氢致裂纹倾向较为严重的厚壁焊缝才进行消氢处理。此外,焊后机械处理(例如锤击、喷丸)也可以通过改变和改善残余应力的分布来减少由焊接引起的应力集中。

8.1.4 焊接生产质量的保证

现代化焊接生产要求全面焊接质量管理,即要求产品从设计、制造出厂后的销售服务等所有环节都实行质量保证和质量控制。焊接接头质量控制包括完善企业技术装备、提高操作人员的素质及生产过程的严格管理,目的是获得无缺陷的焊接结构,满足焊接产品在实际工程中的使用要求。

为了保证产品的焊接质量,国家技术监督局颁布了 GB/T12467、GB/T12468 和 GB/T12469等焊接质量保证国家标准。这是一套结构严谨、定义明确、规定具体而又实用的专业性标准,其中规定了钢制焊接产品质量保证的一般原则、对企业的要求、熔化焊接头的质量要求与缺陷分级等。这套标准与 GB/T10300(ISO9000—9004)标准系列和企业的实际结合起来,建立起较完善的焊接质量保证体系,对于提高企业的焊接质量管理水平和质量保证能力,确保焊接产品质量符合规定的要求具有重要的意义,并符合企业的长远利益。

1.焊接生产质量的保证原则

焊接生产质量保证的一般要求如下:

(1)设备

企业必须具备合格的车间、机器、设备,如仓库、热处理设备、焊接设备和测试设备等。

(2)人员

必须要由胜任的人员从事焊接产品的设计、制造、试验及监督管理工作。

(3)技术管理

应具备能保证焊接质量的质量控制体系及相应的机构设施。

(4)设计

从事产品的设计时,应根据有关规定,充分考虑载荷情况、材料性能、制造和使用条件及所有附加因素。设计者应熟悉本业务范围所涉及的各种原材料标准、焊接材料标准及各类通用性基础标准,如焊缝符号标准、坡口形式及尺寸标准等。

(5)制造

焊接产品的一般制造流程如图 8.10 所示。

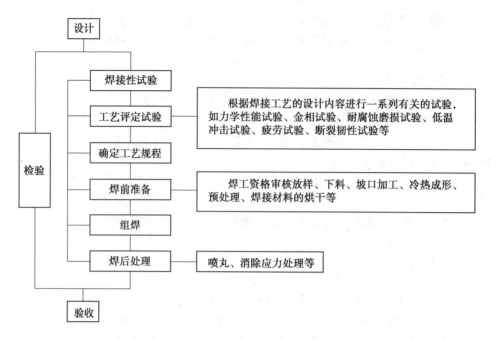

图 8.10 焊接产品的一般制造流程

2. 对企业的要求

（1）技术装备

生产企业必须拥有相应的设备和工艺装置，以保证焊接工作顺利完成。这些设备及工艺装备包括：

①非露天装配场地及工作场地的装备、焊接材料的烘干设备、材料的清理设备等。

②组装及运输用的吊装设备。

③加工机床及工具。

④焊接及切割设备及装置。

⑤焊接及切割用的工夹具。

⑥焊接辅助设备及工艺装备。

⑦预热及焊后热处理装置。

⑧检查材料及焊接接头的检验设备及检验仪器。

⑨具有必要的焊接试验装备及设施。

（2）人员素质

企业必须具有一定的技术力量，包括具有相应学历的各类专业技术人员和具有一定技术水平的各种技术工种的工人，其中焊工和无损检验人员必须经过培训或考试合格并取得相应证书才能上岗。

焊接技术人员由数人担任，必须明确一名技术负责人。他们除了具有相应的学历和一定的生产经验外，必须熟悉与企业产品相关的焊接标准、法规，必要时应参加专门的工艺知识培训。焊接技术人员分别由焊接高级工程师、工程师、助理工程师和技术员及焊接技师担任，分工负责下列任务：

①负责产品设计的焊接工艺性审查,制定工艺规程(必要时应通过工艺评定试验),指导生产实践。

②熟悉企业所涉及的各类钢材标准和常用钢材的焊接工艺要求。

③选择合乎要求的焊接设备及夹具。

④选择适用的焊接材料以及焊接方法,并使之与母材相互匹配。

⑤监督和提出焊接材料的储存条件和方法。

⑥提出焊前准备及焊后热处理要求。

⑦厂内培训及考核焊工。

⑧按设计要求规定有关的检验范围、检验方法。

⑨对焊接产品产生的缺陷进行判断,分析其性质和产生的原因,并做出技术处理意见。

⑩监督焊工操作质量,对一切违反焊接工艺规程要求的操作有权提出必要的处理措施。

焊工和操作人员必须达到与企业产品相关考核项目的要求并持有相应的合格证书。焊工和操作人员只能在证书认可资格范围内按工艺规程进行焊接生产操作。生产企业应配备与制造产品相适应的检查人员,其中包括无损检验人员及焊接质量检查人员、力学性能检验人员、化学分析人员等。无损检验人员应持有与生产产品类别相适应的探伤方法的等级合格证书。企业还应具有与制造产品类别相适应的其他专业技术人员。

(3)技术管理

生产企业应根据产品类别设置完整的技术管理机构,建立健全的各级技术岗位责任制和厂长或总工程师技术责任制。具体的技术管理内容如下:

①企业必须有完整的设计资料、正确的生产图样及必要的制造工艺文件。不管是从外单位引进的还是自行设计的,必须有总图、零部件图、制造技术条件等。所有图样资料上应有设计人员、审核人员的签字。总图应有厂长或总工程师的批准签字。引进的设计资料也必须有复核人员和总工程师或厂长签字。

②企业必须有必要的工艺管理机构及完善的工艺管理制度。应明确焊接技术人员、检查人员及焊工的职责范围及责任。焊接产品必需的制造工艺文件应有技术负责人(主管工艺师或焊接工艺主管人员)签字,必要时应附有工艺评定试验记录或工艺评定试验报告。焊接技术人员应对工艺质量承担技术责任,焊工应对违反工艺规程及操作不当的质量事故承担责任。

③企业应建立独立的质检机构,检查人员应按制造技术条件严格执行各类检查试验,应对所检焊缝提出充分的质量检查报告,对不符合技术要求的焊缝,应按产品技术条件监督返修和检验。检查人员应对由漏检或误检造成的质量事故承担责任。

(4)企业说明书和证书

以钢材焊接为主的企业应填写企业说明书。企业说明书可作承揽制造任务或投标时作为企业能力的说明,必要时也可作为企业认证的基础文件。经备查核实后作为有关部门核定制造产品范围的依据。

有关管理条例、技术法规要求按国家标准进行认证的企业,可由国家技术监督局或有关主管部门及其授权的职能机构,根据企业申请及企业说明书对企业进行考察,全面验收后授予证书。如变更填发证书的基本条件时,应及时通知审批机构。证书有效期为3年,在有效期内若无重大变化或质量事故,此证书经审批机构认可后,可延长使用。若在供货产品上发现严重质量事故,则对企业进行中间检查,必要时可撤销其证书。

8.2 焊接生产质量控制

焊接工程结构的失效和重大事故,如锅炉的爆炸、压力容器和管道的泄漏、钢制桥梁的倒塌、船体断裂、大型吊车断裂等重大事故,很多是由于焊接接头质量问题造成的。因此,焊接已成为受控产品制造的关键工艺,必须对焊接结构与工程进行严格的全过程控制。

8.2.1 焊前质量控制

焊前质量控制主要包括所选择的焊工和焊接操作工的资质证书的适宜性和有效性、焊接工艺规范的适宜性、母材的性能、焊材的性能、接头的准备(如形状和尺寸)、装备的固定、焊接工艺规范中的任何特殊要求(例如变形的预防)、焊接工作条件的适宜性(包括环境)等。只有以上各个环节全部符合工艺要求,方可进行焊接。

1. 熟悉生产图纸和工艺

焊前必须首先熟悉生产图纸和工艺,这是保证焊接产品顺利生产的重要环节,主要内容如下:

①产品的结构形式、采用的材料种类及技术要求。

②产品焊接部位的尺寸、焊接接头及坡口的结构形式。

③采用的焊接方法、焊接电流、焊接电压、焊接速度、焊接顺序等;焊接过程中预热及层间温度的控制。

④焊后热处理工艺、焊件检验方法及焊接产品的质量要求。

2. 材料检验

材料检验包括焊接产品的母材和焊接材料检验,这也是焊前准备的重要组成部分。

(1)母材检验

母材检验包括焊接产品主材及外协委托加工件的检验。母材检验的内容如下:

①材料入库要有材质证明书,要有符合规定的材料标记符号。要对材料的数量和几何尺寸进行检验复核,对材料的表面质量进行检查验收(如表面光洁情况、生锈腐蚀情况、变形情况和表面机械损伤情况等)。

②根据有关规定,需要时要对材料进行化学成分检验或复验。

③必要时,按重要设备的合同要求,对母材应进行力学性能试验或复验,包括拉伸试验、弯曲试验、脆性试验、断裂试验等。

④根据合同或标准、规范或规程的要求,有些用作重要设备(如三类压力容器、高压厚壁容器等)的母材还要做无损检测(如超声波检测、磁粉检测、渗透检测等)、显微组织检验(如金相检验、铁素体含量检验等)和必要的腐蚀检验(如晶间腐蚀检验)及硬度检验。

(2)焊接材料检验

焊接材料检验主要是指对焊条、焊丝等填充金属的化学成分、力学性能(主要指熔敷金属)的检验及腐蚀检验等,同时也包括对焊剂和保护气体的成分和纯度的检验。这些检验一般在焊接材料生产厂内完成。在特殊情况下,使用厂还应在焊接材料进厂或使用前进行复验,以保证产品的焊接质量。

3.操作人员资格审核

根据《压力容器安全监察规程》和《现场设备、工业管道焊接工程施工及验收规范》的规定,凡从事其所辖范围的压力容器、设备和工业管道焊接的手工电弧焊、埋弧焊、CO_2 气体保护焊及氩弧焊的焊工和操作者,都应按有关规定参加考试并取得有关部门认可的资格证书,才能进行相应材料与位置的焊接。因此,在焊接产品制造之前,必须检查该焊工所持合格证的有效性。这包括审核焊工考试记录表上的焊接方法、试件形式、焊接位置及材料类别等是否与焊接产品的要求一致,所有考试项目是否都合格。同时还要检查焊工近期(6个月)内有无从事用预定的焊接工艺焊接的经历,及近期(如一年)内实际焊接的成绩(例如焊缝 X 射线检测的一次合格率及Ⅰ、Ⅱ级底片占总片数的比例等)。在特殊条件下,还要考核焊工在焊接位置难以达到情况下的操作技能。

4.母材预处理和下料

(1)母材预处理

金属结构材料的预处理主要是指钢材在使用前进行矫正和表面处理。钢材在吊装、运输和存放过程中如不严格遵守有关的操作规程,往往会产生各种变形,如整体弯曲、局部弯曲、波浪形挠曲等,不能直接用于生产而必须加以矫正。

薄钢板的矫正通常采用多辊轴矫平机,卷筒钢板的开卷也应通过矫平机矫平。厚钢板的矫平则应采用大型水压机在平台上矫正,型钢的弯曲变形可采用专用的型钢矫正机进行矫正。

钢板和型钢的局部弯曲通常采用火焰矫正法矫正。加热温度一般不应超过钢材的回火温度,加热后可在空气中冷却或喷水冷却。

钢材表面的氧化物、铁锈及油污对焊缝的质量会产生不利的影响,焊前必须将其清除。清理方法有机械法和化学法两种。机械清理法包括喷砂、喷丸、砂轮修磨和钢丝轮打磨等。其中喷丸的效果较好,在钢板预处理连续生产线中大多采用喷丸清理工艺。

化学清理法通常采用酸溶液清理,即将钢材浸入质量分数为2%~4%的硫酸溶液槽内,保持一定时间后取出并放入质量分数为1%~2%的石灰液槽内中和,取出烘干。钢材表面残留的石灰粉膜可防止金属表面再次氧化,切割或焊接前将其从切口或坡口面上清除即可。

(2)下料

焊件毛坯的切割下料是保证结构尺寸精度的重要工序,应严格控制。采用机械剪切、手工热切割和机械热切割法下料,应在待下料的金属毛坯上按图样和1:1的比例进行划线。对于批量生产的工件,可采用按图样的图形和实际尺寸制作的样板划线。每块样板都应注明产品、图号、规格、图形符号和孔径等,并经检查合格后才能使用。手工划线和样板的尺寸公差应符合标准规定,并考虑焊接的收缩量和加工余量。

钢材可以采用剪床剪切下料或采用热切割方法下料。常用的热切割方法有火焰切割、等离子弧切割和激光切割。激光切割多用于薄板的精密切割。等离子弧切割主要用于不锈钢及有色金属的切割,空气等离子弧切割由于成本低也可用于碳钢的切割。水下等离子弧切割用于薄板的下料,具有切割精度高且无切割变形的优点。

5. 坡口加工

为使焊缝的厚度达到规定的尺寸不出现焊接缺陷和获得全部焊透的焊接接头,接缝的边缘应按板厚和焊接工艺要求加工成各种形式的坡口。最常用的坡口形式为 V 形、双 V 形、U 形及双 U 形坡口。设计和选择坡口焊缝时,应考虑坡口角度、根部间隙、钝边和根部半径。

手工电弧焊时,为保证焊条能够接近接头根部以及多层焊时侧边熔合良好,坡口角度与根部间隙之间应保持一定的比例关系。当坡口角度减小时,根部间隙必须适当增大。因为根部间隙过小,根部难以熔透,必须采用较小规格的焊条,降低焊接速度;如果根部间隙过大,则需要较多的填充金属,提高了焊接成本,增大了焊接变形。

熔化极气体保护焊由于采用的焊丝较细,且使用特殊导电嘴,可以实现厚板(大于200 mm)I 形坡口的窄间隙对接焊。

开有坡口的焊接接头,如果不留钝边和背面无衬垫时,焊接第一层焊道容易烧穿,且需用较多的填充金属,因此坡口一般都留有钝边。钝边的高度以既保证熔透又不致烧穿为佳。手工电弧焊 V 形或 U 形坡口的钝边一般取 0 ~ 3 mm,双面 V 形或双面 U 形取 0 ~ 2 mm。埋弧焊的熔深比手工电弧焊大,因此钝边可适当增加,以减少填充金属。

带有钝边的接头,根部间隙主要取决于焊接位置与焊接工艺参数,在保证焊透的前提下,间隙尽可能减小。平焊时,可允许采用较大的焊接电流,根部间隙可为零;立焊时,根部间隙可以适当增加,焊接厚板时可在 3 mm 以上。单面焊背面成形工艺中,根部间隙一般留得较大,与所用焊条的直径相当。

为保证在深坡口内焊条或焊丝能够接近焊缝根部,J 形或 U 形坡口上常作出根部圆弧半径,以降低第一层焊道的冷却速度,保证根部良好的熔合和成形。手工焊条电弧焊时,根部圆弧半径一般取 $R = 6 \sim 8$ mm。随着板厚的增加和坡口角的减小,根部圆弧半径可适当增加。

6. 成形加工

大多数焊接结构,如锅炉压力容器、船舶、桥梁和重型机械等,许多部件为达到产品设计图纸的要求,焊接之前都经过成形加工。成形工艺包括冲压、卷制、弯曲和旋压等。

7. 装配

焊接结构在生产中为保证产品的质量,常需要装配和焊接机械装备。焊接机械装备种类繁多,有简单的夹具,也有复杂的焊接变位机械。

8. 焊前预热

焊前预热是防止厚板焊接结构、低合金和中合金钢接头焊接裂纹的有效措施之一。焊前预热有利于改善焊接过程的热循环,降低焊接接头区域的冷却速度,防止焊缝与热影响区产生裂纹,减少焊接变形,提高焊缝金属与热影响区的塑性与冲击韧性。

焊件的预热温度应根据母材的含碳量和合金含量、焊件的结构形式和接头的拘束度、所选用焊接材料的扩散氢含量、施焊条件等因素来确定。母材含碳量和合金含量越高,厚度越大,焊前要求的预热温度也越高。

8.2.2　焊接过程中的质量控制

焊接过程中控制包括实际焊接参数、预热/道次温度、清理和熔化的形状和焊缝道次、背部的刨削、焊接顺序、使用校正和焊材的传递、变形的控制等。其主要工作包括焊接方法的选择、焊接材料的选定、焊接工艺参数的确定及焊接过程中的检验等。

1. 焊接方法的选择

不同材料具有不同的性能,对焊接工艺的要求也不相同。为了保证接头具有与母材匹配的性能,通常应首先根据母材的类型来选择焊接方法。例如,导热系数较高的铝、铜应利用热输入大、熔透能力强的焊接方法进行焊接。热敏感材料宜用热输入较小且易于控制的脉冲焊、高能密束焊或超声波焊进行焊接。电阻率低的材料不宜采用电阻焊进行焊接。活泼金属不宜采用 CO_2 焊、埋弧焊等焊接方法,而应采用惰性气体保护焊进行焊接。

尽管大多数焊接方法的焊接质量可满足实用要求,但不同焊接方法的焊接质量,特别是焊缝的外观质量仍有较大的差别。产品质量要求较高时,可选用惰性气体保护焊、电子束焊、激光焊等。质量要求较低时,可选用于工电弧焊、CO_2 焊、气焊等。

自动化焊接方法对工人的操作技术要求较低,但设备成本高、设备管理及维护要求高。手工电弧焊及半自动 CO_2 焊的设备成本低、维护简单,但对焊工的操作技术要求较高。电子束焊、激光焊、扩散焊设备复杂,辅助装置较多,不但要求操作人员有较高的技术水平,还应有较高的专业知识水平。选用焊接方法时应综合考虑这些因素。以取得最佳的焊接质量及经济效益。

2. 焊接材料的选择

焊接材料的选择要根据被焊钢材种类、焊接部件的质量要求、焊接施工条件(板厚、坡口形状、焊接位置、焊接条件、焊后热处理及焊接操作等)、成本等综合考虑。各种焊接材料的选用原则参看机械工业出版社出版的《焊接工程师专业技能入门与精通》。

3. 焊接工艺参数的确定

焊接工艺参数主要包括焊接电流、焊接电压、焊接速度、焊条角度及焊丝伸出长度、保护气体流量等。

(1)焊接电流

手工电弧焊时,焊接电流的大小可根据焊条直径进行初步选择,然后再考虑板厚、接头形式、焊接位置、环境温度、工件材质等因素。例如,当焊接导热快的工件时,焊接电流要大一些,而焊接热敏感材料时,焊接电流小一些为好。焊接位置改变时,焊接电流应作适当调节。立焊、横焊时焊接电流应减小 10% ~ 15%,仰焊时减小 15% ~ 20%。用低氢型焊条焊接时,焊接电流也要适当减小。

埋弧焊焊接电流是决定焊缝熔深的主要因素。焊接电流增大,焊缝的熔深和余高均增加,而焊缝的宽度变化不大。但焊接电流过大,会使焊接热影响区宽度增大,并易产生过热组织,使接头韧性降低;焊接电流过小时,易产生未熔合、未焊透、夹渣等缺陷,使焊缝成形差。

CO_2 气体保护焊时，焊接电流应根据工件的厚度、坡口形式、焊丝直径以及所需要的熔滴过渡形式来选用。对于一定的焊丝直径，允许的焊接电流范围很宽。立焊、仰焊以及对接接头横焊表面焊道的焊接，当所用焊丝直径大于等于 1.0 mm 时，应选用较小的焊接电流。

（2）焊接电压

焊接电压直接影响焊缝宽度。焊接电压越高，焊缝越宽，但焊接电压过高，熔滴过渡时容易产生飞溅，导致焊缝产生气孔；焊接电压过小，熔滴向熔池过渡时容易产生短路，导致熄弧，使电弧不稳定，从而影响焊缝质量。

（3）焊接速度

焊接速度直接影响焊缝的成形、焊接接头区的组织特征和焊接生产率。焊接速度增大时，熔深、熔宽均减小。因此为保证焊透，提高焊接速度时，应同时增大焊接电流及电压。当电流过大、焊速过高时易引起咬边等缺陷，因此焊接速度不能太高。

（4）焊条角度及焊丝伸出长度

手工电弧焊时，焊条角度决定工件上热量的分配比例及保护效果，决定定向气流和熔滴过渡方向、焊缝外形、熔深和焊缝质量。当焊接厚度相等的对接接头时，焊条的工作角度约为 90°。当板厚不同时，应使电弧偏向板较厚的一侧。当焊接 T 形接头时，若板厚相等，工作角度应等于 45°或稍小于 45°，使焊脚两侧热量尽可能均匀，焊脚对称；若板厚不等，应使焊条与薄板间的角度稍小些，使厚板侧得到的热量稍多些。

短路过渡 CO_2 焊焊丝伸出长度对熔滴过渡、电弧稳定性及焊缝成形有很大影响。焊丝伸出长度过大时，电阻热急剧增大，焊丝因过热而熔化过快，甚至成段熔断，导致严重飞溅及焊接电弧不稳定。焊接电流降低，电弧的熔透能力下降，导致未焊透、焊缝成形不良以及气体对熔池的保护作用减弱。焊丝伸出长度过小时，焊接电流较大，短路频率较高，喷嘴离工件的距离很小，使飞溅金属颗粒容易堵塞喷嘴，影响保护气体流通。

（5）保护气体流量

气体保护焊时气体的流量一般根据电流大小、焊接速度、焊丝伸出长度等来选择。焊接电流越大，焊接速度越高，在室外焊接以及仰焊时，气体流量应适当加大，但也不能太大，以免产生紊流，使空气卷入焊接区，降低保护效果。

4. 焊接过程中的检验

焊接产品的焊缝一般不是一次焊成，而是用多层或多层多道的方法焊成的。因此，焊接过程中应根据具体情况进行以下内容的检验。

（1）焊完第一道后的检验

检查焊道的成形和清渣情况及是否存在未熔合、未焊透、夹渣、气孔及裂纹等焊接缺陷。不合格的焊缝要进行适当处理后再继续焊接。

（2）多层多道焊的焊道间检验

主要检查焊道间的清渣和焊道衔接情况及是否存在焊接缺陷。

（3）清根质量检查

这是保证焊接质量的重要检查环节。若清根不彻底，焊缝中遗留下夹渣、气孔或未熔合等焊接缺陷,后续焊道继续施焊,将会造成焊缝的严重质量问题。

(4)外观检验

焊缝成形后,要进行焊缝尺寸(如焊缝宽度和焊缝平直度)及表面缺陷的检查。对不合格处要进行必要的处理,出现重大缺陷要报告有关技术人员。

(5)焊缝层间质量的无损检测

对于重要的焊接产品(如高温高压反应器等),在焊接焊缝的各层或各道时,一般要进行表面甚至内部质量的无损检测。对射线检测的 I 级焊缝,通常都要进行层间质量的检验。

(6)工艺纪律检查

在焊接过程中,焊工必须严格遵守焊接工艺规程,并做好相应的焊接记录。对于违反工艺纪律的现象必须及时检查制止。这就要在生产过程中由技术人员经常检查焊工施焊时的工艺参数,如焊接电流、焊接电压、焊接速度、预热温度、层间温度和后热温度及相应的记录。

(7)预热与层间温度的控制

有些焊接产品所用的材料及其结构要求焊前预热,焊接过程中保持一定的层间温度,才能保证焊接质量。所以焊接过程中要采用适当的手段检查预热与层间温度是否控制在规定的范围之内,并检查温度记录是否齐全可靠。

(8)消氢与热处理温度控制的检查

有些焊接产品要求焊后立即对焊缝进行消氢处理,有的要求焊后进行消除应力等热处理。有关人员要对这些热处理工艺的执行情况进行检查。对升温速度、保温温度、保温时间、降温速度、测温点布局等都要进行检查,以确保严格执行有关工艺规程。

8.2.3 焊后质量控制

焊后质量控制的主要目的是减小焊缝中的氢含量、降低焊接接头残余应力、改善焊接接头区域(焊缝、热影响区)的组织性能。焊后质量控制主要包括焊后热处理工艺、焊后检验及焊后返修等环节。

1. 焊后热处理工艺

焊后热处理工艺方法有消除应力处理、消氢处理、回火处理和时效处理等。

消除应力处理是将焊件均匀地以一定速度加热到 Ac1 点以下足够高的温度,保温一段时间后随炉均匀冷却到 300~400 ℃,最后将焊件空冷。

为消除焊后在焊缝表层下氢的聚集,防止由这些聚集的氢引起横向延迟裂纹,焊后可将焊件或整条焊缝在 300 ℃ 以上加热一段时间,进行消氢处理。消氢处理推荐温度为300~400 ℃,消氢时间为 1~2 h。消氢处理必须在焊后立即进行。在某些情况下,消氢处理还可替代低合金钢厚壁焊件的中间消除应力处理。

对于某些低合金钢、中合金耐热钢,焊后回火处理是保证接头具有常温、高温和持久强度性能及韧性的重要手段。对于大型和形状复杂的弥散强化不锈钢和耐热钢,焊后为保证接头的力学性能与母材基本相等,最好是焊前先将焊件毛坯做固溶处理,焊后再进行时效硬化处理。

2. 焊后检验

焊后检验是对焊接质量的综合性检验,具体内容如下:

(1)外观检验

外观检验主要包括焊缝的平直度偏差、厚度及余高的检查,表面裂纹检查,咬边、焊肉不足、角焊缝腰高与尺寸检查,焊接件或产品的几何尺寸检查,包括直径、形状及变形量是否超过技术规程的规定等。

(2)焊接接头的无损检测

无损检测的目的是检查焊缝的表面与内部裂纹、夹渣、气孔、未熔合和未焊透等工艺性缺陷。焊接接头的无损检测应安排在焊缝外观检查和硬度检查合格之后,强度试验(如水压试验)和致密性试验(如气密性试验)之前进行。其中渗透检测和磁粉检测应在热处理前后各进行一次,或仅在热处理之后进行。关于被检验焊缝的数量及焊接接头焊缝表面和内部的质量标准应按国家的有关标准执行。

(3)其他检验

对于某些耐热低合金钢或规定焊后要进行热处理的焊缝,焊后及热处理后应进行硬度检验。硬度检验应包括接头的母材、焊缝和热影响区 3 部分,检验数量及合格标准应按有关标准或规定执行。在产品的技术条件中有要求进行奥氏体钢中铁素体含量检查的或某些低合金高强度钢焊接接头要求进行延迟裂纹测定的,也应按照有关规定进行检查和测定。

(4)产品检验

产品检验主要包括产品的耐压与气密性检验、热处理及产品的防腐涂漆、包装等的检查或试验。耐压试验及气密性试验一般在产品前期检验合格及热处理后进行。进行耐压试验时,要检查试压时使用的介质(水或空气等)、试压时的温度与保压时间以及保压容器上的任何部位有无泄漏点。卸压后还要对产品进行一次全面检查,包括几何尺寸以及焊缝的磁粉或着色渗透检测等。气密性试验主要目的是确保产品在服役条件下不发生泄漏,保证生产的顺利进行。

(5)资料检验

资料检验包括核对产品的生产图纸、设计变更单、产品检验报告与记录、质量问题及处理结果记录是否齐全、可靠。

3. 焊后返修

一旦产生焊接缺陷(指无损探伤不允许或超标缺陷)就要对其进行返修。同一部位的返修次数在国家劳动部《蒸汽锅炉安全技术监察规程》和国家质量技术监督局《压力容器安全技术监察规程》中都做了明确规定,最多不得超过 3 次,因为多次焊接返修会降低焊接接头的综合性能。在有限的次数内控制焊缝返修质量是保证产品整体焊接质量的一个重要环节和措施。

返修焊接完成后,应用砂轮打磨返修部位,使之圆滑过渡,然后按原焊缝要求进行同样内容的检验,如外观检验、无损探伤等。验收标准不得低于原焊缝标准,检验合格后,方可进行下道一工序。否则应重新返修,在允许次数内直至合格为止。

8.2.4 焊接质量的可追溯性控制

可追溯性控制是焊接质量控制和管理的一个重要内容。焊接结构在产品制造和以后的运行中,如果出现质量问题,能够有线索、有资料进行焊接接头质量分析,包括焊材领用、焊前准备、施焊环境、产品试板的检查确认、施焊记录、焊工钢印标记、焊后检验记录、焊接缺陷的返修复检记录等。

要实现焊接质量的可追溯性控制,必须考虑以下几方面:

①生产计划的标记。

②附带卡的标记。

③在部件上标记焊缝位置。

④非破坏性检验方法和人员的标记。

⑤焊接填充料的标记(例如名称、商标、焊接填充料生产商和批次号或熔接编号)。

⑥母材的标记和/或可追溯性(例如类型、熔接编号)。

⑦修补位置标记。

⑧组装辅助装置位置的标记。

⑨特殊焊缝用的全机械和自动焊接设备的可追溯性。

⑩特殊焊缝的焊工和操作者的可追溯性。

⑪特殊焊缝焊接工艺规范的可追溯性。

近年来,计算机越来越多地应用于焊接生产中。计算机辅助焊接工程的主要内容有:焊接结构设计与分析、结构强度与寿命预测、焊接缺陷与故障诊断、传感器控制系统、焊接质量控制与检验、标准查询与解释、焊接过程模拟与计算、焊接生产文件管理、焊接信息数据库等。将计算机辅助焊接工程应用于锅炉和压力容器制造,对制造过程中的焊接质量控制有很大的帮助。同时,会更有利于生产的管理和产品质量的提高,也是未来制造业的发展趋势。

思 考 题

1. ISO9000:2005 有关焊接生产质量的概念主要有哪些?

2. ISO9000 系列质量管理体系的核心标准有哪些?

3. 以过程为基础的质量管理体系模式是什么?

4. ISO 3834 各级别焊接质量要求的主要内容有哪些? 有什么区别?

5. 影响焊接生产质量的因素有哪些?

6. 怎么控制焊接生产质量?

第9章 焊接质量检测与评定

9.1 焊接缺陷的种类

焊接结构中一般都存在缺陷,缺陷的存在直接影响焊接接头的质量,进而影响到焊接结构的安全使用。焊接缺陷的产生原因十分复杂,有冶金、工艺、应力等因素,有时环境因素影响也很大。因此,焊接缺陷种类较多,焊接检测人员必须熟悉缺陷的种类、特征,才能及时发现缺陷,保证生产顺利进行。

9.1.1 焊接缺陷及其分类

焊接过程中在焊接接头发生的金属不连续、不致密或连接不良的现象称为焊接缺欠,而焊接缺陷是指焊接过程中在焊接接头中产生的不符合标准要求的缺欠。一般来讲,评定焊接接头质量是以焊接接头存在缺陷的性质、大小、数量、形态、分布和危害程度等作为依据。因此,焊接缺陷的存在,决定焊接接头质量的优劣。

在焊接生产过程中要想获得无缺陷的焊接接头,技术上是相当困难的,也是不经济的。为了满足产品的使用要求,促进焊接技术的发展和产品质量的提高,应该把焊接缺陷限制在一定范围之内,使之对焊接结构的运行不产生危害即可。焊接缺陷的分类方法很多,各类缺陷的形态不同,对接头质量的影响也不同。广义地讲,焊接缺陷可归纳为以下3类:

(1)尺寸上的缺陷

尺寸上的缺陷包括焊接结构的尺寸误差和焊缝形状不良等。

(2)结构上的缺陷

结构上的缺陷包括气孔、夹渣、非金属夹杂物、熔合不良、未焊透、咬边、裂纹、表面缺陷等。

(3)性质上的缺陷

性质上的缺陷包括力学性能和化学性质等不能满足焊件使用要求的缺陷。力学性能是指抗拉强度、屈服强度、塑性、韧性、硬度等。化学性质主要是指耐腐蚀性、耐高温等。

按焊接缺陷在焊缝中位置的不同,可分为外部缺陷与内部缺陷两大类。外部缺陷位于焊缝区的表面,肉眼或用低倍放大镜即可观察到,例如,焊缝尺寸不符合要求、咬边、焊瘤、弧坑、外部气孔、表面裂纹等;内部缺陷位于焊缝的内部,采用破坏性实验或无损探伤来发现,例如未焊透、未熔合、气孔、夹渣、裂纹等。常见缺陷及特征见表9.1。

根据《金属熔化焊接头缺欠分类及说明》(GB/T6417.1—2005),按焊接缺陷性质不同,可将熔焊缺陷分为6类:裂纹、孔穴、固体夹杂、未熔合和未焊透、形状缺陷及其他缺陷。常见焊接缺陷如图9.1所示。

表9.1 常见缺陷及特征

缺陷种类	特 征
焊缝外形尺寸及形状的缺陷	焊缝外形尺寸(如焊缝长度、宽度、余高、焊脚等)不符合要求,焊缝成形不良
焊接接头几何尺寸的缺陷	焊接接头出现错边、角变形
咬边	在焊趾区形成凹下的沟槽
焊瘤	焊缝边缘或焊缝根部出现未与母材熔合的金属堆积物
弧坑	焊缝末端收弧处熔池未填满,凝固后形成凹坑
气孔	存在于焊缝金属内部或表面的孔穴
夹渣	残留在焊缝金属中的宏观非金属夹杂物
未焊透	焊接接头中存在母材与母材之间未完全焊透的部分
未熔合	属平面型缺陷,诱发焊接接头破裂、失效,存在于焊缝与母材之间或焊缝层与层之间
裂纹	属平面型缺陷,诱发焊接接头破裂、失效,存在于焊缝或热影响区的内部或表面

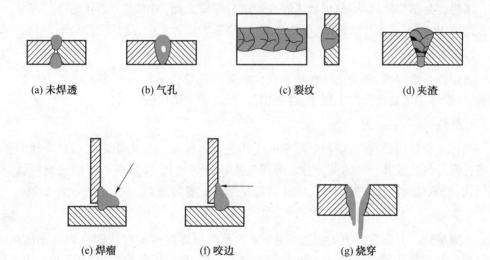

(a) 未焊透　　　(b) 气孔　　　　　(c) 裂纹　　　　　(d) 夹渣

(e) 焊瘤　　　　　(f) 咬边　　　　　(g) 烧穿

图9.1 常见的焊接缺陷

9.1.2 常见焊缝缺陷的基本特征

1. 焊缝形状和尺寸不符合要求

焊缝外表高低不平和波纹粗劣,焊缝宽度不均匀、太宽或太窄,焊缝余高过低或过高,角焊缝焊角高度不均等,都属于焊缝尺寸及形状不符合要求。这些缺陷不仅使焊缝成形不美观,而且容易造成应力集中,影响焊缝与母材的结合强度。

2. 咬边

咬边是指在母材部分沿焊趾的沟槽或凹陷。咬边减弱了焊缝的有效截面,降低了焊接接头的机械性能。由于在咬边处形成应力集中,焊接结构承载后可能产生裂纹。

3. 焊瘤

焊瘤是指熔化金属流淌到焊缝外在未熔化的母材上冷凝成的金属瘤。立焊和仰焊时最易产生焊瘤,埋弧自动焊接小直径环缝时也易出现焊瘤。焊瘤不仅影响焊缝美观,而且往往随之出现夹渣和未焊透等缺陷。如果是管子内部的焊瘤,将减小管路介质的流通截面。

4. 凹坑和弧坑

凹坑是指焊缝正反面低于母材表面的低洼部分。弧坑是凹坑的一种,发生在焊缝收尾处的凹陷部分。凹坑和弧坑都使焊缝的有效截面减小,降低焊缝的承载能力。弧坑处容易产生偏析和杂质积聚,易导致气孔、夹渣、裂纹等焊接缺陷。

5. 烧穿

烧穿是在焊接过程中,由于焊接参数选择不当,焊接操作工艺不良,或者工件装配不好等原因,熔化金属自焊缝背面流出,造成穿孔的现象。

6. 未熔合

未熔合是熔焊时,焊道与母材之间或焊道与焊道之间,未能完全熔化结合的部分。未熔合间隙很小,可视为片状缺陷,类似于裂纹,易造成应力集中,是危险性缺陷。

7. 未焊透

未焊透是熔焊时,焊接接头根部未完全熔透的现象。未焊透减小了焊缝的有效工作截面,在根部尖角处产生应力集中,容易引起裂纹,导致结构破坏。

8. 气孔

气孔是在焊接过程中,熔池金属中的气体在金属冷却以前未能逸出而在焊缝中所形成的孔穴。气孔按其产生的部位分为内部气孔和外部气孔,按形成气孔的主要气体分为氢气孔、一氧化碳气孔和氮气孔。气孔一般是圆形或者椭圆形。

9. 夹渣

夹渣是焊缝金属在快速凝固过程中,来不及浮出焊缝表面而残留在焊缝中的熔渣。夹渣的危害比气孔严重,因为夹渣的几何形状不规则,存在棱角或尖角,易造成应力集中,它往往是裂纹的起源。

10. 裂纹

裂纹产生的原因较多,所以裂纹的形式也较多,主要有:

(1)热裂纹

热裂纹是焊接过程中,焊缝和热影响区金属冷却到固相线附近的高温区所产生的焊接裂纹。由于产生在高温区,与大气相通的开口部位发生氧化,裂纹断口表面有氧化色,这可作为判断裂纹是否属于热裂纹的重要依据。有时在裂纹中可见到熔渣,裂纹的微观特征为沿晶界分布,断口扫描电镜观察可见到金属凝固的自由表面。在焊缝和热影响区均可产生热裂纹。

(2)冷裂纹

冷裂纹是焊接接头冷却到较低温度下产生的焊接裂纹。冷裂纹的产生有时间性,可能在焊后立即产生,也可能在焊后延迟一段时间才出现,后者称为延迟裂纹。延迟的时间取决于氢在金属中的扩散速度,而扩散速度又取决于焊件所处的环境温度,在 70 ~ +50 ℃的温度区间内,容易产生延迟裂纹。裂纹断口处呈金属光亮,微观特征为沿晶界或穿过晶界。在焊缝和热影响区均可产生,特别是焊道下熔合线附近、焊趾和焊缝根部。

9.2 焊接检测方法及质量评定

焊接检测方法很多,分类方法较多,一般根据焊接检测数量分为抽查检测和全面检测,按焊接检测性质分为破坏性检测、非破坏性检测及无损检测等。

1.按焊接检测数量分类

(1)抽查检测

在焊接质量比较稳定的情况下,可以对焊接接头质量进行抽查检测,例如自动焊、摩擦焊、氩弧焊等,工艺参数调整好之后,在焊接过程中质量变化不大,比较稳定。但是,影响焊接质量的因素很多,不能排除电压、送丝速度、焊丝摆动等偶然因素的影响,因此,抽查检测焊缝的质量,不能完全反映所有焊缝的质量,只能相对比较来评价焊接质量。

抽查检测的数量,一般用百分比表示,依据同类焊缝或者同类产品的缺陷率确定。

(2)全面检测

对所有的焊缝或者产品进行百分之百检查。

2.按焊接检测性质分类

(1)破坏性检测

① 力学性能试验。包括拉伸试验、硬度试验、弯曲试验、疲劳试验、冲击试验等。

② 化学分析试验。包括化学成分分析、腐蚀试验等。

③ 金相检测。包括宏观检测、微观检测等。

(2)非破坏性检测

① 外观检查。包括尺寸检测、几何形状检测、外表伤痕检测等。

② 水压试验。包括低压、中压、高压等。

③ 致密性试验。包括气密性试验、载水试验、氨渗漏试验、沉水试验、煤油渗漏试验、氦检漏试验等。

(3)无损检测

包括外观检测(VT)、射线检测(RT)、超声波检测(UT)、渗透检测(PT)、磁粉检测(MT)等。

本章主要介绍无损检测的相关内容。

9.2.1 外观检测

焊缝的外观检测是焊接结构检测的第一步,它除了对焊缝外观形状和焊缝尺寸检测以外,也为以后其他方法的检测提供了初步判断的依据。

在任何一种有效的焊接质量控制活动中,外观检测均作为评估结构和部件质量的一种最基本的方法。为了确保焊接质量能够满足其预期用途的需要,各种规范和标准均把外观检测作为最基本的、判定接受与否的最低要求。即在规定需要采用其他的无损检验或破坏性试验方法的条件下,外观检测仍然作为一种最基本的检验手段,而其他的检验方法就其实质而言均是对外观检测的一种补充。

1.焊缝外观检测

焊缝的外观检测主要检测焊接接头的形状和尺寸,检测过程中可使用标准样板或量规,用肉眼及放大镜观测。

(1)外观检测的方法

外观检测工作直观、方便、效率高,因此,应对焊接结构的所有可见焊缝进行外观检测。对于结构庞大、焊缝种类或形式较多的焊接结构,为避免检查时遗漏,可按焊缝的种类或形式分为区、块、段逐次检查。当焊接结构存在隐蔽焊缝时,应在组装之前或焊缝尚处在敞开的时候进行外观检查,以保证产品焊缝的缺陷在封闭之前发现并及时消除。

外观检测方法分为直接外观检测和远距离外观检测。

①直接外观检测也称为近距离外观检测,用于眼睛能充分接近被检物体,直接观察和分辨缺陷形态的场合。一般情况下,目视距离约为 600 mm,眼睛与被检工件表面所成的视角不小于30°。在检测过程中,采用适当照明,利用反光镜调节照射角度和观察角度,或借助于低倍放大镜观察,以提高眼睛发现缺陷和分辨缺陷的能力。

②远距离外观检测用于眼睛不能接近被检物体,必须借助望远镜、内孔管道镜、照相机等进行观察的场合。其分辨能力至少应具备相当于直接目视观察所获检测的效果。

(2)外观检测的项目

①焊接后清理质量。所有焊缝及其边缘,应无熔渣、飞溅及阻碍外观检查的附着物。

②焊接缺陷检查。在整条焊缝和热影响区附近,应无裂纹、夹渣、焊瘤、烧穿等缺陷,气孔、咬边应符合有关标准规定。焊接接头部位容易产生焊瘤、咬边等缺陷,收弧部位容易产生弧坑、裂纹、夹渣、气孔等缺陷,检查时要注意。

③几何形状检查。可借助测量工具来进行检测。重点检查焊缝与母材连接处以及焊缝形状和尺寸急剧变化的部位。焊缝应完整不得有漏焊,连接处应圆滑过渡,焊缝高低、宽窄及结晶鱼鳞纹应均匀变化。

④焊接的伤痕补焊。重点检查装配拉筋板拆除部位、勾钉吊卡焊接部位、母材引弧部位、母材机械划伤部位等。应无缺肉及遗留焊疤,无表面气孔、裂纹、夹渣、疏松等缺陷,划伤部位不应有明显棱角和沟槽,伤痕深度不超过有关标准规定。

外观检测若发现裂纹、夹渣、焊瘤等不允许存在的缺陷,应清除、补焊或修磨,使焊缝表面的质量符合要求。

2. 焊缝尺寸的检测

焊缝尺寸的检测是按图样标注的尺寸或技术标准规定的尺寸对实物进行测量检查。尺寸测量工作可与外观检测同时进行,也可在外观检测之后进行。通常,是在外观检测的基础上,初步掌握几何尺寸变化的规律之后,选择测量部位。一般情况下,选择焊缝尺寸正常部位、尺寸变化的过渡部位和尺寸异常变化的部位进行测量检查,然后相互比较,找出焊缝尺寸变化的规律,与标准规定的尺寸对比,从而判断焊缝的几何尺寸是否符合要求。

(1)对接接头焊缝尺寸的检测

一般情况下,施工图样只标注坡口尺寸,不标明焊后尺寸要求。对接接头焊缝尺寸应按有关标准规定或技术要求测量检查。检查对接接头焊缝的尺寸,方法简单,可直接用直尺或焊接检测尺测量出焊缝的余高和焊缝宽度。

当组装工件存在错边时,测量焊缝余高应以表面较高一侧母材为基准进行计算。当组装工件厚度不同时,测量焊缝余高也应以表面较高一侧母材为基础进行计算(图9.2),或保证两母材之间焊缝呈圆滑过渡。

(2)角焊缝尺寸的检测

角焊缝尺寸包括焊缝的计算厚度、焊脚尺寸、凸度和凹度等。测量角焊缝的尺寸,主要是测量焊脚尺寸 K_1、K_2 和角缝厚度(图9.3),然后通过测量结果计算焊缝的凸度和凹度。

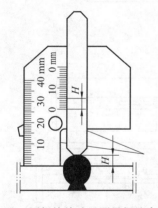

图9.2 用焊接检验尺测量焊缝余高

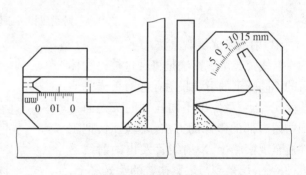

图9.3 用焊接检验尺测量焊角尺寸

一般对于角焊缝检测,首先要对最小尺寸部位进行测量,同时对其他部位则进行外观检查,如焊缝坡口应填满金属,并使其圆滑过渡、外形美观、无缺陷。检查时应注意更换焊条的接头部位,有严重的凸度和凹度时,应及时修磨或补焊。

9.2.2 射线探伤

射线探伤是利用射线可以穿透物质和在物质中有衰减的性质来发现物质内部缺陷的一种无损探伤方法,按所使用的射线源种类,分为 X 射线探伤、γ 射线探伤、高能 X 射线探伤等。射线探伤可以检查金属和非金属材料及其制品的内部缺陷,如焊缝中的气孔、夹渣、未焊透等体积性缺陷。这种无损探伤方法有其独特的优越性,即检验缺陷的直观性、准确性和可靠性,而且,得到的射线底片可用于缺陷的分析和作为质量凭证存档。但此法也存在设备较复杂、成本较高的缺点,并需要对射线进行防护,射线探伤依据的国际标准是《焊缝的无损检测——熔化焊接头的射线检测》ISO17636:2003。

1.射线探伤的方法及其原理

(1)射线照相法

射线照相法是根据被检工件与其内部缺陷介质对射线能量衰减程度的不同,使得射线透过工件后的强度不同,使缺陷能在射线底片上显示出来的方法。如图9.4所示,射线源发出的射线束透过工件时,由于缺陷部位(如空气、非金属夹渣等)对射线的吸收能力比基本金属对射线的吸收能力要低得多,因而透过缺陷部位的射线强度高于周围完好部位。在感光胶片上,对应有缺陷部位将接受较强的射线曝光,经暗室处理后将变得较黑。因此,工件中的缺陷通过射线照相后就会在底片上产生缺陷影迹。这种缺陷影迹的大小实际上就是工件中缺陷在投影面上的大小。

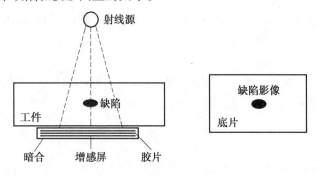

图9.4 射线照相法原理

(2)射线荧光屏观察法

射线荧光屏观察法是将透过被检物体后的不同强度的射线投射在涂有荧光物质的荧光屏上,激发出不同强度的荧光而得到物体内部的影像的方法。检验时,把工件送至观察箱上,X射线管发出的射线透过被检工件,落到与之紧挨着的荧光屏上,显示的缺陷影像经平面镜反射后,通过平行于镜子的铅玻璃观察,如图9.5所示。

射线荧光屏观察法只能检查较薄且结构简单的工件,同时灵敏度较差,最高灵敏度为2%～3%,大量检验时,灵敏度最高只达4%～7%,对于微小裂纹是无法发现的。

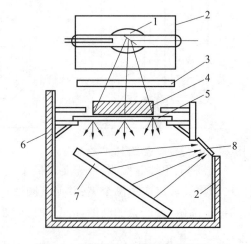

图9.5 射线荧光屏观察法示意图
1—X射线管;2—防护罩;3—铅遮光罩;4—工件;
5—荧光屏;6—观察箱;7—平面反射镜;8—铅玻璃

(3)射线实时成像检验

射线实时成像检验是工业射线探伤很有发展前途的一种新技术,与传统的射线照相法相比具有实时、高效、不用射线胶片、可记录和劳动条件好等显著优点。由于它采用X

射线源,常称为 X 射线实时成像检验。国内外将它主要用于钢管、压力容器壳体焊缝检查,微电子器件和集成电路检查,食品包装夹杂物检查及海关安全检查等。

该方法利用小焦点或微焦点 X 射线源透照工件,利用一定的器件将 X 射线图像转换为可见光图像,再通过电视摄像机摄像后,将图像直接或通过计算机处理后显示在电视监视屏上,以此来评定工件内部的质量。该法探伤系统基本组成如图 9.6 所示。

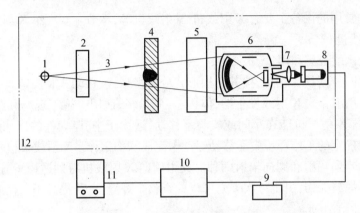

图 9.6 X 射线实时成像检测探伤系统

1—射线源;2、5—电动光阑;3—X 射线束;4—工件;6—图像增强器;7—耦合透镜组;
8—电视摄像机;9—控制器;10—图像处理器;11—监视器;12—防护设施

(4)射线计算机断层扫描技术

计算机断层扫描技术(Computer Tomography,CT),是根据物体横断面的一组投影数据,经计算机处理后,得到物体横断面的图像。所以,它是一种由数据到图像的重组技术,其装置结构如图 9.7 所示。

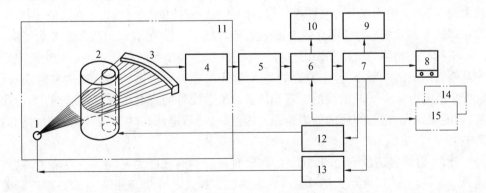

图 9.7 射线工业 CT 系统组成框图

1—射线源;2—工件;3—检测器;4—数据采集部;5—高速运算器;6—计算机 CPU;7—控制器;8—显示器;9—摄影单元;10—磁盘;11—防护设施;12—机械控制单元;13—射线控制单元;14—应用软件;15—图像处理器

射线源发出扇形束射线,被工件衰减后的射线强度投影数据经接收检测器(300 个左右,能覆盖整个扇形扫描区域)被数据采集部采集,并进行从模拟量到数字量的高速 A/D

转换,形成数字信息。在一次扫描结束后,工件转动一个角度再进行下一次扫描,如此反复下去,即可采集到若干组数据。这些数字信息在高速运算器中进行修正、图像重建处理和暂存,在计算机 CPU 的统一管理及应用软件支持下,便可获得被检物体某一断面的真实图像,显示于监视器上。

2. 射线探伤设备简介

射线探伤常用的设备主要有 X 射线机、γ 射线机等,本节主要介绍 X 射线机。

(1)X 射线机

①X 射线机的分类和用途。

X 射线机即 X 射线探伤机,按其结构形式分为携带式、移动式和固定式 3 种。携带式 X 射线机多采用组合式 X 射线发生器,体积小,质量轻,适用于施工现场和野外作业的工件探伤;移动式 X 射线机能在车间或实验室移动,适用于中、厚焊件的探伤;固定式 X 射线机则固定在确定的工作环境中靠移动焊件来完成探伤工作。X 射线机也可按射线束的辐射方向分为定向辐射和周向辐射两种。其中周向 X 射线机特别适用于管道、锅炉和压力容器的环形焊缝探伤,由于一次曝光可以检查整个焊缝,显著提高了工作效率。

②X 射线机的组成。

X 射线机通常由 X 射线管、高压发生器、控制装置、冷却器、机械装置和高压电缆等部件组成。携带式 X 射线机是将 X 射线管和高压发生器直接相连构成组合式 X 射线发生器,省去了高压电缆,并和冷却器一起组装成射线柜,为了携带方便一般也没有为支撑机器而设计的机械装置。

③X 射线机选择。

a. 根据工作条件选择。X 射线机按其可搬动性分为携带式和移动式两大类。携带式 X 射线机轻便,易于搬动。移动式 X 射线机比较重,组件多,但管电压、管电流可以制作得较大,其线路结构和安全可靠性也较好。因此对于零件较小,可以集中在地面工作的,宜选用移动式 X 射线机。对于零件较大、需在高空或地下工作的,宜选用携带式 X 射线机。

b. 根据被透物体的结构和厚度选择。X 射线机是利用射线机透过被检验物质来发现其中是否有缺陷的。所以,首先关心的是 X 射线机能否穿透欲检验物质的材料或焊缝。X 射线穿透能力取决于 X 射线的能量和波长。X 射线管的管电压越高,发射的 X 射线波长越短,能量越大,透过物质的能力越强。因此,选择管电压高的 X 射线机可以得到高的穿透能力。

另外,X 射线穿透过不同的物质时,物质对射线的衰减能力不同。一般来说,被透照物质原子序数越大、密度越大则对射线衰减的能力越大。因此,透照轻金属或厚度较薄的工件时,宜选用管电压低的 X 射线机,透照重金属或厚度较大的工件时,宜选用管电压高的 X 射线机。

3. 焊缝射线照相法探伤

射线照相法具有灵敏度较高、所得射线底片能长期保存等优点,目前在国内外射线探伤中,应用最为广泛。对于焊接射线探伤而言,我国已经制订了国家标准。下面介绍射线照相中的各项主要技术。

（1）像质等级的确定

像质等级就是射线照相质量等级，是对射线探伤技术本身的质量要求。我国将其划分为 3 个级别：

A 级——成像质量一般，适用于承受负载较小的产品和部件。

AB 级——成像质量较高，适用于锅炉和压力容器产品及部件。

B 级——成像质量最高，适用于航天和核设备等极为重要的产品和部件

不同的像质等级对射线底片的黑度、灵敏度均有不同的规定。为达到其要求，需从探伤器材、方法、条件和程序等方面预先进行正确选择和全面合理布置，对给定工件进行射线照相法探伤时，应根据有关规定和标准要求选择适当的像质等级。

（2）探伤位置的确定及其标记

在探伤工件中，应按产品制造标准的具体要求对产品的工作焊缝进行全检即 100% 检查或抽检。抽检面有 5%、10%、20%、40% 等几种，采用何种抽检面应依据有关标准及产品技术条件而定。对允许抽检的产品，抽检位置一般选在可能或常出现缺陷的位置、危险断面或受力最大的焊缝部位、应力集中部位、外观检查感到可疑的部位。

对于选定的焊缝探伤位置必须进行标记，使每张射线底片与工件被检部位能始终对照，易于找出返修位置。工件也可以采用永久性标记（如钢印）或详细的透照部位草图标记。标记的安放位置如图 9.8 所示。

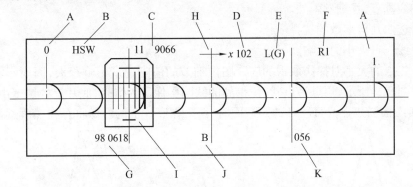

图 9.8　标记的安放位置（标记系）

A—定位及分编号（搭接标记）；B—制造厂代号；C—产品令号（合同号）；D—工件编号；E—焊接类别（纵、环缝）；F—返修次数；G—检验日期；H—中心定位标记；I—像质计；J—B 标记；K—操作者代号

（3）射线能量的选择

射线能量的选择实际上是对射线源的电压值或 γ 源的种类的选择。射线能量越大，其穿透能力越强，可透照的工件厚度越大。但同时也带来了由于衰减系数的降低而导致成像质量下降。所以在保证穿透的前提下，应根据材质和成像质量要求，尽量选择较低的射线能量。

（4）胶片与增感屏的选取

①胶片的选取。

射线胶片不同于普通照相胶卷之处是在片基的两面均涂有乳剂，以增加使射线敏感的卤化银含量。通常依卤化银颗粒粗细和感光速度快慢，将射线胶片予以分类。探伤时

可按检验的质量和像质等级要求来选用,检验质量和像质等级要求高的应选用颗粒小、感光速度慢的胶片。反之则可选用颗粒较大、感光速度较快的胶片。

②增感屏的选取。

射线照相中使用的金属增感屏,是由金属箔(常用铅、钢或铜等)黏合在纸基或胶片片基上制成。其作用主要是通过增感屏被射线透射时产生的二次电子和二次射线,增强对胶片的感光作用,从而增加胶片的感光速度。同时,金属增感屏对波长较长的散射线有吸收作用。这样,由于金属增感屏的存在,提高了胶片的感光速度和底片的成像质量。

金属增感屏有前、后屏之分。前屏(覆盖胶片靠近射线源的一面)较薄,后屏(覆盖胶片背面)较厚。其厚度应根据射线能量进行适当的选择。

(5) 灵敏度的确定及像质计的选用

灵敏度是评价射线照相质量的最重要的指标,它标志着射线探伤中发现缺陷的能力。灵敏度分绝对灵敏度和相对灵敏度。绝对灵敏度是指在射线底片上所能发现的沿射线穿透方向上的最小缺陷尺寸。相对灵敏度则用所能发现的最小缺陷尺寸在透照工件厚度上所占的百分比来表示。由于预先无法了解沿射线穿透方向上的最小缺陷尺寸,为此必须采用已知尺寸的人工"缺陷"——像质计来度量。

像质计有线型、孔型和槽型 3 种。探伤时,所采用的像质计必须与被检工件材质相同,其放置方式应符合图 9.8 所示要求,安放在焊缝被检区长度 1/4 处,钢丝横跨焊缝并与焊缝轴线垂直,且细丝朝外。

(6) 透照几何参数的选择

①射线焦点大小的影响。

射线焦点的大小对探伤取得的底片图像细节的清晰程度影响很大,因而影响探伤灵敏度。如图 9.9 所示,焦点为点状时,得到的缺陷影像最为清晰,底片上的黑度由 D_2 急剧过渡到 D_1。而当焦点为直径 d 的圆截面时,缺陷在底片上的影像将存在黑度逐渐变化的

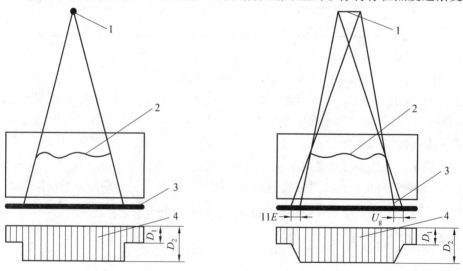

图 9.9 射线照相几何关系

1—射线源(焦点);2—缺陷;3—胶片;4—底片黑度化

区域 U_g，称为半影。它使得缺陷的边缘线影像变得模糊而降低射线照相的清晰度。且焦点尺寸越大，半影也越大，成像就越不清晰。所以，探伤时应当尽量减小焦点尺寸。

②透照距离的选择。

焦点至胶片的距离称为透照距离，又称焦距。在射线源选定后，增大透照距离可提高底片清晰度，也增大每次透照面积。但同时也大大削弱单位面积的射线强度，从而使得曝光时间过长。因此，不能为了提高清晰度而无限地加大透照距离。探伤通常采用的透照距离为 400~700 mm。

（7）常见类型焊缝的透照方法

进行射线探伤时，为了彻底地反映工件接头内部缺陷的存在情况，应根据焊接接头形式和工件的几何形状合理选择透照方法。

①对接接头焊缝。

应根据坡口形式确定照射方向。如图 9.10 所示，平头对接焊缝（图 9.10(a)、(b)）或 U 形坡口对接焊缝（图 9.10(c)、(d)）做一次垂直于焊缝透照就可以发现接头中的缺陷。对于 V 形或 X 形坡口对接焊缝（图 9.10(e)、(f)），要考虑坡口斜面会出现未熔合现象，因此除了垂直透照外，还要做沿坡口斜面方向的照射。

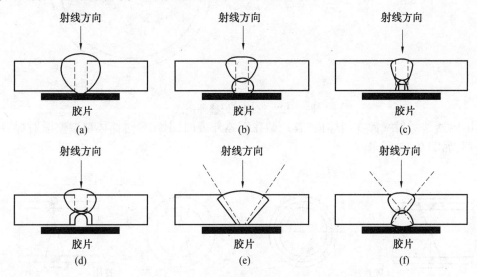

图 9.10　对接焊缝的透照

②角接接头焊缝。

简单角焊缝的透照如图 9.11(a)、(b)所示。对于不开坡口或开单面坡口的平头角焊缝，可沿与垂直板成 10°~15°方向进行透照，如图 9.11(c)所示。双面坡口的角焊缝可沿母材交角中心线透照，如图 9.11(d)所示。

③管件对接焊缝（筒体环焊缝）。

按射线源、工件和胶片之间的相互位置关系，管件对接焊缝的透照方法分外透法、内透法、双壁单影法和双壁双影法 4 种。

a. 外透法。射线源在工件外侧，胶片放在筒体内侧，射线穿过单层壁厚对焊缝进行透照，如图 9.12 所示。

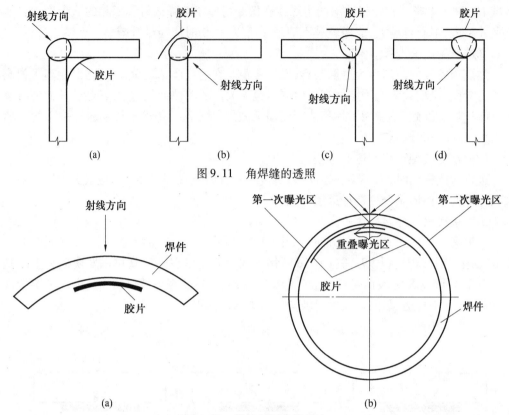

图 9.11 角焊缝的透照

图 9.12 筒体环焊缝外透法

b. 内透法。射线源在筒体内,胶片贴在筒体外表面,射线穿过筒体单层壁厚对焊缝进行透照,如图 9.13 所示。

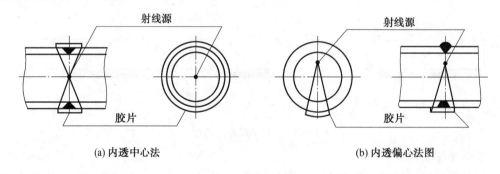

(a) 内透中心法　　　　　　　　　(b) 内透偏心法图

图 9.13 环缝内透法

c. 双壁单影法。射线源在工件外侧,胶片放在射线源对面的工件外侧,射线通过双层壁厚把贴近胶片侧的焊缝投影在胶片上的透照方法称为双壁单影法,如图 9.14 所示。外径大于 89 mm 的管子对接焊缝可采用此法进行分段透照。

d. 双壁双影法。射线源在工件外侧,胶片放在射线源对面的工件外侧,射线透过双层壁厚把工件两侧都投影到胶片上的透照方法称为双壁双影法,如图 9.15 所示。外径小于等于 89 mm 的管子对接焊缝可采用此法透照。

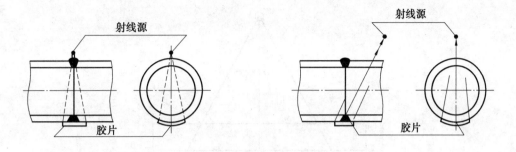

图 9.14 双壁单影法

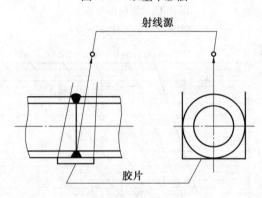

图 9.15 双壁双影法

（8）透照厚度差的控制

X 射线管发出的 X 射线并非平行束射线,一般是以一定的辐射角向外辐射,且其照射场内的射线强度分布不均匀,这将使底片黑度分布不均匀。靠近边缘,由于射线强度弱,使其黑度低于中心附近黑度。同时,中心射线束穿过的工件厚度,产生了透照厚度差($\Delta \delta = \delta' - \delta$),如图 9.16 所示,它也使底片中间部位黑度高于两端部位黑度。若以底片中间部位控制黑度,中间黑度适中,则两侧黑度将会过低而降低图像对比度,位于两端部位的缺陷有可能漏检,尤其横向裂纹缺陷。因此要控制透照厚度比。透照厚度比 K 定义如下:

$$K = \frac{\delta'}{\delta}$$

式中　δ'——边缘射线束穿过工件厚度,mm;

　　　δ——中心射线束穿过工件厚度,mm。

实际探伤时,透照厚度比 K 值按照国家标准选择。

（9）曝光规范的选择

曝光规范是影响照相质量的重要因素。X 射线探伤的曝光规范包括管电压、管电流、曝光时间及焦距 4 个参数。其中管电流与曝光时间的乘积称为曝光量。曝光量决定底片的感光量,即直接影响底片黑度。实际射线探伤中利用曝光曲线进行曝光规范的选择,如图 9.17 所示。

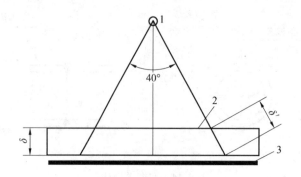

图 9.16　透照厚度差
1—射线源;2—工件;3—胶片

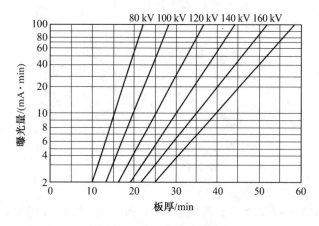

图 9.17　X 射线的曝光曲线

4.焊缝射线底片的评定

射线底片的评定工作简称评片,由二级或二级以上探伤人员在评片室内利用观片灯、黑度计等仪器或工具进行。评片工作包括底片质量的评定、缺陷的定性和定量、焊缝质量的评级等内容。

(1)底片质量的评定

射线照相法探伤是通过射线底片上缺陷影像来反映焊缝内部质量的。底片质量的好坏直接影响对焊缝质量评价的准确性。因此,只有合格的底片才能作为评定焊缝质量的依据。

合格底片应当满足以下各项指标的要求:

①黑度值。黑度是射线底片质量的一个重要指标。它直接关系到射线底片的照相灵敏度。射线底片只有达到一定的黑度,细小缺陷的影像才能在底片上显露出来。

②灵敏度。射线照相灵敏度是以底片上像质计影像反映的像质指数来表示的。因此,底片上必须有像质计显示,且位置正确,被检测部位必须达到灵敏度要求。

③标记系。底片上的定位标记和识别标记应齐全,且不掩盖被检焊缝影像。

④表面质量。底片上被检焊缝影像应规整齐全,不可缺边或缺角。底片表面不应存

在明显的机械损伤和污染。检验区内无伪缺陷。

(2)底片上缺陷影像的识别

①焊接缺陷在射线探伤中的显示。各种焊接缺陷在射线底片上和工业 X 射线电视屏幕上的显示特点见表9.2。在焊缝射线底片上除上述缺陷影像外,还可能出现一些伪缺陷影像,应注意区分,避免将其误判成焊接缺陷。几种在焊缝射线底片上常出现的伪缺陷影像及其原因见表9.3。

表9.2 焊接缺陷显示特点

焊接缺陷 种类	名称	射线照相法底片	工业 X 射线电视法屏幕
裂纹	横向裂纹	与焊缝方向垂直的黑色条纹	与焊缝方向垂直的灰白色条纹
	纵向裂纹	与焊缝方向一致的黑色条纹,两头尖细	与焊缝方向一致的灰白色条纹
	放射裂纹	由一点辐射出去星形黑色条纹	由一点辐射出去星形灰白色条纹
	弧坑裂纹	弧坑中纵、横向及星形黑色条纹	弧坑中纵、横向及星形的灰白色条纹
未熔合和未焊透	未熔合	坡口边缘、焊道之间以及焊缝根部等处伴有气孔或夹渣的连续或断续黑色影像	坡口边缘、焊道之间以及焊缝根部等处伴有气孔或夹渣的连续或断续的灰色图像
	未焊透	焊缝根部钝边未熔化的直线黑色影像	灰白色直线状显示
夹渣	条状夹渣	黑度值较均匀的长条黑色不规则影像	亮度较均匀的长条灰白色图像
圆形缺陷	夹钨	白色块状	黑色块状
	点状夹渣	黑色点状	灰白色点状
	球形气孔	黑度值中心较大,边缘较小,且均匀过渡的圆形黑色影像	黑度值中心较小,边缘较大,且均匀过渡的圆形灰白色显示
	均布及局部密集气孔	均匀分布及局部密集的黑色点状影像	均匀分布及局部密集的灰白色图像
	链状气孔	与焊缝方向平行的、成串并呈直线状的黑色影像	与焊缝方向平行的、成串并呈直线状的灰白色图像
	柱状气孔	黑度极大的黑色圆形显示	亮度极高的白色圆形显示
	斜针状气孔(螺孔、虫形孔)	单个或呈人字分布的带尾黑色影像	单个或呈人字分布的灰白色图像
	表面气孔	黑度值不太高的圆形影像	亮度不太高的圆形显示
	弧坑缩孔	指焊末端的凹陷,为黑色显示	呈灰白色图像

续表9.2

焊接缺陷		射线照相法底片	工业 X 射线电视法屏幕
种类	名称		
形状缺陷	咬 边	位于焊缝边缘与焊缝走向一致的黑色条纹	灰白色条纹
	缩 沟	单面焊,背部焊道两侧的黑色影像	灰白色图像
	焊缝超高	焊缝正中的灰白色突起	焊缝正中的黑凸起
	下 塌	单面焊,背部焊道正中的灰白色影像	分布同左的黑色图像
	焊 瘤	焊缝边缘的灰白色突起	黑色突起
	错 边	焊缝一侧与另一侧的黑色的黑度值不同,有一明显界限	
	下 垂	焊缝表面的凹槽,黑度值高的一个区域	分布同左,但亮度较高
	烧 穿	单面焊,背部焊道由于熔池塌陷形成孔洞,在底片上为黑色影像	灰白色显示
	缩 根	单面焊,背部焊道正中的沟槽,呈黑色影像	灰白色显示
其他缺陷	电弧擦伤	母材上的黑色影像	灰白色显示
	飞 溅	灰白色圆点	黑色圆点
	表面撕裂	黑色条纹	灰白色条纹
	磨 痕	黑色影像	灰白色显示
	凿 痕	黑色影像	灰白色显示

表9.3 焊缝射线底片上常出现的伪缺陷影像及其原因

影像特征	可能的原因
细小霉斑区域	底片陈旧发霉
底片角上边缘上有雾	暗盒封闭不严、漏光
普遍严重发灰	红灯不安全,显影液失效或胶片存放不当或过期
暗黑色珠状影像	显影处理前溅上显影液滴
黑色枝状条纹	静电感光
密集黑色小点	定影时银粒子流动
黑度较大的点和线	局部受机械压伤或划伤
淡色圆环斑	显影过程中有气泡
淡色斑点状区域	增感屏损坏或夹有纸片,显影前胶片上溅上定影液也会产生这种现象

②焊接缺陷的识别。对于射线底片上影像所代表的缺陷性质的识别,通常可从以下3个方面来进行综合分析与判断。

a.缺陷影像的几何形状。影像的几何形状常是判断缺陷性质的最重要依据。分析缺陷影像几何形状时,一是分析单个或局部影像的基本形状;二是分析多个或整体影像的分布形状;三是分析影像轮廓线的特点。不同性质的缺陷具有不同的几何形状和空间分布特点。

b.缺陷影像的黑度分布。影像的黑度分布是判断影像性质的另一个重要依据。分析影像黑度特点时,一是考虑影像黑度相对于工件本体黑度的高低;二是考虑影像自身各部分黑度的分布。在缺陷具有相同或相近的几何形状时,影像的黑度分布特点往往成为判断影像缺陷性质的主要依据。

c.缺陷影像的位置。缺陷影像在射线底片上的位置是判断影像缺陷性质的又一重要依据。缺陷影像在底片的位置是缺陷在工件中位置的反映,而缺陷在工件中出现的位置常具有一定规律,某些性质的缺陷只能出现在工件特定位置上。例如,对接焊缝的未焊透缺陷,其影像出现在焊缝影像中心线上,而未熔合缺陷的影像往往偏离焊缝影像中心。

(3)焊接缺陷的定量测定

在厚壁工件探伤中,为了进一步判断焊缝中缺陷的大小和返修方便,往往需要知道缺陷的确切位置。

射线照相得到的是空间物体在胶片平面上的二维投影图像。缺陷在焊缝中的平面位置及大小可在底片上直接测定,而其埋藏深度却必须采用特殊的透照方法。

①缺陷埋藏深度的确定。确定缺陷埋藏深度可采用双重曝光法,即移动射线源焦点与工件之间的相互位置,对同一张底片进行两次重复曝光,如图9.18所示。当测定缺陷 x 时,先在 A 的位置透照一次,然后工件和暗盒不动,平行移动射线源的焦点至 B,再进行一次曝光,这样在底片上就得到缺陷 x 的两个投影 E_1 和 E_2,从它们之间的几何关系可以计算出缺陷的埋藏深度。

②缺陷在射线方向上的尺寸。缺陷在射线方向上的尺寸大小可用黑度计测定。根据射线照相法原理,底片上缺陷影像的黑度越大,说明照射时透过该部位的射线越强,缺陷

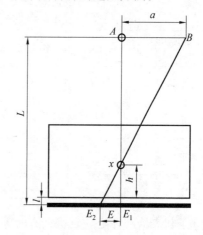

图9.18　双重曝光法测量缺陷埋藏深度

在射线方向上的尺寸也就越大。一般通过事先制定出的缺陷尺寸-黑度关系曲线,便可从黑度计上测得的缺陷影像黑度来确定缺陷在射线方向上的尺寸大小。

(4)焊缝质量的评定

根据焊接缺陷形状、大小,国家标准将焊缝中的缺陷分成圆形缺陷、条状夹渣、未焊透、未熔合和裂纹5种。其中圆形缺陷是指长宽比小于等于3的缺陷,它们可以是圆形、椭圆性、锥形或带有尾巴(在测定尺寸时应包括尾部)等不规则的形状,包括气孔、夹渣和

夹钨。条状夹渣是指长宽比大于 3 的夹渣。

按照焊接缺陷的性质、数量和大小将焊缝质量分为 Ⅰ、Ⅱ、Ⅲ、Ⅳ共 4 级,质量依次降低。Ⅰ级焊缝内不允许存在任何裂纹、未熔合、未焊透以及条状夹渣,允许有一定数量和一定尺寸的圆形缺陷存在。Ⅱ级焊缝内不允许存在任何裂纹、未熔合及未焊透 3 种缺陷,允许有一定数量、一定尺寸的条状夹渣和圆形缺陷存在。Ⅲ级焊缝内不允许存在任何裂纹、未熔合以及双面焊和加垫板的单面焊中的未焊透,允许有一定数量、一定尺寸的条状夹渣和圆形缺陷存在。Ⅳ级焊缝指焊缝缺陷超过Ⅲ级者。

①圆形缺陷的评定。圆形缺陷的评定首先确定评定区,见表 9.4。其次考虑到不同尺寸的缺陷对焊缝危害程度也不同,因此对于评定区域内大小不同的圆形缺陷不能同等对待,应将尺寸按表 9.5 最后计算出评定区域内缺陷点数总和,然后按表 9.6 提供的数据来确定缺陷的等级。

表 9.4　圆形缺陷评定区

母材厚度 T/mm	≤25	25 ~ 100	>100
评定区尺寸/mm	10×10	10×20	10×30

表 9.5　缺陷点数计算表

缺陷长径/mm	≤1	1 ~ 2	2 ~ 3	3 ~ 4	4 ~ 6	6 ~ 8	>8
点　数	1	2	3	6	10	15	25

表 9.6　圆形缺陷的分级

母材厚度/mm 质量等级	≤10	10 ~ 25	>25	25 ~ 50	50 ~ 100	>100
Ⅰ	1	2	3	4	5	6
Ⅱ	3	6	9	12	15	18
Ⅲ	6	12	18	24	30	36
Ⅳ	缺陷点数大于Ⅲ级者					

②条状夹渣的评定。条状夹渣的等级评定根据单个条状夹渣长度、条状夹渣总长及相邻两条状夹渣间的距离 3 个方面来进行综合评定。

a. 单个条状夹渣的评定。当底片上存在单个条状夹渣时,以夹渣长度确定其等级。考虑到条状夹渣长度对不同板厚的工件危害程度不同,一般较厚的工件允许较长的条状夹渣存在。因此国家标准规定,也可以用条状夹渣长度占板厚的比值来进行等级评定,见表 9.7。

b. 断续条状夹渣的评定。如果在底片上不是单个条状夹渣,而是由几段相隔一定距离的条状夹渣组成,此时的等级评定应从单个夹渣长度、夹渣间距以及夹渣总长 3 方面进行评定。

表 9.7 条状夹渣的分级

质量等级	单个条状夹渣长度/mm		条状夹渣总长
	板厚 T	夹渣长度 L	
II	$T \leqslant 12$	4	在任意直线上,相邻两夹渣间距均不超过 $6L$ 的任何一组夹渣,其累计长度在 $12T$ 焊缝长度内不超过 T
	$12 < T < 60$	$T/3$	
	$T \geqslant 60$	20	
III	$T \leqslant 9$	6	在任意直线上,相邻两夹渣间距均不超过 $3L$ 的任何一组夹渣,其累计长度在 $6T$ 焊缝长度内不超过 T
	$9 < T < 45$	$<2T/3$	
	$T \geqslant 45$	30	
IV	大于III级者		

首先按单个条状夹渣,对每一条夹渣进行评定,一般情况下也可只评定其中最长者,然后从其相邻两夹渣间距来判别夹渣组成情况,最后评定夹渣总长。

③未焊透缺陷的评定。I、II级焊缝内不允许存在未焊透缺陷。III级焊缝内不允许存在双面焊和加垫板的单面焊中的未焊透。不加垫板的单面焊中的未焊透允许长度按表9.7条状夹渣长度的III级评定。

④焊缝质量的综合评级。事实上,焊缝中产生的缺陷往往不是单一的,因而反映到底片上可能同时有几种缺陷。对于几种缺陷同时存在的等级评定,应先各自评级,然后综合评级。如果有两种缺陷,可将其级别之和减 1 作为缺陷综合评级后的焊缝质量级别。如果有 3 种缺陷,可将其级别之和减 2 作为缺陷综合评级后的焊缝质量等级。

当焊缝的质量级别不符合设计要求时,焊缝评为不合格。不合格焊缝必须进行返修。返修后,经再探伤合格,该焊缝才算合格。一般来说,根据产品要求,每种产品在设计中都规定了探伤的合格级别,评定时应当遵循设计规定。

(5)探伤记录和报告

射线照相检验后,应对检验结果及有关事项进行详细记录并写出检验报告。其主要内容包括:产品名称、检验部位、检验方法、透照规范、缺陷名称、评定等级、返修情况和透照日期等。底片及有关人员签字的原始记录和检验报告必须妥善保存,一般保存 5 年以上。

9.2.3 超声波探伤

超声波探伤是利用超声波在物体中的传播、反射和衰减等物理特性来发现缺陷的一种无损检测方法。它可以检查金属材料、部分非金属材料的内部缺陷。超声波探伤具有灵敏度高、设备轻巧、操作方便、探测速度快、成本低、对人体无害等优点,但对缺陷进行定性和定量的准确判定方面还存在一定的困难。超声波探伤依据的主要国际标准是《焊缝的无损检测——焊接接头超声波检测》ISO17640:2010,欧洲标准是《焊接接头的超声波检测》EN1714:1997(2002)、《焊接接头超声波检测验收等级》EN1712:1997+Al:2002。

1.超声波探伤设备简介

超声波探伤设备主要由超声波探头及其附属部件组成,评判调整超声波探伤仪的性能,一般采用标准试块。

(1)超声波探头

超声波探头又称压电超声换能器,是实现电、声能量相互转换的能量转换器件。

①探头的种类。

a.直探头。声束垂直于被探工件表面入射的探头称为直探头。它可发射和接收纵波。它由压电元件、吸收块、保护膜和壳体等组成。

b.斜探头。利用透声斜楔块使声束倾斜于工件表面入射工件的探头称为斜探头。它可发射和接收横波。典型的斜探头结构如图9.19所示,它由探头、斜楔块、吸收块和壳体等组成。探头与直探头相似,也是由电压元件和吸收块组成。斜楔块用有机玻璃制作,它与工件组成固定倾斜的异质界面,使探头中压电元件发射的纵波通过波型转换,以折射横波在工件中传播。

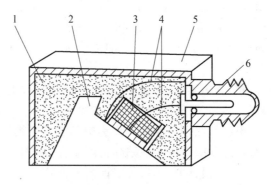

图9.19 斜探头结构

1—吸收块;2—斜楔块;3—压电晶片;4—内部电源线;
5—外壳;6—接头

c.水浸聚焦探头。它是一种由超声探头和声透镜组合而成的探头。声透镜由环氧树脂浇铸成球形或圆柱形凹透镜,类似光学透镜能使光线聚焦一样,它可使超声波束集聚成一点或一条线。由于聚焦探头的声束变细,声能集中,从而大幅度改善了超声波的指向性,提高了灵敏度和分辨力。

d.双晶探头。双晶探头又称为分割式TR探头,主要用于探测近表面缺陷和薄工件的测厚。它是为了弥补普通直探头探测近表面缺陷时存在盲区大、分辨力低的缺点而设计的探头。探头内含两个压电元件,分别是发射晶片和接收晶片,中间用隔声层分开。

②探头的主要参数。

探头性能的好坏,直接影响探伤结果的可靠性和准确性。因此,对探头性能的有关指标,国家规定了基本的要求,生产中需定期测试以保证探伤质量。焊缝超声波探伤常用斜探头,斜探头的主要性能参数如下:

a.折射角 γ 或 k 值。γ 或 k 值大小决定了声束入射工件的方向和声波传播途径,是为缺陷定位计算提供的一个有用数据,因此探头使用磨损后均需测量 γ 或 k 值。

b.前沿长度。声束入射点至探头前端面的距离称为前沿长度,又称为接近长度。它反映了探头对有余高的焊缝接近的程度。入射点是探头声束轴线与楔块底面的交点。探头在使用前和使用过程中要经常测定入射点位置,以便对缺陷进行准确定位。

c.声轴偏离角。它反映了主声束中心轴线与晶片中心法线的重合程度。

(2)超声波探伤仪

超声波探伤仪的主要功能是产生超声频率的电振荡,以此来激励探头发射超声波。同时,它又将探头接收到的回波电信号予以放大、处理,并通过一定方式显示出来。

①超声波探伤仪的分类。

按超声波的连续性可将探伤仪分为脉冲波、连续波和调频波探伤仪3种。其中,后两种探伤仪,由于其探伤灵敏度低,缺陷测定有较大的局限性,所以在焊缝探伤中均不采用。

按缺陷显示方式,可将超声波探伤仪分为A型显示(缺陷波幅显示)、B型显示(缺陷侧视图像显示)、C型显示(缺陷俯视图像显示)和3D型显示(缺陷三维图像显示)等。

按超声波的通道数目又可将探伤仪分为单通道和多通道探伤仪两种。前者是由一个或一对探头单独工作;后者是由多个或多对探头交替工作,而每一通道相当于一台单通道探伤仪,适用于自动化探伤。目前,焊缝超声波探伤中广泛使用A型显示脉冲反射式单通道超声波探伤仪。

②A型脉冲反射式超声波探伤仪。

A型脉冲反射式超声波探伤仪原理如图9.20所示。接通电源后,同步电路产生的触发脉冲同时加至扫描电路和发射电路。扫描电路受触发后开始工作,产生的锯齿波电压加至示波管水平(x轴)偏转板上使电子束发生水平偏转,从而在示波屏产生一条水平扫描线(又称时间基线)。与此同时,发射电路受触发产生高频窄脉冲加至探头,激励压电晶片振动而产生超声波,再通过探测表面的耦合剂将超声波导入工件。超声波在工件中传播遇到缺陷或底面时会发生反射,回波被同一探头或接收探头所接收并被转变为电信号,经接收电路放大和检波后加到示波管垂直(y轴)偏转板上,使电子束发生垂直偏转,在水平扫描线的相应位置上产生始波T(表面反射波)、缺陷波F、底波B。实际上,该探伤仪示波屏上横坐标反映了超声波的传播时间,纵坐标反映了反射波的振幅,因此通过始波T和缺陷F之间的距离,便可确定缺陷离工件表面的位置,同时通过缺陷波F的高度可确定缺陷的大小。

(3)试块

试块是一种按一定用途设计制作的具有简单形状的人工反射体。它是探伤标准的一个组成部分,是判定探伤对象质量的重要尺度。

在超声波探伤技术中,确定探伤灵敏度、显示探测距离、评价缺陷大小以及测试仪器和探头的组合性能等,都是利用试块来实现的。运用试块为参考依据来进行比较是超声波探伤的一个特点。根据使用的目的和要求,通常将试块分成标准试块和对比试块两大类。

由法定机构对材质、形状、尺寸、性能等做出规定和检定的试块称为标准试块。这种试块若是由国际机构(如国际焊接学会、国际无损检测协会等)制定的,则称为国际标准试块(如IIW试块);若是国家制定的,则称为国家标准块(如日本STB-G试块)。

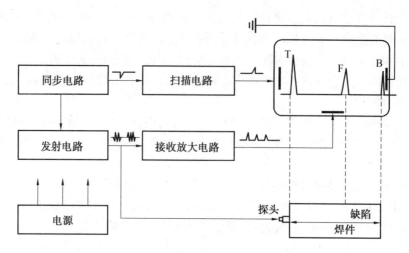

图9.20　A型脉冲反射式超声波探伤仪原理

我国规定:CSK-IB 试块为焊缝探伤用标准试块。CSK-IB 试块是 ISO-2400 标准试块(即 IIW-I 型试块)的改进型,其形状和尺寸如图9.21 所示。

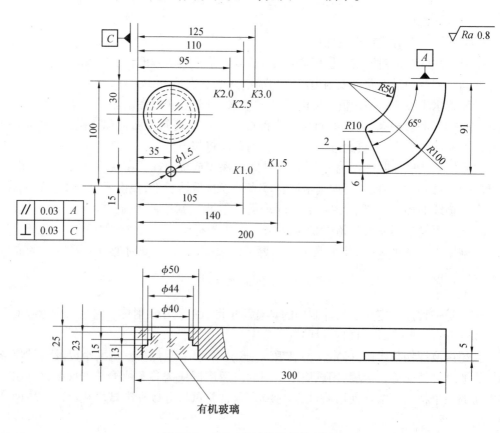

图9.21　CSK-IB 试块的形状和尺寸

2. 超声波探伤的基本方法

在超声波探伤中有各种探伤方式及方法。按探头与工件接触方式分类,可将超声波探伤分为直接接触法和液浸法两种。

（1）直接接触法

使探头直接接触工件进行探伤的方法称为直接接触法。使用直接接触法应在探头和被探工件表面涂有一层耦合剂,作为传声介质。常用的耦合剂有机油、变压器油、甘油、化学糨糊、水及水玻璃等。焊缝探伤多采用化学糨糊和甘油。由于耦合剂层很薄,因此可把探头与工件看作二者直接接触。

直接接触法主要采用 A 型脉冲反射法探伤仪,由于操作方便,探伤图形简单,判断容易且探伤灵敏度高,因此在实际生产中得到广泛应用。

①垂直入射法。

垂直入射法(简称垂直法)是利用纵波进行探伤,故又称为纵波法,如图 9.22 所示。当直探头在工件探伤面上移动时,经过无缺陷处探伤仪示波屏上只有始波 T 和底波 B,如图 9.22(a)所示。若探头移到有缺陷处,且缺陷的反射面比声束小时,则示波屏上出现始波 T、缺陷波 F 和底波 B,如图 9.22(b)所示。若探头移至大缺陷(缺陷比声束大)处时,则示波屏上只出现始波 T 和缺陷波 F,如图 9.22(c)所示。垂直法探伤能发现与探伤面平行或近于平行的缺陷,适用于厚钢板、轴类、轮等几何形状简单的工件。

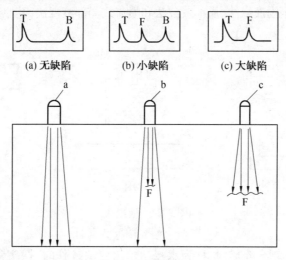

(a) 无缺陷　　　(b) 小缺陷　　　(c) 大缺陷

图 9.22　垂直法探伤

②斜角探伤法。

斜角探伤法(简称斜射法)是采用斜探头将声束倾斜入射工件探伤面进行探伤的方法。由于它是利用横波进行探伤,故又称为横波法,如图 9.23 所示。当斜探头在工件探伤面上移动时,若工件内没有缺陷,则声束在工件内经多次反射将以 W 形路径传播,此时在示波屏上只有始波 T,如图 9.23(a)所示。当工件存在缺陷,且该缺陷与声束垂直或倾斜角很小时,声束会被缺陷反射回来,此时示波屏上将显示出始波 T、缺陷波 F,如图 9.23(b)所示。当斜探头接近板端时,声束将被端角反射回来,此时在示波屏上将出现始波 T 和底波 B,如图 9.23(c)所示。

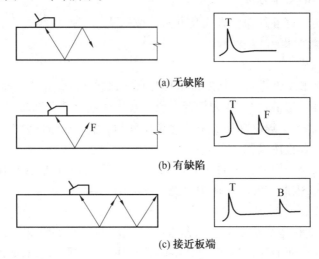

(a) 无缺陷

(b) 有缺陷

(c) 接近板端

图 9.23　斜射法探伤

斜角探伤法能发现与探侧表面成角度的缺陷,常用于焊缝、环状锻件、管材的检查。

（2）液浸法

液浸法是将工件和探头头部浸在耦合液中,探头不接触工件的探伤方法。根据工件和探头浸没方式,分为全没液浸法、局部液浸法和喷流式局部液浸法,其原理如图9.24所示。

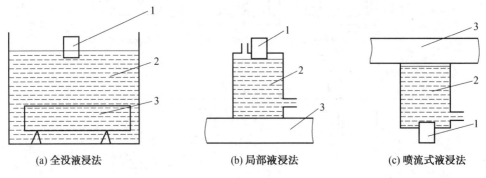

(a) 全没液浸法　　　　　　(b) 局部液浸法　　　　　　(c) 喷流式液浸法

图 9.24　液浸法

1—探头;2—耦合液;3—工件

液浸法当用水作耦合介质时,称为水浸法。水浸法探伤时,探头常用聚焦探头,其探伤原理和波形如图 9.25 所示。

液浸法探伤由于探头与工件不直接接触,因而它具有探头不易磨损,声波的发射和接收比较稳定等优点。其主要缺点是,它需要一些辅助设备,如液槽、探头桥架、探头操纵器等。另外,由于液体耦合层一般较厚,因而声能损失较大。

3. 焊缝的超声波探伤

超声波探伤是通过探伤仪示波屏上反射回波的位置、高度、波形的静态和动态特征来显示被探工件质量优劣的。采用超声波探伤法对焊缝探伤时,应根据工件的材质、结构、焊接方法、使用条件、载荷等,确定不同的探伤方案。

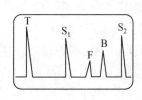

图 9.25　水浸聚焦探伤原理和波形

1—探头;2—工件;3—缺陷;4—水

T—始波;S₁——次界面反射波;F—缺陷波;B—工件底波;S₂二次界面反射波

（1）焊缝超声波探伤的一般程序

焊缝超声波探伤由探伤准备和现场探伤两部分组成,其一般程序如下:

①编写委托检验书。委托书内容应有工件编号、材料、尺寸、规格、焊接方法、坡口形式等,同时也应注明探伤部位、探伤百分比、验收标准、级别或质量等级,并附有工件简图。

②确定参加检验的人员。超声波探伤一般安排二人同时工作,由于超声波检验通常要当即给出检验结果,所以至少应有一名二级检验员担任主探伤。

③检验员探伤前的准备。探伤人员了解工件和焊接工艺情况,是探伤前的一项重要准备工作。检验员根据材质和工艺特征,可以预先判断可能出现的缺陷及分布规律。同时,向焊工了解在焊接过程中偶然出现的一些问题及修补等详细情况,可有助于对可疑信号进行分析和判断。

④现场粗探伤。它是以发现缺陷为主要目的,包括探测纵向、横向缺陷和其他取向缺陷,以及鉴别假信号等。

⑤现场精探伤。针对粗探伤中发现的缺陷,进一步确切地测定缺陷的有关参数,例如缺陷的位置参数:纵向坐标、横向坐标、深度坐标;缺陷的尺寸参数:最大回波幅度值及在距离-波幅曲线上分区的位置、缺陷的当量或缺陷指示长度等。

⑥评定焊接缺陷。依据探伤结果对缺陷反射波幅的评定、指示长度的评定、密集程度的评定及缺陷性质的估判。根据评定结果给出被检焊缝的质量等级。但是,焊缝超声波探伤有其特殊性,有些评定项目并不规定等级,而是与验收标准联系在一起,直接给出合格与否的结论。

（2）焊缝缺陷的位置、大小测定及其性质的估判

超声波探伤的最终目的就是确定焊缝中缺陷的位置、大小,将探伤数据、工件结构及生产工艺概况进行归纳总结,根据缺陷情况对焊缝进行评级,才能确定焊接结构的合格性。

①缺陷位置的测定。

测定缺陷在工件或焊接接头中的位置称为缺陷定位。缺陷定位必须解决缺陷在探伤面上的投影位置(X、Y方向数值)及存在深度(Z方向数值),如图 9.26 所示。一般可根据反射波在示波屏上的位置及扫描速度来对缺陷进行定位。

a. 垂直入射法时缺陷定位。

用垂直入射法探伤时，缺陷就在直探头的下面，缺陷定位只需测定沿工件 Z 轴的坐标，即缺陷在工件中的深度即可。

当探伤仪按 $1:n$ 调节纵波扫描速度时，则有

$$Z_f = n\tau_f \qquad (9.1)$$

式中　Z_f——缺陷在工件中的深度，mm；

　　　n——探伤仪调节比例系数；

　　　τ_f——示波屏上缺陷波前沿所对应的水平刻度值。

b. 斜角探伤时缺陷定位。

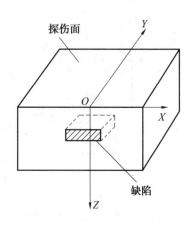

图 9.26　缺陷的坐标位置

用斜探头探伤时，缺陷在探头前方的下面，其位置可用入射点至缺陷的水平距离 l_f 和缺陷到探伤面的垂直距离 Z_f 两个参数来描述。

水平调节法定位：探伤仪按水平 $1:n$ 调节横波扫描速度时，则有

直射法探伤：

$$\left. \begin{array}{l} l_f = n\tau_f \\ Z_f = \dfrac{n\tau_f}{K} \end{array} \right\} \qquad (9.2)$$

一次反射法探伤：

$$\left. \begin{array}{l} l_f = n\tau_f \\ Z_f = 2\delta - \dfrac{n\tau_f}{K} \end{array} \right\} \qquad (9.3)$$

式中　l_f——缺陷在工件中的水平距离，mm；

　　　Z_f——缺陷在工件中的深度，mm；

　　　τ_f——缺陷波前沿所对应的水平刻度值；

　　　n——探伤仪调节比例系数；

　　　δ——探伤厚度，mm；

　　　K——探头 K 值，$K = \tan\gamma$。

深度调节法定位：探伤仪按深度 $1:n$ 调节横波扫描速度时，则有

直射法探伤：

$$\left. \begin{array}{l} l_f = Kn\tau_f \\ Z_f = n\tau_f \end{array} \right\} \qquad (9.4)$$

一次反射法探伤：

$$\left. \begin{array}{l} l_f = Kn\tau_f \\ Z_f = 2\delta - n\tau_f \end{array} \right\} \qquad (9.5)$$

②缺陷大小的测定。

测定工件或焊接接头中缺陷的大小和数量称为缺陷定量。工件中缺陷是多种多样

的,但就其大小而言,可分为小于声束截面和大于声束截面两种,对于前者的缺陷定量一般使用当量法,而对于后者的缺陷定量常采用探头移动法。

a. 当量法。

当量曲线法即 DGS 法,是为现场探伤使用而预先制定的距离-波幅曲线。目前国内外焊缝探伤标准大都规定采用具有同一孔径、不同距离的横孔试块制作距离-波幅曲线即 DAC 曲线,如图 9.27 所示。

b. 探头移动法。

对于尺寸或面积大于声束直径或断面的缺陷,一般采用探头移动法来测定其指示长度或范围。缺陷指示长度 ΔL 的测定推荐采用以下两种方法。

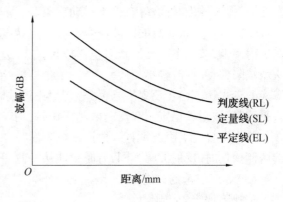

图 9.27　距离-波幅曲线

当缺陷反射波只有一个高点或高点起伏小于 4 dB 时,用降低 6 dB 相对灵敏度测定指示长度,称为相对灵敏度测长法,如图 9.28 所示。

在测定指示长度扫查过程中,如发现缺陷反射波峰值起伏变化,有多个高点,则以缺陷两端反射波极大值之间探头的移动长度确定为指示长度,称为端点峰值侧长法,如图 9.29 所示。

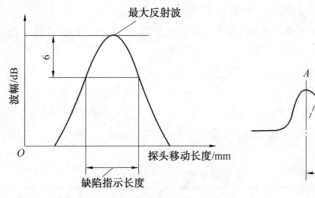

图 9.28　相对灵敏度测长法

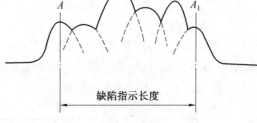

图 9.29　端点峰值测长法

③ 缺陷性质的估判。

判定工件或焊接接头中缺陷的性质称为缺陷定性。在超声波探伤中,不同性质的缺陷其反射回波的波形区别不大,往往难于区分。因此,缺陷定性一般采取综合分析方法,即根据缺陷波的大小、位置及探头运动时波幅的变化特点(所谓静态波形特征和动态波形包络线特征),并结合焊接工艺情况对缺陷性质进行综合判断。这里仅是简单介绍焊缝中常见缺陷的波形特征。

a. 气孔。单个气孔回波高度低,波形为单峰,较稳定,当探头绕缺陷转动时,缺陷波高大致不变,但探头定点转动时,反射波立即消失;密集气孔会出现一簇反射波,其波高随气孔大小而不同,当探头做定点转动时,会出现此起彼伏现象。

b. 裂纹。缺陷回波高度大,波幅宽,常出现多峰。探头平移时,反射波连续出现,波幅有变动;探头转动时,波峰有上下错动现象。

c. 夹渣。点状夹渣的回波信号类似于点状气孔。条状夹渣回波信号呈锯齿状,由于其反射率低,波幅不高且形状多呈树枝状,主峰边上有小峰。探头平移时,波幅有变动;探头绕缺陷移动时,波幅不相同。

d. 未焊透。由于反射率高(厚板焊缝中该缺陷表面类似镜面反射),波幅均较高。探头平移时,波形较稳定。在焊缝两侧探伤时,均能得到大致相同的反射波幅。

e. 未熔合。当声波垂直入射该缺陷表面时,回波高度大。探头平移时,波形稳定。焊缝两侧探伤时,反射波幅不同,有时只能从一侧探测到。

(3)焊缝质量的评定

①缺陷评定的原则。

a. 超过评定线的缺陷信号应注意其是否具有裂纹等危害性缺陷特征,如有怀疑应改变探头角度,增加探伤面,观察动态波形,结合工艺特征做出判定或辅以其他检验方法做出综合判定。

b. 最大反射波幅超过定量线的缺陷应测定其长度,其值小于 10 mm 时,按 5 mm 计。相邻两缺陷各向间距小于 8 mm 时,两缺陷指示长度之和作为单个缺陷的指示长度。

②焊缝检验结果的等级评定。

a. 最大反射波幅位于Ⅱ区的缺陷,根据缺陷的指示长度按表9.8的规定予以评级。

b. 最大反射波幅不超过评定线的缺陷,均评为Ⅰ级。

c. 最大反射波幅超过评定线的缺陷,检验者判定为裂纹等危害性缺陷时,无论其波幅和尺寸如何,均评为Ⅳ级。

d. 反射波幅位于Ⅰ区的非裂纹性缺陷,均评为Ⅰ级。

e. 反射波幅超过判废线进入Ⅲ区的缺陷,无论其指示长度如何,均评定为Ⅳ级。

根据评定结果,对照产品验收标准,对产品做出合格与否的结论。不合格缺陷应予返修,返修区域修补后,返修部位及补焊时受影响的区域应按原探伤条件进行复验。复验部位的缺陷也应按上述方法及等级标准评定。

表9.8 缺陷的等级分类

评定等级	检验等级 板厚/mm	A 8~50	B 8~300	C 8~300
Ⅰ		$2\delta/3$;最小 12	$\delta/3$;最小 10 最大 30	$\delta/3$;最小 10 最大 30
Ⅱ		$3\delta/4$;最小 12	$2\delta/3$;最小 10 最大 50	$\delta/2$;最小 10 最大 30
Ⅲ		$<\delta$;最小 20	$3\delta/4$;最小 16 最大 75	$2\delta/3$;最小 12 最大 50
Ⅳ		超过Ⅲ级者		

注:δ 指板厚

（4）记录与报告

焊缝超声波探伤后，应将探伤数据、工件结构及生产工艺概况归纳在探伤的原始记录中，并签发检验报告。检验报告是焊缝超声波检验形成的文件，经质量管理人员审核后，正本发送委托部门，其副本由探伤部门归档，一般应保存 7 年以上。

9.2.4　磁力探伤

磁力探伤是通过铁磁性材料进行磁化所产生的漏磁场，来发现其表面或近表面缺陷的无损检测方法。磁力探伤包括磁粉法、磁敏探头法和录磁法。其中磁粉法是一种相对比较成熟的磁力检验方法，至今已有 50 多年的发展历史。并且由于其设备简单，操作方便，检验灵敏度较高，故得到广泛应用，磁力探伤依据的最新国际标准是 ISO17638:2009。

1.磁力探伤原理

磁力探伤是根据铁磁材料的性质发明的一种无损检测方法，金属材料的焊缝缺陷探伤完全符合磁力探伤条件，所以，焊接生产中的无损检测——磁力探伤是一种重要的方法。

（1）磁力探伤的基本原理

铁磁性材料制成的工件被磁化后，工件就有磁力线通过。如果工件本身没有缺陷，磁力线在其内部是均匀连续分布的。但是，当工件内部存在缺陷时，如裂纹、夹杂、气孔等非铁磁性物质，其磁阻非常大，磁导率低，必将引起磁力线的分布发生变化。缺陷处的磁力线不能通过，将产生一定程度的弯曲。当缺陷位于或接近工件表面时，则磁力线不但在工件内部产生弯曲，而且还会穿过工件表面漏到空气中形成一个微小的局部磁场，如图9.30所示。这种由于介质磁导率的变化而使磁通泄漏到缺陷附近空气中所形成的磁场，称为漏磁场。通过一定的方法将漏磁场检测出来，进而确定缺陷的位置，包括缺陷的大小、形状和深度等，这就是磁力探伤的原理。

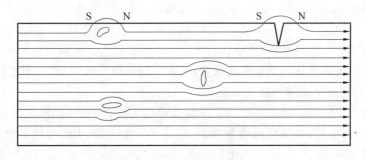

图 9.30　缺陷附近的磁通分布

（2）影响漏磁场强度的因素

①外加磁场强度。

对铁磁材料磁化时所施加的外加磁场强度高时，在材料中所产生的磁感应强度也高，这样，表面缺陷阻挡的磁力线也较多，形成的漏磁场强度也随之增加。

②材料的磁导率。

材料磁导率高的工件易被磁化，在一定的外加磁场强度下，在材料中产生的磁感应强度正比于材料的磁导率。在缺陷处形成的漏磁场强度随着磁导率的增加而增加。

③缺陷的埋藏深度。

当材料中的缺陷越接近表面,弯曲逸出材料表面的磁力线越多。随着缺陷埋藏深度的增加,逸出表面的磁力线减少,到一定深度,在材料表面没有磁力线逸出而仅仅改变了磁力线方向,所以缺陷的埋藏深度越小,漏磁场强度也越大。

④缺陷方向。

当缺陷长度方向和磁力线方向垂直时,磁力线弯曲严重,形成的漏磁场强度最大。随着缺陷长度方向与磁力线夹角减小,漏磁场强度减小,如果缺陷长度方向平行于磁力线方向时,漏磁场强度最小,甚至在材料表面不能形成漏磁场。

⑤缺陷的磁导率。

如材料中的缺陷内部含有铁磁性材料(如 Ni、Fe)的成分,即使缺陷在理想的方向和位置上时,也会在磁场的作用下被磁化,以致缺陷形不成漏磁场。缺陷的磁导率与材料的磁导率对漏磁场的影响正好相反,即缺陷的磁导率越高,产生的漏磁场强度越低。

⑥缺陷的大小和形状。

缺陷在垂直磁力线方向上的尺寸越大,阻挡的磁力线越多,越容易形成漏磁场且其强度越大。缺陷的形状为圆形时(如气孔等),漏磁场强度小;当缺陷为线形时,容易形成较大的漏磁场。

2. 工件磁化方法及选择

在磁力探伤中,通过外加磁场使工件磁化的过程称为工件的磁化。由于磁化方式的不同,工件的磁化也有不同的方法。

(1)直流电磁化法和交流电磁化法

①直流电磁化法。工件被直流电磁化时,采用低电压大电流的直流电源,使工件产生方向恒定的电磁场。由于这种磁化方式所获得的磁力线能穿透工件表面一定深度,因此能发现近表面区较深的缺陷,故其探伤效果比较好,但退磁困难。

②交流电磁化法。工件被交流电磁化时,采用低电压大电流交流电源。由于充磁电流采用频率可变的交流电,所以供电比较方便,而且磁化电流的调整也比较容易。另外,发现表面缺陷的灵敏度比直流电磁化法要高,而且退磁也比较容易,应用比较普遍。

(2)直接通电磁化法和间接通电磁化法

①直接通电磁化法。该方法是将工件直接通以电流,使工件周围和内部产生周向磁场,适合于检测长条形(如棒材或管材等)工件。直接通电磁化法的设备比较简单,方法也简便。但由于对工件直接通以大电流,所以容易在电极处产生大量的热量使工件局部过热,导致工件材料的内部组织发生变化,影响材料性能,在过热的部位会把工件表面烧伤。

②间接通电磁化法。间接通电磁化就是工件利用探伤器等使自身产生磁场的,这样可以避免直接通电磁化法产生的弊端。同时它可以通过改变线圈的匝数或磁化电流的大小来调整磁化磁场强度,所以应用比较广泛。

(3)周向磁化法、纵向磁化法、复合磁化法和旋转磁场磁化法

①周向磁化法。周向磁化法又称横向磁化法,工件磁化后所产生的磁力线是在工件轴向垂直的平面内而且沿着工件圆周表面分布,磁力线是相互平行的同心圆。常用来检

验工件上如纵焊缝等与轴线平行的缺陷。常用的周向磁化法有直接通电周向磁化法、间接通电磁化法、磁锥法等。

②纵向磁化法。工件磁化后产生的磁力线与工件的轴线平行。用来检验与工件或焊缝轴线垂直的缺陷。常用的磁化方法有螺线管线圈法、磁轭磁化法等。

③复合磁化法。复合磁化法是一种采用直流电使磁轭产生纵向磁场，用交流电直接向工件通电产生周向磁场(磁轭中部嵌入一片不导电的绝缘片把磁轭分开)，使工件得到由两个互相垂直的磁力线作用而产生的合成磁场的方法。探伤时，必须先进行直流纵向磁化，然后进行交流周向磁化，对直流和交流电流强度进行适当调节，即可在工件的每点上，在不同的时间，得到大小和方向都变化的磁场强度，从而能发现工件表面上任意方向上的缺陷，以检查各种不同角度的缺陷。

④旋转磁场磁化法。旋转磁场磁化法是采用相位不同的交流电对工件进行周向和纵向磁化，在工件中就可以产生交流周向磁场和交流纵向磁场。这两个磁场在工件中，产生磁场的叠加后形成复合磁场。由于所形成的复合磁场的方向是以一个圆形或椭圆形的轨迹随时间变化而改变，且磁场强度保持不变，所以称为旋转磁场。它可以检测工件各种任意方向分布的缺陷。

各类工件在磁粉探伤时，应选择合适的磁化方法对工件进行磁化，常见工件磁粉探伤磁化方法的选择见表9.9。

表9.9 常见工件磁粉探伤磁化方法的选择

工件形状	缺陷方向	磁化方法	备 注
长棒或长管 （包括长条方钢）	纵 向	直接通电磁化法	
	横 向	交流线圈通过法或 分段磁化法	通过法适合于自动探伤,分段磁化法适合于手工探伤
	多方向	复合磁场磁化法	优点:可以一次磁化完成检验, 易实现自动探伤
环 形	纵 向	心棒磁化法	
	周 向	线圈磁化法	
	多方向	旋转磁场磁化法	最理想的磁化方法
焊 缝	纵 向	磁锥磁化法	
	纵 向	磁轭磁化法	
	横 向	旋转磁场磁化法	不但可以发现横向缺陷, 还可以发现其他方向缺陷
	表面缺陷	交流电磁化法	磁化电源采用交流电
	近表面缺陷	直流电磁化法	磁化电源采用直流电(干粉法尤好)
轴 类	纵 向	直接通电磁化法	
	横 向	通电线圈磁化法	
	多方向	复合磁化法	纵向、横向缺陷同时检测

3. 磁粉法探伤

磁粉探伤可以分为干粉显示法和湿粉显示法。干粉显示法是利用手筛将干燥的磁粉直接洒在工件上来显示缺陷磁痕的方法,在使用时,工人的劳动条件差,污染环境,喷洒不均匀容易造成漏检,所以应用较少。湿粉显示法是利用液体作为载体把磁粉配制成磁悬液,然后喷洒在工件上来检验缺陷磁痕的方法,它克服了干粉法的不足,目前应用较广泛。

（1）磁粉探伤的材料和设备

①磁粉及磁悬液。

探伤用磁粉是铁的氧化物,研磨后成为细小的颗粒经筛选而成,粒度 150 ~ 200 目（0.1 ~ 0.07 mm）。它可分为黑磁粉、红磁粉、白磁粉和荧光磁粉等。

黑磁粉是一种黑色的 Fe_3O_4 粉末。黑磁粉在浅色工件表面上形成的磁痕清晰,在磁粉探伤中的应用最广。

红磁粉是一种铁红色的 Fe_2O_3 粉末,具有较高的磁导率。红磁粉在对黑色金属及工件表面颜色呈褐色的状况下进行探伤时,具有较高的反差。

白磁粉是由黑磁粉 Fe_3O_4 与铝或氧化镁合成而制成的一种表面呈银白色或白色的粉末。白磁粉适用于黑色表面工件的磁粉探伤,具有反差大、显示效果好的特点。

荧光磁粉是把荧光物质、磁粉和明胶按一定比例配成的胶体混合物,用机械方法复合制成。这种磁粉在暗室中用紫外线照射能产生较亮的荧光,所以适合于各种工件的表面探伤,尤其适合深色表面的工件,具有较高的灵敏度。

探伤时,为保证检验灵敏度,应事先用灵敏试片对干、湿磁粉进行性能和灵敏度试验。而且使用前必须在 60 ~ 70 ℃的温度下经过 2 h 烘干处理。

将磁粉混合在液体介质中形成磁粉的悬浮液,简称磁悬液。用来悬浮磁粉的液体称为分散剂或称载液。在磁悬液中,磁粉和载液是按一定比例混合而成的。根据采用的磁粉和载液的不同,可将磁悬液分为油基磁悬液、水基磁悬液和荧光磁悬液等。

②磁粉探伤设备简介。

磁粉探伤设备由磁粉探伤机、测磁仪器及质量控制仪器等组成,其主要设备是磁粉探伤机,常用的有便携式磁粉探伤机和固定式磁粉探伤机。

（2）磁粉探伤过程

磁粉探伤的过程包括预处理、磁化、施加磁粉、检验、记录以及退磁。

①工件表面预处理。

用机械或化学方法把工件表面的油污、氧化皮、涂层、焊剂和焊接飞溅物等清理干净,以免影响磁粉在工件表面上的流动和漏磁场对磁粉的吸引。在应用干粉法检验时,还应使工件表面干燥,以免使磁粉受潮而无法进行检验。

②工件磁化。

首先选择适当的磁化方法及磁化规范,然后利用磁粉探伤设备使工件带有磁性,产生漏磁场准备磁粉探伤。

③工件表面施加磁粉。

把磁粉(干粉检验法)或磁悬液(湿粉检验法)均匀地喷洒在工件表面上。

④检验。

对磁痕进行观察和分析,非荧光磁粉在明亮的光线下观察,荧光磁粉在紫外线灯照射下观察。

⑤退磁。

使工件的剩磁为零的过程称为退磁。常用的退磁方法有交流退磁法和直流退磁法。

⑥磁粉探伤报告。

磁粉探伤报告是根据磁粉探伤实际操作时所记录的内容整理成的正式文件。

(3)焊接缺陷的判断和焊缝等级的确定

①缺陷的磁痕。

a.裂纹。裂纹的磁痕轮廓较分明,对于脆性开裂多表现为粗而平直,对于塑性开裂多呈现为一条曲折的线条,或者在主裂纹上产生一定的分叉,它可连续分布,也可以断续分布,中间宽而两端较尖细。

b.发纹。发纹的磁痕呈直线或曲线状短线条。

c.条状夹杂物。条状夹杂物的分布没有一定的规律。其磁痕不分明,具有一定的宽度,磁粉堆积比较低而平坦。

d.气孔和点状夹杂物。气孔和点状夹杂物的分布没有一定的规律,可以单独存在,也可密集成链状或群状存在。其磁痕的形状和缺陷的形状有关,具有磁粉聚积比较低而平坦的特征。

②非缺陷的磁痕。

工件由于局部磁化、截面尺寸突变、磁化电流过大以及工件表面机械划伤等会造成磁粉的局部聚积而造成误判,可结合探伤时的情况予以区别。

③焊缝等级确定及验收。

在对缺陷的磁痕进行检验和分析后,确定为缺陷磁痕的,应当进行质量评定,并按国家标准验收,以决定产品是否合格。

凡是出现以下情况之一的均为不合格:

a.任何表面裂纹分层。

b.大于表中规定的单个缺陷。

c.在一条直线上有 4 个或 4 个以上间隙排列的缺陷显示,且每个缺陷之间的距离小于 2 mm。

d.在任何一块 150 mm×25 mm 表面上存在 10 个或 10 个以上的缺陷显示。

产品的合格级别由设计部门根据压力容器有关标准规范决定。

焊缝等级以及允许存在的显示见表 9.10。表中线性显示是指长度大于 3 倍宽度的显示;圆形显示是指其长度小于 3 倍宽度的显示。成排气孔是指 4 个或 4 个以上的气孔,边缘之间的距离不大于 1.6 mm。

表 9.10 磁粉探伤焊缝等级及允许存在的显示

工作厚度/mm	线性显示/mm			圆形显示/mm		
T	Ⅰ级	Ⅱ级	Ⅲ级	Ⅰ级	Ⅱ级	Ⅲ级
$T<16$	0		≤2.4	0	≤3.2	≤4.8
$16≤T≤50$		≤1.6	≤3.2		≤4.8	≤6.4
$T>50$			≤4.8			

9.2.5 渗透探伤

渗透探伤是在被检工件上浸涂可以渗透的带有荧光的或红色的染料,利用渗透剂的渗透作用,显示表面缺陷痕迹的一种无损检测方法。该法具有操作简单、成本低廉、不受材料性质的限制等优点,广泛应用于各种金属材料和非金属材料构件的表面开口缺陷的质量检验。由于渗透探伤只能检测表面开口缺陷,所以一般应当和其他无损检测方法配合使用才能最终确定缺陷性质。目前,渗透探伤依据的标准有欧洲标准:EN571-1:1997、EN1289:1998。

1. 渗透探伤的原理及方法

渗透探伤的原理比较简单,但方法很多,不同的缺陷应当选用不同的方法探伤。

(1)渗透探伤的基本原理

当被检工件表面涂覆了带有颜色或荧光物质且具有高度渗透能力的渗透液时,在液体对固体表面的湿润作用和毛细管作用下,渗透液渗透入工件表面开口缺陷中。然后,将工件表面多余的渗透液清洗干净,注意保留渗透到缺陷中的渗透液。再在工件表面涂上一层显像剂,将缺陷中的渗透液在毛细作用下重新吸附到工件表面,从而形成缺陷的痕迹。通过直接目视或特殊灯具,观察缺陷痕迹颜色或荧光图像,对缺陷性质进行评定,这就是渗透探伤的基本原理。

(2)渗透探伤的常用方法

根据不同的显像方式,不同的渗透剂及显像剂,常用的渗透探伤方法有以下两种:

①着色渗透探伤法。

这种探伤方法使用的渗透液主要是颜色深的着色物质,通常由红色染料及溶解着色剂的溶剂所组成,而显像剂则由含有吸附性强的白色颗粒状的悬浮液组成。通过白色显像剂所吸附的红色渗透剂,显现出对比度明显的色彩图像,能直观地反映出缺陷的部位、形态及数量。

②荧光渗透探伤法。

这种探伤方法是使用含有荧光物质的渗透剂,经清洗后保留在缺陷中的渗透液被显像剂吸附出来。用紫外光源照射,使荧光物质产生波长较长的可见光,在暗室中对照射后的工件表面进行观察,通过显现的荧光图像来判断缺陷的大小、位置及形态。

(3)渗透探伤法在焊接生产中的应用

在焊接生产领域中,要求做渗透探伤的场合有以下几种情况:

①材料标准抗拉强度 σ_b>540 MPa 的钢制压力容器上的 C 类和 D 类焊缝。

②名义厚度 δ_n>16 mm 的 12CrMo 及 15CrMo 钢制容器,其他任意厚度的 Cr-Mo 低合金钢制容器上的 C 类和 D 类焊缝。

③堆焊表面。

④复合钢板的复合层焊缝。

⑤上述①、②条中所指材料,经火焰切割的坡口表面。

⑥上述①、②条中所指材料,焊后经缺陷修磨或补焊处的表面。

⑦上述①、②条中所指材料,在组装对接时临时焊在工件表面上的卡具、拉肋等,组焊完成后拆除处的焊痕表面。

渗透探伤主要是高强度级别的钢材,该类钢材在使用中不允许有任何裂纹和分层存在,所以,必须进行渗透探伤检验。

2.渗透探伤操作的基本过程

正确的渗透探伤操作,会提高探伤的准确性,一般把渗透探伤的过程分为 8 个步骤。

(1)探伤前处理

前处理是向被检工件表面涂覆渗透剂前的一项准备工作,其目的是彻底清除工件表面妨碍渗透液渗入缺陷的油脂、涂料、铁锈、氧化皮及污物等附着物。

(2)渗透处理

渗透处理应根据被检工件的数量、尺寸、形状以及渗透剂的种类选择渗透方法,并保证有足够的渗透时间。

由于渗透时间受多种因素制约,很难统一明确规定具体数值,渗透时间在 5 ~ 10 min 范围内调整选用。

(3)乳化处理

因为渗透剂中大多以不溶于水的有机物作为着色剂的溶剂,所以无法直接用水进行清洗,如果用水清洗,则必须先做乳化处理。根据渗透剂、乳化剂的性质和被检物表面粗糙情况保持 2 ~ 5 min 即可。

(4)清洗处理

清洗处理在渗透探伤中是一步至关重要的步骤。在清洗处理中,特别应防止过清洗。水压过大、垂直于工件表面冲洗以及冲洗时间过长,都容易将缺陷内的渗透液冲洗掉,而使应该显现的缺陷漏检,后果比清洗不足更为严重,在操作上特别要注意。

(5)干燥处理

干燥有自然干燥和人工干燥两种方式。

(6)显像处理

根据显像剂的使用方式不同,显像处理的操作方法也不同。荧光探伤可直接使用经干燥后的细颗粒氧化镁粉作为显像剂即干式显像法,喷洒在被检面上。对小型工件也可埋入氧化镁粉中,保留一定时间,让显像剂充分吸附缺陷中的渗透剂,最后用压力比较低的压缩空气吹掉多余的显像剂即可。在没有压缩空气的场所,用"皮老虎"手动鼓风工具吹扫也很方便有效。

湿式显像法多用于着色探伤。显像时间取决于所采用的配方,一般在 7 min 之内就要进行干燥。

（7）显像观察

由于渗透探伤是依靠人的视力或辅以 5～10 倍的放大镜去观察，因此要求探伤人员的矫正视力在 1.0 以上，无色盲。对于显示的缺陷痕迹，可以用示意图或用透明胶纸描绘复制的方式以记录其所在位置、形状及大小。对于着色探伤，在有条件时用照相的方法记录也行。

（8）探伤后处理

如果残留在工件上的显像剂或渗透剂影响以后的加工、使用，或要求重新检验时，应将表面冲洗干净。

3. 渗透探伤的缺陷判别、分级与记录

渗透探伤最重要的部分就是缺陷性质的判断，经过对缺陷观察、分析，对照国家或者行业标准，最后形成探伤报告。

（1）渗透探伤焊接缺陷的判别

焊接缺陷显示痕迹分为线状显示和圆状显示。

①线状显示痕迹。

线状显示痕迹指长度大于等于 3 倍宽度的显示痕迹，根据缺陷的形式不同，痕迹的形态也不同，通常反映的焊接缺陷有裂纹、未熔合、分层、条状夹渣等。这些痕迹有可能表现为比较整齐的连续直线；在缺陷全部扩展到表面时，可能为同一直线的延长线上断续显现，也有可能显现为参差不齐的、略为曲折的线段，或长宽比不大的不规则痕迹。

②圆状显示痕迹。

圆状显示痕迹指长度小于 3 倍宽度的痕迹，可能呈圆形、扁圆形或不规则形状。圆形显示痕迹通常由焊接表面气孔、弧坑缩孔、点状夹渣等形成的缺陷而形成的。

（2）渗透探伤焊接缺陷的分级

不同的技术标准对分级的划分不同，目前有《渗透探伤法》和《压力容器着色探伤》两项标准的分级方法。缺陷显示痕迹的等级分类见表 9.11。

表 9.11 缺陷显示痕迹的等级分类

等级分类	线状和圆状缺陷显示痕迹长度/mm	分散状缺陷显示痕迹长度/mm
1 级	$1 \leqslant L \leqslant 2$	$2 \leqslant L < 4$
2 级	$2 \leqslant L < 4$	$4 \leqslant L < 8$
3 级	$4 \leqslant L < 8$	$8 \leqslant L < 16$
4 级	$8 \leqslant L < 16$	$16 \leqslant L < 32$
5 级	$16 \leqslant L < 32$	$32 \leqslant L < 64$
6 级	$32 \leqslant L < 64$	$64 \leqslant L < 128$
7 级	$L \geqslant 64$	$L \geqslant 128$

（3）渗透探伤结果的记录

①探伤结果的标识。

经渗透探伤后确认为合格时，应在被检物表面做出标记，表明该工件已被检并确认合格。如表面有缺陷显示,也应在有缺陷的部位用涂料表明其位置,供返修时寻找。如有需要,还要用照相、示意图或描绘等方法做出记录备查,或作为填写探伤报告时的依据。

②探伤报告。

渗透探伤的结果最终以探伤报告的形式作出评定结论,探伤报告应综合反映实际的探伤方法、工艺及操作情况,并经有任职资格的探伤人员审核后签发存档,作为焊接结构的合同的确立或者合格的证明资料。一份完整的探伤报告应包括下列内容:

a. 焊接工件名称、编号、形状及尺寸、表面及热处理状态、探伤部位、探伤比例。

b. 探伤方法,包括渗透类型及显像方式。

c. 操作条件,包括渗透湿度和渗透时间、乳化时间、水压及水温、干燥温度及时间、显像时间。

d. 操作方法。

e. 探伤结论。

f. 示意图。

g. 探伤日期、探伤人员姓名、资格等级。

9.2.6 其他检测方法

焊接生产中的破坏性检测是指测定焊接接头及焊缝金属的力学性能、化学成分及金相组织等检测项目。少数批量生产的压力容器,往往要抽取少量产品做破坏性试验以验证其极限耐压能力,这也属于破坏性检测的范畴。

1. 焊接接头的化学成分分析

(1)化学成分分析的选用原则

①原材料及焊接材料的复检。对于高压压力容器,国家规定金属材料的化学成分是必须复检的项目。当制造单位对材料化学成分有怀疑时也应该复检。

②耐蚀堆焊层的工艺评定。在高温、高压、强腐蚀条件下工作的石油化工设备,内表面要采用带极堆焊的方法衬上一层耐腐蚀材料。耐腐蚀堆焊工艺评定的检测项目之一就是用化学分析的方法确定堆焊层的组成。

③估计奥氏体不锈钢焊缝中的铁素体含量。在部分牌号奥氏体不锈钢的焊接中,要求焊缝具有奥氏体和少量铁素体的双相组织,其中铁素体的质量分数在 $3\% \sim 8\%$ 较为适宜。由于在奥氏体不锈钢中,镍是促进形成奥氏体的元素,铬是促使形成铁素体的元素,其他元素则或者形成奥氏体,或者形成铁素体,将其含量换算成相当于镍或铬含量的百分数,最后可确定出镍当量和铬当量,利用舌弗勒图,即可通过奥氏体不锈钢及其焊缝中的成分确定出铁素体含量。

④用于缺陷原因分析。焊接结构如发生一些不允许存在或超过质量要求的缺陷,则可能是焊接材料本身包括母材和填充金属存在某种问题,也可以从成分分析着手,找出原因。

(2)化学分析依据的标准

由于生产中大量使用的是各种钢材,所以采用的标准也是钢铁分析所依据的国家标准。标准对取样、分析方法做出了各种具体规定,分析时应当严格遵循。

2. 力学性能试验

（1）材料的拉伸试验

①拉伸试验的试样。

由于试验的对象不同，拉伸试验试样的形式各异。钢板和板件的对接缝接头试样为板状；大直径管材和其对接接头的试样则从管子上切取一部分作试样，故横截面呈圆弧状；小直径管子则可直接用整根管子作试样；焊缝和熔敷金属的试样则从焊缝金属或熔敷金属中切出并加工成圆形试样等。

②拉伸试验的方法。

测定常温下拉伸的力学性能主要依据试验方法的国家标准。

（2）材料冲击试验

①冲击试验的试样。

a. 试样的切取方向。冲击韧度的大小与取样的长度方向有关。这是因为钢板在轧制时所形成的晶粒纤维方向而造成材料各向异性所致。因而冲击试样有横向和纵向之分。试样长度方向与轧制方向垂直为横向试样；二者平行则为纵向试样。对于同一块钢板上切取的试样，横向试样的质变比纵向试样要低。试样缺口的轴线方向应与轧制面垂直，根据技术条件规定，试样允许保留一个或两个轧制面。

b. 试样的缺口形式。冲击试样有 U 形缺口和 V 形缺口之分，从同一块试板上制备的两种缺口试样比较，U 形缺口的冲击韧性能指标高于 V 形缺口。究竟试样按哪一种缺口形式加工，也是由被检钢材所遵循的技术标准为准。

按规定以 Au(J) 和 Aku(J/cm^2) 表示 U 形缺口的冲击吸收功和冲击韧度；以 Av(J) 和 Akv(J/cm^2) 表示为 V 形缺口的冲击吸收功和冲击韧度，以示两者的区别。

②焊接接头的冲击试验。

各种焊接试板所做的冲击试验都是针对焊接接头的，这项试验是为了测定焊接接头的冲击性。由于目的是检测焊接接头抗冲击载荷的能力，故试样的取样方向受缺口轴线应当垂直于焊缝表面的限制，缺口位置可以开在焊缝上、熔合线或热影响区上，其中开在热影响区的缺口轴线至试样轴线与熔合线交点的距离由产品的技术条件规定，因为热影响区的大小与材料的性质、焊接方法和规范有关，只能根据具体情况确定，原则上应是缺口尽可能地通过热影响区。

③冲击试验的方法。

冲击试验的方法有两项国家标准，主要适用于锅炉钢板及其焊接接头的检测，因为这类钢材在其技术条件下，将应变时效冲击值列为必须检测的项目。

（3）弯曲试验

弯曲试验是一项工艺性能试验。许多焊接件在焊前或焊后要经过冷变形加工，材料或焊接接头能否经受一定的冷变形加工，就要通过冷弯试验加以验证。在许多材料与试板的检测项目中都列有冷弯试验。通过冷弯试验，可检测材料或焊接接头受拉面上的塑性变形能力及缺陷的显示能力。

试验过程是将按规定制作的试样支持在压力机或万能材料试验机上，在规定的支点间距上用一定直径的弯心对试样施力，使其弯曲到规定的角度，然后卸除试验力，检查试样承受冷变形能力。焊接接头弯曲试验要求见表9.12。

表9.12 焊接接头弯曲试验要求

钢 种		弯心直径/mm	支座间距/mm	弯曲角度 α
单面焊	碳素钢、奥氏体钢	3a	5.2a	180°
	其他低合金钢、合金钢			100°
双面焊	碳素钢、奥氏体钢	3a	5.2a	90°
	其他低合金钢、合金钢			50°
复合板或堆焊层		4a	6.2a	180°

注:a 指弯头半径

3. 焊接接头的金相检测

(1)金相检测的目的

焊接接头的金相检测是通过对焊接接头截面中焊缝金属和热影响区的宏观和微观组织观察,分析焊接接头的组织状态及微小缺陷、夹杂物、氢白点的数量及分布情况,进而分析焊接接头的性能,为选择调整焊接或热处理规范提供依据。

(2)金相检测应用实例

①角焊缝工艺评定中的宏观金相检测。

在对角焊缝做工艺评定时,其检测项目之一是对焊缝截面做宏观金相检测。现以板材的角焊缝为例进行说明,首先将试件两端各舍去 25 mm,然后沿试件横向等分切取 5 个试样,每块试样取一个面进行金相检查,但任意两检测面不得为同一切口的两个侧面,经检查后,焊缝根部不得有未焊透部分,焊缝和热影响区不得有裂纹和未熔合。

②测定焊后状态铬镍奥氏体不锈钢焊逢或堆焊金属的铁素体含量。

奥氏体不锈钢的焊接或耐腐蚀层的堆焊,常要求控制铁素体含量,以保证焊缝金属及堆焊层的抗热裂性。可先分析化学成分,然后用舍弗勒图,对其铁素体含量进行估算,这一方法较为简便,但不够精确。较为准确的方法是用金相法加以定量的确定。对于焊缝金属,可从产品中所带的供检测用的试板上,取不少于 6 个的金相试样,试样按常规操作进行研磨、抛光,抛光后的试样磨面可用化学方法或电解侵蚀显示铁素体,然后采用金相割线法,将不少于 10 次的测得数值取平均值,即为所观察试样的铁素体的含量。从多个试样中选择 3 个显示清晰的试样,均按此方法测出每个试样的铁素体含量,最后以 3 个试样含量的平均值作为所测焊缝的铁素体的含量。

9.3 焊接缺陷的修复

在焊接结构的生产制造及使用过程中可能在某个部件上产生缺陷,对缺陷进行的修复称为焊接缺陷的修复。其中,在生产制造中出现的缺陷的焊接修复称为"返修焊"或"退修焊",在使用过程中出现缺陷的焊接修复称为"修补焊"。

1. 返修焊

返修焊制订返修焊措施的依据是相关标准及规程、应力状态的高低和种类及材料种类等。在返修焊时应考虑到会在施焊部位输入新的热量,产生附加内应力并引起变形。因此有必要考虑是否应对焊件进行热处理,这点很重要。

2. 修补焊

当部件在工作压力和使用应力下产生缺陷则要求进行修补焊,进行修补焊的前提条件是:可焊性好的材料,其结构可以进行修补焊。

在进行修补焊之前应了解以下情况:材料的实际状态、缺陷的产生原因、相应的焊接工艺方法的选择、相应的焊接材料及辅助材料的选择、修补焊接计划的制订等。

(1)材料的实际状态

①化学成分分析。

在没有材质单的情况下应对材料进行化学成分分析,对结构钢来说除应分析测定 C、Mn、Si、P、S、Al 等元素外,还应分析可能存在的其他元素,这点对结构钢尤其重要,其他影响到焊接性的元素为 N、Cr、Cu、Mo、Ni、Nb、Ti、V。其中最重要的是确定 N 在时效强化钢(时效-脆性断裂问题)中的含量。

②力学性能试验。

在相应的位置,截取试样进行抗拉强度、屈服极限、延伸率、缺口冲击功及金相组织的测定,同时还可以通过测定宏观及微观金相组织、硬度来找出产生裂纹的原因。

(2)缺陷的产生原因

通常导致产生缺陷的原因有以下几种:

①过载。

②计算错误。

③几何尺寸的错误。

④结构设计错误。

⑤原材料材质不符合或用错材料。

⑥焊接材料和辅助材料用错。

⑦生产制造错误(包括不遵守焊接工艺规程或检验规程)。

⑧错误的热处理工艺或无热处理工艺。

由缺陷可能导致的构件断裂形式有 4 种:脆性断裂、变形断裂、疲劳断裂及层状撕裂。

(3)焊接工艺方法的选择

在确定了材料的实际状态及缺陷产生原因之后,则可选择相应的焊接工艺方法和热处理工艺,其依据是:在车间里还是在工地现场进行焊接修复以及构件的厚度。在选择高的熔化效率的焊接方法时,应考虑焊接位置、工件厚度和焊接区域的可接近度等情况。

(4)焊接填充材料

焊缝金属必须与它的母材性能尽可能接近,此外,填充材料必须具有足够的韧性和延伸性以减少收缩应力的影响。在采用异种焊接填充材料时(例如奥氏体),出于成本原因,只在特殊情况下考虑使用。

（5）热处理

根据化学成分确定是否必须热处理或者根据钢材种类是否需预热和退火处理，为此企业需要必要的设施和较长的修补时间来达到所要求的质量，这可能使成本增加。

（6）构件准备

所采用的构件坡口形式取决于构件（质量、大小、形式）焊接区域的可接近程度（双侧、单侧）和焊接范围的工件厚度。对于坡口准备的加工方法一般遵循"首选热加工，其次机械加工"的原则。同时，要考虑所用方式的时间或成本，在热加工进行坡口准备时，对拘束度敏感的钢构件局部应预热以避免坡口表面存在裂纹的危险。

（7）焊接

在确保质量和降低成本的基础上，确定须遵守的焊接参数。为保证修补质量，对所使用的焊条和焊剂应指出烘干温度和保温时间；为减少收缩应力，对于那些较难处理的修补工件还应指出点固和焊接顺序以及焊道结构和顺序。

（8）质量检查

修补工艺中应包括抽查这一项，抽查应包括坡口形式和质量、点固、封底、填充和盖面应无裂纹产生、所有焊道无缺陷（裂纹、咬边、夹渣、气孔）、盖面层外表质量等，必要时包括封底和背面焊道的外表质量，附加着色检查焊缝区域表面无裂纹存在等。根据具体情况，为了保证修补质量还应考虑是否采用无损探伤。

（9）焊接修复计划的制订

在确定上述条件之后即可制订焊接修复计划，在制订修复计划时除了须遵循焊接方案外，还应包括以下附加内容：构件上的修复位置、避免产生裂纹的措施、坡口准备、焊缝形式、根部保护措施、衬垫、附加物（嵌入物）、预热及所须设备、预热温度的控制、焊接填充材料及使用须知、辅助材料（气体、焊剂、焊膏）、焊接参数、焊道排列顺序及层数、边缘堆焊、焊接中的变形控制、焊缝的焊后处理（如锤击等）、焊后热处理（退火）温度及时间、焊接顺序、层间温度控制、检验部位、方法、时间。

（10）齿条的堆焊修复举例

在修复焊中通常第一工作步骤都是清理施焊修复部位，去除油、锈及其他污物；第二步是修复部位的坡口制备，主要与缺陷种类（裂纹、夹渣、未焊透等）、缺陷尺寸（空间尺寸）、缺陷位置（在构件中的深度，可在两侧或单侧进行返修）等情况有关。

图9.31为有裂纹齿条，采用堆焊修复，修复工作步骤如下：

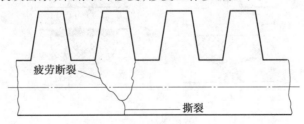

图9.31 有裂纹齿条示意图

①清理修复部位，即清除锈、油及其他污物。

②裂纹检查（裂纹可见），确定裂纹难以用打磨去除。

③确定裂纹为疲劳裂纹。

④确定裂纹产生的原因:材料为 45 钢(调质钢),而齿条未经调质处理。

⑤取下损坏的齿条(图 9.32),确定材质,调查破裂原因。

⑥在齿条上开坡口,坡口深度大约为齿座的 2/3。

⑦将要修复的齿条在夹具中固定,夹紧以防焊接变形。

⑧预留横向收缩量 2 mm(图 9.32)。

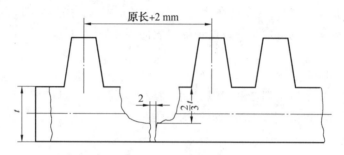

图 9.32 取下损坏的齿条后示意图

⑨焊接顺序(图 9.33):

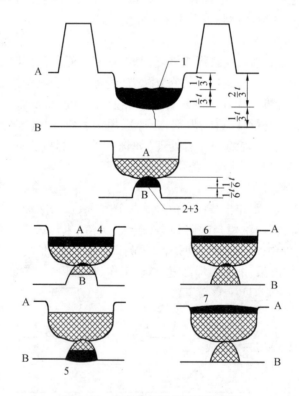

图 9.33 齿条修复焊接顺序示意图

a. 预热温度,对于 45 钢为 300 ℃。

b. 工作温度:300 ℃。

c. A 侧封底焊(1)。

d. B 侧开坡口(2)。

e. B 侧封底焊(3)。

f. A 侧两层焊(4)。

g. B 侧盖面填满焊(5)。

h. 将工件从夹具中取出。

i. A 侧 3 层焊(6)。

j. A 侧盖面焊(7)。

⑩齿的焊接(堆焊)：

a. 齿芯对接焊(采用一般焊接材料)。

b. 齿缘堆焊(采用耐磨焊条)。

思 考 题

1. 常见焊接缺陷有哪些？各有何危害？

2. 焊缝外观检测包括哪些内容？可检测哪些缺欠？

3. 何谓射线探伤灵敏度？受哪些因素影响？如何测量？

4. 射线照相法探伤的曝光规范是怎么确定的？

5. 国家标准对射线检测的焊缝质量等级有何规定？

6. 超声波为何能用于探伤？可用何种方式进行探伤？

7. 超声波探头有哪几种？分别应用于什么场合？

8. 超声波探伤对缺陷的大小是如何判定的？

9. 磁力探伤与渗透探伤各有何特点及应用？

10. 修补焊应遵循什么程序？注意哪些问题？

第 10 章　焊接生产的组织与管理

10.1　焊接生产的组织与管理基础知识

10.1.1　焊接生产的组织形式

1.项目组织结构的类型

项目组织结构的类型千差万别,但常见的项目组织结构可划分为 3 类:职能型组织结构、项目型组织结构和矩阵型组织结构。

(1)职能型组织结构

图 10.1 是一个典型的职能型组织结构示意图。

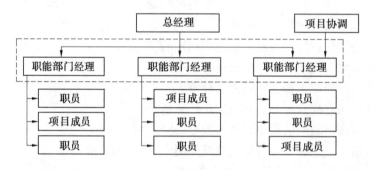

图 10.1　职能型组织结构示意图

职能型组织结构是一种传统的、松散的项目组织结构,也是当今世界上最普遍的一种组织形式。它的出现是社会化大生产、专业化分工的结果。职能型组织结构呈一个金字塔形的结构,高层管理者处于组织结构的最顶层,中、低层管理者逐层向下分布。职能型组织结构最显著的特点就是管理层次比较分明,各个部门的高层、中层和低层管理者分别按结构层次分布。

职能型组织结构主要承担的是公司内部项目,一般很少承担外部项目。当公司要进行某个项目时,它可以通过在实施此项目的组织内部建立一个由各个职能部门相互协调的项目组织来完成这个项目目标。项目成员来自于各个职能部门,通常情况下他们都是兼职的,因为这些成员在完成一定项目任务的同时,还要完成其所属职能部门的任务。项目经理可能由职能经理兼任,也可能只是某部门的一般成员,主要起协调作用,没有足够的权力控制项目的进展,对项目团队成员也没有完全的支配权力。

(2)项目型组织结构

项目从公司组织中分离出来,作为独立的单元,有自己的技术人员和管理人员,即形成项目型组织结构。它的部门是按照项目来设置的,每个部门相当于一个微型的职能型组织,有自己的项目经理及其下属的职能部门。图10.2是一个典型的项目型组织结构示意图。

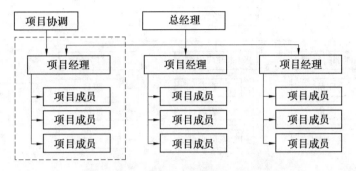

图10.2 项目型组织结构示意图

项目型组织结构最突出的特点就是"集中决策,分散经营",也就是说,公司的总部控制着所有部门的重大决策,各部门分别独立经营,这是组织领导方式由集权制迈向分权制的一种改革。在项目型组织结构中,项目经理对自己的部门全权负责,对项目成员有直接的管理权力。所有的项目成员都是专职的,当一个项目结束时,团队通常就会解散,团队中的成员可能会被分配到新的项目中去。如果没有新的项目,他们就有可能被解雇。项目型组织结构不适用于人才匮乏或规模较小的企业,由于其要汇集大量专业人才,且重复设置,成本较高,因此,主要适用于涉及大型项目的公司。

(3)矩阵型组织结构

事实上,职能型组织结构和项目型组织结构都属于两个十分极端的情况,矩阵型组织结构则是由职能型组织结构和项目型组织结构构成的混合体,它是为了最大限度地发挥二者的优势,在职能型组织的垂直层次结构中叠加了项目型组织的水平结构。因此,矩阵型组织结构在一定程度上避免了上述两种结构的缺陷,可以在二者之间找到最佳耦合。根据项目组织中项目经理与职能经理权限大小的程度,人们通常将矩阵型组织结构划分为弱矩阵型组织结构、平衡矩阵型组织结构和强矩阵型组织结构3种类型,在不同的组织结构类型中,项目经理的权限是不尽相同的,具体情形如图10.3所示。

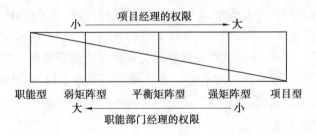

图10.3 不同项目组织结构中项目经理权限的变化图

①弱矩阵型组织结构。

弱矩阵型组织结构类似于职能型组织结构,项目经理的权力小于职能部门经理的权力。通常情况下,项目中只有项目经理一个全职人员,由他负责协调项目的各项工作,但项目经理没有权力确定资源在各个职能部门分配的优先程度。项目成员不是从职能部门直接调派过来,而是在各职能部门兼职为项目提供服务,项目需要的各项资源也由相应职能部门提供。图10.4 是一个典型的弱矩阵型组织结构示意图。

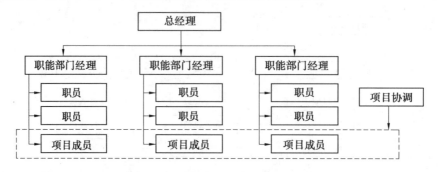

图 10.4　弱矩阵型组织结构示意图

②强矩阵型组织结构。

强矩阵型组织结构类似于项目型组织结构,项目经理的权力大于职能部门经理的权力。一般情况下,项目经理对项目实施全权控制,而职能部门经理的任务主要是辅助项目经理工作,对项目没有直接的影响力。图10.5 是一个典型的强矩阵型组织结构示意图。

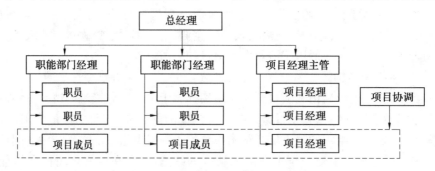

图 10.5　强矩阵型组织结构示意图

③平衡矩阵型组织结构。

平衡矩阵型组织结构介于弱矩阵型组织结构和强矩阵型组织结构之间,项目经理的权力与职能部门经理的权力大体相等。项目和职能部门的职责组合可以有多种形式。通常情况下,由项目经理负责项目的时间和成本,监督项目的执行;各职能部门的经理除了要对本部门的工作负责外,还要负责项目的界定和质量。但平衡矩阵型组织结构主要取决于项目经理和职能经理的权力的平衡程度,平衡矩阵很难维持,容易发展成弱矩阵型组织结构或强矩阵型组织结构。图10.6 是一个典型的平衡矩阵型组织结构示意图。

2. 项目组织结构类型的选择

项目组织结构类型的选择是一件十分不易的事情,不仅需考虑公司和项目的具体情况、所拥有的各项资源(包括公司员工的素质、管理水平以及项目本身的规模、技术复杂程度以及项目经理的素质和能力),还需考虑各种不同的组织结构所存在的优缺点及其适用范围。在选择项目组织结构类型时既需有一定的科学性,也需具备一定的经验。

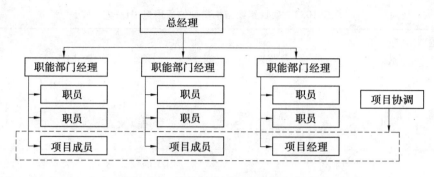

图 10.6 平衡矩阵型组织结构示意图

职能型组织结构、项目型组织结构和矩阵型组织结构的优缺点汇总结果见表 10.1。职能型组织结构、项目型组织结构和矩阵型组织结构的特征归纳见表 10.2。

表 10.1 项目组织结构类型的优缺点比较

优缺点 组织结构	优　点	缺　点
职能型	没有重复活动;充分发挥职能作用;人员使用灵活	狭隘、不全面;反应缓慢;不注重客户
项目型	决策及时、准确;能够控制资源;向客户负责	成本低效;项目之间缺乏知识信息交流
矩阵型	有效利用资源;职能专业知识能够共享;促进学习和交流;沟通良好;注重客户	双层汇报关系,需要平衡权利

表 10.2 项目组织结构类型的特征比较

组织结构 特征	职能型	矩阵型			项目型
		弱矩阵型	平衡矩阵型	强矩阵型	
项目经理的权限	很少或没有	有限	小到中等	中等到大	很高甚至全权
全职人员比例	几乎没有	0%～25%	15%～60%	50%～95%	85%～100%
项目经理的任务	兼职	兼职	全职	全职	全职
项目经理的角色	项目协调员	项目协调员	项目经理	项目经理	项目经理
项目管理行政人员	兼职	兼职	兼职	全职	全职

由表 10.2 可以看出,在职能型组织结构和弱矩阵型组织结构中,一般只有兼职的项目协调员,而在平衡矩阵型、强矩阵型组织结构以及项目型组织结构中,才会配置全职的项目经理。项目协调员和项目经理的角色差异表现为:前者仅需综合协调项目,后者则需实际进行决策。职能型组织结构中几乎没有全职的工作人员,而项目型组织结构中的成员大多数都是全职服务于项目的。在矩阵型组织结构中,"强""弱"所表示的是矩阵型组织结构中职能化集成的程度。

项目组织结构类型的适用范围比较见表 10.3。

表 10.3 项目组织结构类型的适用范围比较

适用性组织结构	适用项目	适用公司类型
职能型	小型简单项目 公司内部项目 内容涉及较少部门的项目	构成比较单一、综合实力比较弱的公司;总体水平虽不是很高,但其中的部门实力较强的公司以及内部少数人员素质较高的公司
项目型	非盈利机构 建筑业及航空航天业 大型复杂项目、价值高、期限长,公司中有多个相似项目	组织部门完善、综合力量较强的公司;总体水平较高,职能部门拥有丰富的专业人员,技术人员素质较高,项目经理素质较高、能力强、资金雄厚的公司
矩阵型	多工种、多部门、多技术配合的大型项目 人、财、物效率要求较高的项目 公司资源共享、广泛沟通的项目	大型综合施工企业;经营多元化、实力很强的公司;管理水平较高,沟通渠道畅通、灵活,管理经验丰富的大型公司;技术和管理人员素质较高,有较为完善的企业文化的大型公司

通常,职能型组织适用于规模较小、以技术为重点的项目,不适用于时间限制性强或要求对外界变化做出快速反应的项目。如企业需要在某类设备或厂房上进行投资,此时适于采用职能型组织结构。项目型组织结构一方面适用于一个公司中包括多个相似项目的情况,另一方面适用于长期的、大型的、重要的和复杂的项目。矩阵型组织结构适用于一个项目需要利用多个职能部门的资源而且技术相对复杂,但是又不需要技术人员全职为项目工作的情况。选择项目组织结构类型应考虑的关键因素见表 10.4。

表 10.4 选择项目组织结构类型应考虑的关键因素

组织结构因素	职能型	项目型	矩阵型
项目风险程度	小	大	大
项目所用的技术	标准	创新性强	复杂
项目本身复杂程度	小	大	一般
项目持续时间	短	长	一般
项目投资规模	小	大	一般
客户的类型	多	单一	一般
对公司内部的依赖性	弱	强	一般
对公司外部的依赖性	强	弱	一般

10.1.2 焊接生产的管理

对焊接施工中的各个环节和因素进行有效的管理,要运用以下7个基本观点:

①系统工程观点。

②实现企业质量方针和管理目标观点。

③全员、全过程质量控制观点。

④全面质量管理(TQC)观点。

⑤质量分析、评价以原始资料为依据的观点。

⑥质量信息反馈观点。

⑦定期或不定期认真整改观点。

在焊接施工中,做好以下工作是焊接质量管理的基本手段:

①焊工资格审查与技艺评定。

②焊接工艺评定。

③编制合理的焊接工艺规程。

④制订合理的热处理工艺并严格控制。

⑤保证焊接材料的验收和管理。

⑥保证焊件装配质量。

⑦严格实施工艺纪律。

⑧建立科学、有效的设备管理制度并严格执行。

⑨建立有效的仪器、仪表周检制度并严格执行。

⑩严格控制焊缝返修工作。

⑪加强工序质量检验和最终检验。

在实际工作中,焊接生产管理需要从事的内容很多,归纳起来主要有以下几方面:

1. 产品设计的准备

产品设计准备主要任务是将科研成果转化为产品。产品设计准备是企业生产技术准备工作最重要的内容,产品设计的优劣直接影响产品的性能、质量、市场、成本和利润。产品设计工作的基本程序和内容如下:

①编制设计任务书。

②进行技术设计。

③进行工作图设计。

2. 生产计划的编制

生产计划是企业在计划期的生产纲领,它是决定企业生产经营活动的重要纲领性计划,很多企业称为生产大纲。企业生产计划的主要内容包括:确定生产指标;进行生产能力的核算和平衡;合理安排生产进度,并依据产品进度计划分解零部件生产进度;规定各生产分单位的生产任务和进度要求;编制外协加工计划以及原材料、外购件的采购计划。

要编制一个合理的生产计划,需要做好以下几方面工作:

①必须首先进行生产能力和生产负荷关系分析。

分析的主要内容包括:生产产品类型、生产进度和生产周期;生产产品所需的材料、数量以及如何保证其及时供应;产品对技术的要求、目前技术是否满足生产要求;生产产品所需的设备、工装是否满足要求;目前的人力资源是否满足要求;如果不能满足要求,如何解决等。

②制定生产能力和生产负荷分析管制表。

将生产能力和生产负荷换算成相同的可比单位,从而比较制造能力和生产任务是否平衡,内容包括生产单位名称、分析评估期间、产能状况、负荷状况以及分析结论及对策。

③对生产能力进行预分析。

生产能力预分析包括月生产能力预估分析、周生产能力预估分析。

④对生产负荷进行预分析。

生产负荷预分析包括月生产负荷预估分析、周生产负荷预估分析。

⑤分析的结论和对策。

分析的结论和对策包括生产能力大于生产负荷的应对措施,生产能力小于生产负荷的应对措施。

焊接生产项目施工计划由于具有一次性的特点,存在很多不可预知的因素,所以计划编制工作不可能十分详细和具体,这就需要加强现场施工的监控力度,发现问题并及时解决,以弥补计划工作的漏洞和不足。

3. 焊接生产技术的准备

技术准备工作是在进行正常生产之前所必须进行的一系列技术和物质方面的准备工作,主要包括以下几个方面:

(1)设计文件的准备

在正式施工之前,设计工作存在的问题必须全部纠正,文件的更改、审核、会签、批准等工作必须完成。

(2)工艺文件准备

需编制的工艺文件必须限期完成,尤其是焊接工艺规程,作为主要的施工工艺,很大程度上决定了产品的制造质量。焊接工艺的编制,首先要对预先拟定的焊接工艺按照有关规定和标准进行评定,然后根据工艺评定报告和图样技术要求制定焊接工艺规程,编制焊接工艺说明书或工艺卡。由于焊接工艺评定工作量较大,工艺准备应该及时进行。

(3)工艺装备的准备

焊接工艺装备是焊接设备的重要辅助设施,对提高生产率、保证焊接质量具有重要意义。在焊接施工之前,要详细论证工艺装备的适用和使用问题,可以购买通用的焊接工艺装备,也可以根据施工要求,设计和制造专用焊接工装。由于工艺装备的设计制造周期较长,此项工作应提前进行,及时提出工艺装备设计、制造委托书,保证按施工要求及时制造、安装和调试完成。

(4)原材料的准备

根据原材料明细单,保证及时、保质、保量供应到位。

(5)焊接材料准备

焊接材料是保证焊接质量的重要因素,一般应选择信誉比较高、产品质量比较好的厂家进货,最好定点供应。对于重要焊缝使用的焊接材料,使用前要进行必要的检验才能入库。焊接材料的保管条件要符合有关标准的要求。

(6)外协件的准备

所谓外协,就是指有些加工项目或零部件,由于本企业不具备加工能力,或者有一定的加工能力,但经过经济核算认为不合算,而寻求其他企业代为加工的情况。外协件的加工,一般需要焊接生产项目部门对外协加工企业的加工能力进行认证,为其提供图纸及相关的技术文件,按质量标准检验其加工质量。保证按照焊接施工进度计划及时完成外协加工任务。

(7)生产设备、试验设备和检验工具的准备

由于焊接生产项目施工一般是在远离公司或企业总部进行的,设备的调运很不方便,所以对于生产设备、试验设备、检验工具的准备工作更应具体。计算设备生产能力时要充分估计施工中的不利因素,或根据以往施工经验,计算设备生产能力,保证设备的品种、规格、数量在施工中符合要求。焊接检验工作经常会涉及射线探伤,由于存在射线防护问题,在生产施工场地建设时,就应该将此问题考虑进去。

4.人力资源的准备

人力资源的准备,就是在施工组织设计的基础上,详细计算所需焊工及其他工种工人的技术等级及人数,及时按照有关标准开展相应的培训工作,使工人获得相应技术操作能力和相应证件,并应建立焊工技术档案。

5.施工现场的准备

施工现场准备工作包括:水、电、气、热的供应问题,工装设备的摆放问题,运输问题,定置,管理位置划分等问题。

6.施工现场的管理

施工现场管理工作的内容包括:现场设备、原材料、零部件等的合理摆放,现场的文明施工、安全生产等。

7.施工进度的监控

根据项目总体和分指标计划要求,采取日、周、月检查,汇报,落实制度,发现问题及时解决,保证计划的圆满完成。

8.焊接质量的管理

质量管理工作就是通过开展质量活动,有效控制焊接质量形成的全过程。为了实施质量管理,就是运用全面质量管理的观点,建立完善的质量体系,对焊接施工质量实行全员、全方位、全过程的管理,以实现施工质量得到持续改进和稳定提高。

9.焊接质量的控制

焊接质量控制所涉及的内容很多,主要包括焊工考试、焊接工艺评定、焊接材料质量控制和管理、焊接设备管理和产品焊接等内容。其中,产品焊接的控制又包括焊前清理、定位焊的控制、产品焊接试板、焊接印记、施焊记录、焊接工艺纪律检查、焊缝检测、焊缝返修及焊后热处理控制等内容。对于施工现场的焊接质量控制,主要通过建立质量责任制、

落实"三检"制度、技术和质检人员巡视、定期和不定期工艺纪律检查等措施来实现。

10. 安全生产管理

安全生产管理是指负有安全生产管理职责的管理者对安全生产工作进行的计划、组织、指挥、协调和控制的一系列管理活动。安全生产管理可分为国家有关行政机关对生产经营单位安全生产工作进行的管理和生产经营单位自身进行的安全生产管理。

11. 焊接生产成本的管理

成本管理的任务就是编制生产预算、制定成本计划、严格控制。目的是合理使用人力、物力、财力，达到降低成本，增加效益的目的。

焊接生产管理工作具有复杂性和系统性的特点，以上焊接生产管理内容只是很笼统地做了介绍，如果细分，还可以列举很多内容。

10.2　焊接生产的组织与实施

10.2.1　焊接生产的成本管理

成本管理工作是在焊接结构生产过程中，通过对各项开支的监控，尽量使实际成本控制在生产定额或预算范围内的一项管理工作。其工作内容包括：建立必要的管理制度，监视各项（人工、材料、机械设备、运输等）开支的变动情况，确保实际需要增加的开支都能够有据可查；防止不正确的、不合适的或未经同意的开支发生；同时，要根据生产中实际发生的成本情况，不断修正原先的成本预算，并对这个生产项目的最终成本进行预测。

1. 成本分析

（1）生产成本的综合分析

成本综合分析是对项目降低成本计划执行情况进行概括性分析和总的评价，为进一步深入分析和专题分析指出方向。综合分析根据生产预算、降低成本计划和实际成本报表进行。一般采用比较分析法，其内容如下：

①实际成本与计划成本进行比较，以检查完成生产项目降低成本计划的情况，以及各个成本项目的降低或超支情况，进而检查技术组织措施计划编制的合理性及其执行情况。

②实际成本与预算成本比较，以检查是否完成降低成本目标，以及各个成本项目的降低或超支情况，进而分析工程成本升降的主要原因。

③对所属施工部门之间进行比较分析，可检查各部门完成降低成本任务情况，分析降低成本水平高低的原因，进而总结推广降低成本的先进经验。

④不同项目之间进行成本比较，以检查各项目及其成本的降低情况，以便进一步深入分析工程成本升降的原因，改进管理。

⑤本期同上期降低成本进行比较，以衡量发展水平。

（2）成本分析的内容

①人工费分析。影响人工费节约或超支的主要因素有两个：即工日差（实际耗用工日与预算工数的差异）和日工资单价差（实际日平均工资与预算定额的日平均工资的差

异）。据此可进一步分析工日利用情况、劳动组织等情况,工人平均等级变动、各种基本工资变动以及工资调整等情况,这样来寻找节约人工费的途径。

②材料费分析。材料费分析是根据预算材料费与实际材料费以及地区材料预算价格来进行比较分析。影响材料费节超的主要因素是量差(即材料实际耗用量同预定额用量的差异)和价差(即材料实际单价与预算单价的差异),通过分析可以找出是材料验收发放管理上、工人操作上、材料代用上等方面的原因,还是材料原价、运输、采购及保管费方面变动的原因,从而进一步挖掘节约材料的潜力,降低材料费用。

③机械使用费分析。机械使用费分析根据预算和实际的机械成本、机械台班产量及台班费定额进行。它分自有机械使用费和机械租赁费分析。影响机械租赁费的因素主要是预算台班数和实际台班数差异。机械租赁费主要是由机械效率是否充分发挥和施工组织是否合理引起的。影响自有机械使用费变动的因素主要有台班数变动和台班成本的变动。台班数变动是属机械使用效率的原因,而台班成本是由台班费用项目实际比定额节超引起的。根据上述分析,及时采取措施,以节约机械使用费的支出。

④其他直接费分析。其他直接费分析应根据预算中属于这部分的费用与实施发生的成本进行比较。它的节超,主要是组织管理上的原因引起的。

⑤施工管理费分析。单位工程成本中的实际管理费与预算管理费发生变动,主要是由于工程直接成本和单位直接成本应分配的管理费这两个因素而引起的。因此,对于单位工程成本中管理费的差异,应结合本单位全部管理费的分析找原因。通常可把管理费的实际发生数与预算收入数或与计划支出数进行比较分析。为了详细了解管理费节超的原因,还应按各个费用项目比较分析。

2. 成本控制技术

进行成本控制要建立成本控制的基本制度,包括以下两个方面:

(1)分级分口成本控制责任制

它是以公司为主体,把公司、处、队、班组的成本控制结合起来,以财务部门为主,把生产、技术、劳动、材料、机械设备、质量等部门的成本控制结合起来。这样可以形成全企业的成本控制网。

分级控制是从纵的方向把成本计划指标按所属范围逐级分解落实到处、队、班组,班组再把指标分解落实到个人。

分口控制是从横的方向把成本计划指标按性质落实到各职能科室,每个职能科室又将指标分解落实到职能人员。

(2)成本记录报告制度和成本指标考核制度

各部门要设置成本账卡资料,班组要有完成任务的日、旬、月记录,并编制成本报表和进行成本分析报告;对各级、各部门和队组的降低成本指标完成情况,实施技术组织措施计划的经济效果等进行考核,辅以必要的奖惩,使之制度化。

3. 成本控制的方法

(1)间接成本的控制方法

间接成本采用指标分解归口管理的方法,即按计划指标特定的用途分解为若干明细项目,确定其开支指标,分别由各级有产归口部门管理。为便于日常掌握和控制费用支出,可设立管理纲用开支手册,一切纲用开支前都要经过审批,批准后才能开支。凡超标准、违反成本开支范围的费用都要予以抵制。财务部门每月要监督检查计划执行情况,以促进节约避免浪费。

(2)直接成本的控制方法

除要控制材料采购成本外,最基本的是在工程施工的过程中,落实技术组织措施,经常把实际发生的人工、材料、机械和分包等费用与施工预算中各相应的分部分项工程的目标成本进行对比分析,及时发现差异或预计其趋向,并找出差异发生的因素和主要客观原因,采取有效措施加以改正或预防,保证按成本计划支出或节约生产费用。为此,须制定如下的报表:

①成本记录报表。它是实际成本形成过程中有关纲目的记录报表,如人工工日、机械台班、工资、材料、分包费用支付账等。按日、周(或旬)、月和完工时进行累计,成本数据记录要及时准确。记录方式采用手工处理的格式化和传票化方式,为提高效率达到有效控制,应采用计算机程序计算处理方式。

②成本报告书(成本完成情况报告书)。成本报告书一般分日、周(或旬)、月和完工报告。日、周报告由班长做出,及时报告成本上的重要事项。月报告又称月结成本报告,它是工程概况和月成本。在月成本报告中,必须进行成本分析和预测,找出差异,分析原因,迅速采取措施加以改正和预防。这一分析预测可借助分项成本分析表和最终费用盈亏预测表。完工报告是由项目负责人做出的,它和财务部门所做的工程决算报告是有区别的。工程的完工报告除了有详细的金额外,还必须把与施工条件有关的成本是如何发生的作为重点写清楚。

10.2.2 焊接生产的技术准备

生产技术准备工作的好坏直接影响到工程项目的质量、进度、成本和安全目标。其主要内容包括以下几方面:

1. 熟悉和审查施工图纸,组织图纸会审

合同签订后,由技术部门向建设单位领取各专业图纸,由资料员负责施工图纸的收发,并建立管理台账;由主任工程师组织工程技术人员认真审核图纸,做好图纸会审的前期工作,针对有关施工技术和图纸存在的疑点做好记录;工程开工前及时与业主、设计单位联系,做好设计交底及图纸会审工作。具体步骤如下:

①审查结构设计是否合理,是否符合国家有关设计和施工的规范,在现有的工艺技术条件下能否实现设计所要达到的质量要求,并向设计单位提出修改建议。

②施工图纸是否完整和齐全,与说明书在内容上是否一致;图纸及其各组成部分之间有无矛盾和错误。

③焊接结构图纸与其他相关的工程图一样,要求在尺寸、精度等说明方面一致,技术要求明确。

④复核主要承载结构或构件的强度、刚度和稳定性能否满足施工要求;对于工程复杂、施工难度大和技术要求高的分部工程,要审查现有生产技术和管理水平能否满足工程

质量和工期要求,对结构有何特殊要求等。

2.现场资料调查分析

当结构产品在其安装的现场进行制作或安装时,必须对现场的政治、经济、地理等情况进行深入调查,并分析其特点,为正确编制施工组织设计提供依据。通常调查的内容包括以下内容:

①自然地理条件,即工程所在地的地理位置、地形、施工场地范围、气象、水文等情况。

②技术经济条件,包括工程材料、设备、燃料、动力和生活用品的供应情况、价格水平以及当地劳务市场可雇佣人员的技术水平、工资水平等。

③施工条件,包括场地四周情况、给排水、供电、道路条件、通讯设施等。

3.编制工艺规程和施工组织设计

一般的焊接工艺可以分3个阶段,具体如下:

①焊前:母材、规格、坡口、组对允许误差、焊材、焊接方法、清理、预热要求等必须明确。

②焊接过程中:焊接参数、层间温度控制、层间清理、检查、尺寸要求等。

③焊后:NDT 要求、焊缝表面质量要求、热处理要求、返修工艺等。对于有评定要求的焊缝,需要按要求和有关标准组织评定。

现以某公司编制的焊接工艺规程(规程编号 HG0301)为例说明编制过程,其中表10.5 为标注表,表10.6 为焊接接头编号表,表10.7 为焊接材料汇总表,表10.8 为焊接工艺卡。

表 10.5 标注表

版接次	修改标记及处数	编制人及日期	审核人及日期	备 注

表 10.6 焊接接头编号表

接头编号示意图	接头编号	焊接工艺卡编号	焊接工艺评定编号	焊工持证项目	无损检测要求

表 10.7 焊接材料汇总表

母 材	焊条电弧焊 SMAW		埋弧焊 SAW			气体保护焊 MIG/TIG		
	焊条/规格	烘干温度/时间	焊丝/规格	焊剂	烘干温度/时间	焊丝/规格	保护气体	纯度

容 器 技 术 特 性						
部 位	设计压力/MPa	设计温度/℃	试验压力/MPa	焊接接头系数	容器类别	备注

表 10.8 焊接工艺卡

产品名称	储 气 罐		产品型号			零部件名称		
焊接工艺指导书编号	HP01-01		焊接工艺评定编号		HP01	图 号		
母 材	Q235B		规 格			钢号类组别号		I-1
气 体	/	配比	/	流量	/	清根方式		/
接头编号						焊工资格		

层次	焊接方法	焊接材料		电源及极性	电流/A	电压/V	焊接速度/(cm·min⁻¹)	线能量/(J·cm⁻¹)
		牌号	规格					
1	SAW	ER50-6	Φ1.6	直流反极	~200	25~28	60~80	4 543
2	SAW	HJ431			~250	28~30	80~90	5 118

焊接层次,顺序示意图:

焊接层次(正/反):各一层;坡口角度:0°
钝边;板厚;其他

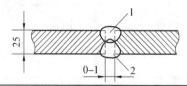

技术要求及说明:

①清除坡口两侧内外表面 20 mm 范围的油污、锈蚀、尘土且应露出金属光泽;

②纵焊缝与熄弧板相连一端 30~50 mm 的内焊缝先用手工电弧焊焊接

　　施工组织设计,是指对即将施工的制作及安装工程项目,在开工前针对工程本身的特点和现场(或生产车间)具体情况,按照工程的要求对所需要的人力资源、生产材料、施工机械和施工临时设施,经过科学计算、精心比较及合理安排后而编制出的一套在时间上和空间上进行合理施工的战略部署文件。

　　施工组织设计的基本内容应包括编制依据及说明、工程概况、施工准备工作、施工管理组织机构、施工部署、施工现场平面布置与管理、施工进度计划、资源需求计划、工程质量保证措施、安全生产保证措施、文明施工、环境保护保证措施、雨期、台风、暑期高温和夜间施工保证措施。

4. 编制施工图预算和施工预算

　　施工图预算是技术准备工作的主要组成部分之一。它是按照施工图确定的工程量、施工组织设计所拟定的施工方法、建筑工程预算定额及其取费标准,由施工单位主持,在工程开工前的施工准备工作期编制的确定建筑安装工程造价的经济文件。它是施工企业签订工程承包合同、工程结算、银行拨贷款及进行企业经济核算的依据。

　　施工预算是根据施工图预算、施工图纸、施工组织设计或施工方案、施工定额等文件,综合企业和工程实际情况编制的。施工预算在工程确定承包关系以后进行。它是企业内部经济核算和班组承包的依据,因而是企业内部使用的一种预算。

　　施工图预算与施工预算存在很大区别:施工图预算是甲、乙双方确定预算造价,发生经济联系的技术经济文件;施工预算是施工企业内部经济核算的依据。将"两算"进行对比,是促进施工企业降低物资消耗、增加积累的重要手段。根据图纸所确定的工程量、施工组织设计所拟定的生产工艺,参考国家劳动定额,计算各主要生产工序的人工工时、材料消耗数量,并汇编成册,为开展成本管理工作做好技术上的准备。

10.2.3　焊接生产的实施准备

　　焊接生产的实施准备包括以下几个方面:

1. 物资准备

　　物资准备工作的内容主要包括:主材(钢板、钢管、型钢等钢材)、外购件(法兰、标准件)、辅材(焊条、氧气、乙炔等)、施工机具(焊机、起重机、空压机等)、工艺装备(滚轮架、变位器、夹具等)。辅助的物资准备工作有施工机具准备以及各种工具和配件的准备。

　　(1)材料准备

　　根据图纸材料表算出各种材质、规格的材料净用量,加一定数量的合理损耗,提出材料预算计划,结合生产进度计划,编制主材、辅材、外购件需要量及供应计划,为施工备料、确定仓库和堆场面积以及组织运输提供依据。

　　(2)施工机具准备

　　根据生产工艺和进度计划的要求,编制机具需要量计划,为组织、运输和确定机具停放场地提供依据。

（3）工具和配件的准备

根据生产工艺流程及现场工艺布置图的要求，编制工装需要量计划，为组织、运输和确定堆场面积提供依据。

2. 设备与工装准备

焊接结构件生产中常用的设备有剪切设备、成形设备、焊接设备、无损检测设备、试压设备、热处理设备、焊材烘干设备、空压设备、理化检测设备和仪器、仪表等。这些设备与工装的准备工作包括设备的购置、设备的管理、设备的保存等，每一程序都有严格的要求。

（1）焊接设备的购置

当焊接生产项目确定后，为了进行一系列的焊接结构件的生产工作，需要购置所需的焊接设备，这些焊接设备在购置时需要满足下列要求：

①根据生产需要，提出设备的造型、性能要求，推荐购置厂家、数量，报生产部审核，公司经理办公会批准执行，生产部负责办理购买的具体事宜，设备的能力应满足制造质量要求。

②设备进厂后，由生产部设备人员牵头对设备进行验收，验收内容包括：设备与订购要求是否相符，使用说明书和装箱单规定的随机物品是否齐全，设备外观是否受损，并与专业人员对设备进行初步操作试用。

③验收合格后，由生产部统一编号，建立设备台账。

④设备的技术档案交公司资料室归档保存。

⑤设备使用部门主管人员签字后，办理设备使用手续，领用设备。

（2）焊接设备的使用

①专业焊接设备应经常保持完好状态，完好率应达到100%。

②各种焊机上应装有与设备额定参数相匹配的电流表和电压表。焊机上的仪表应由设备管理人员和计量管理人员登记建账，经检定合格后方可使用。各种仪表应在检定有效期内。

③焊接设备应挂有"专用设备""完好设备"等标牌。

④焊接设备要做到四定：定使用人、定检修人员、定操作规程、定期保养。

⑤焊接设备不得随意搬动，不得靠近热源及易燃易爆气体。

⑥操作者应熟悉设备性能，不得超载使用或带负荷启动。使用时，工作时间应符合规定的暂载率要求。

⑦若设备发生故障，应首先切断电源及时检查，并及时向设备管理人员报告，以便处理。

（3）焊接设备的管理与维护

焊接设备进厂后，为了保持良好的工作状态，在生产过程中需要进行适当的维护和保养，具体的操作应遵循以下原则：

①设备日常维护保养由当班设备操作者按"设备日常维护保养标准"的内容要求，进行维护保养。每班保养由班长验收，周末保养由单位主管领导按验收标准验收。

②设备定期维护保养，每季度进行一次，以操作者为主，维修人员配合，视设备状况，按"设备定期维护保养标准"的内容要求，进行维护保养。单位验收后，生产部按验收标

准抽查。

③设备必须按照有关标准进行定期检查,逐台做好记录,并存入焊接设备管理档案保存。对使用年限长、故障频繁、质量差、工效低、能耗高的焊接设备,由单位主管负责人审核后,报公司生产部批准,进行技术改造或更新。

④设备必须按照"维护保养标准"要求,进行精心保养,以保证设备处于完好状态。专业维修人员必须在设备检修间隔期内,按标准要求进行保养维修。

⑤生产部每年负责组织车间、技术部门对设备进行完好程度鉴定。设备必须做到专管率 100%,完好率不低于 85%,大型、关键、单台设备必须达到台台完好。

⑥设备连续 3 个月以上闲置、停用,应执行闲置设备的管理规定,并做好记录。

（4）焊接设备的四定

①定使用人。由设备使用单位负责人提出名单,经公司设备负责人考核后,方可上机操作。

②定检修人。由设备使用单位负责人根据本单位设备具体情况编制周期检修计划,指派专人或小组负责检修工作。

③定操作规程。公司生产部和设备使用单位共同制定单机操作规程,经公司批准后执行。

④定期保养。按照"设备定期维护保养标准"的要求,进行维护保养。

（5）焊接设备事故的处理

①设备发生事故后,设备使用单位负责人应及时如实上报公司生产部,由生产部组织事故的调查分析。

②发生事故后的设备,由生产部负责组织鉴定,经维修并经鉴定后仍满足设备生产要求,可继续投入使用。

③对于无法修复的设备办理报废手续,设备处理后生产部应及时修订设备台账。

3. 劳动组织准备

（1）建立施工组织机构

施工组织机构的建立应根据焊接施工项目的规模、结构特点和工程的复杂程度来决定。为了有效地进行各项管理工作,在项目经理之下应设置一定的职能部门,分别处理有关的职能事务,人员的配备应适应任务的需要,要力求精干、高效。机构的设置要符合精简的原则,坚持合理分工与密切协作相结合,分工明确,责权具体,便于指挥和管理。确定项目领导机构的人选和名额,遵循合理分工与密切协作、因事设职与因职选人的原则,建立有施工生产经验、有开拓精神和工作效率高的项目领导机构。

（2）合理设置施工班组

施工班组的建立应认真考虑专业和工种之间的合理配置,技工和普工的比例要满足合理的劳动组织,并符合流水作业方式的要求。同时制定出工程所需的劳动力需要量计划。在焊接结构生产中,根据施工组织设计中所拟定采用的生产组织方式来确定,主要的生产组织方式有专业分工的大流水作业生产方式和一包到底的混合组织方式两种。

不管是采用何种方式的生产组织,均应按照生产进度计划拟定劳动力需要量计划。按照生产进度要求,既要及时准备作业班组投入生产,又要避免无计划而出现生产人员误工现象造成不必要的人力浪费。

（3）施工力量的集结进场和培训

在建立工地组织领导机构后，根据各分部分项工程的开工日期和劳动力需要量计划，分批分阶段地组织劳动力进场，并及时组织进行上岗前的培训教育工作。因为施工生产中的决定性因素是人，所以施工力量的集结进场和特殊工种及缺门工种的培训教育工作是施工准备工作的一项重要任务。施工中需要的工种很多，如电焊工、力学性能测试工、测量工、焊接性试验工、焊接检验工、机械修理工等都是焊接施工中不可缺少的工种，对于直接为施工服务的工种及其他缺乏的工种或技术水平要求较高的工种，进场后都应进行技术、安全操作、消防和文明施工等方面的培训教育，做到持证上岗。

（4）向施工班组和操作工人进行开工前的交底

在单位工程或分部分项工程开工之前，应将工程的设计内容、施工组织设计、施工计划和施工的技术质量要求等，详尽地向施工班组和操作工人进行讲解、交代，以保证工程能严格按照设计图纸、施工组织设计、施工技术规范、安全操作规程和施工质量检验评定标准的要求进行施工。交底工作应按照管理系统自上而下逐级进行，根据不同对象，交底可采取书面、口头和现场示范等形式。

同时，为落实施工计划和技术责任制，应按管理系统逐级进行技术交底。交底的内容主要有：工程的施工进度计划、月（旬）作业计划；施工组织设计，尤其是施工工艺、质量标准、安全技术措施、降低成本措施和施工验收规范的要求；新技术、新结构、新材料和新工艺的施工实施方案和保证措施；有关部位的设计变更和技术核定等事项。各项安全技术措施、降低成本措施和质量保证措施，质量标准和验收规范要求，以及图纸变更和技术核定事项等，都应详细交底。必要时，要举办培训班，进行现场示范。

班组和操作工人在接受交底后，要组织其成员对所担负的工作进行分析研究，弄清结构的关键部位、要达到的质量标准、须采取的安全措施以及应遵循的操作要领，并明确任务、做好分工协作。

（5）建立健全各项管理制度

工地必须建立健全各项管理制度，加强遵纪守法教育，以使各项施工活动能顺利进行。在施工过程中，有章不循其后果是严重的，无章可依则更是危险。工地一般应建立：技术质量责任、工程技术档案、施工图纸学习、技术交底、职工考勤考核、工程材料和构件的检查验收、工程质量检查与验收、材料出入库和保管、安全操作、机具使用保养等管理制度。

4. 生产现场准备

生产场地的准备工作需要考虑供水、供电、供热、供气等能源供应问题、场地定置管理问题及临时设施问题等。

5. 外协准备工作

对于焊接结构制作与安装企业来说，在一个建设项目中，通常会遇到一些本单位难以承担的专业性强的分项工作，如锻件的生产、封头和膨胀节的成形等，对于这些本单位难以承担或经核算确认的经济上不合算的生产工作，宜进行分包或委托劳务，则应及早做好分包或劳务安排,同相应的单位签订分包或劳务合同,保证实施。

10.2.4 焊接生产的组织实施

1.施工组织设计

施工组织设计是针对焊接结构制作和安装工程项目,在开工前根据项目本身的特点和施工生产现场具体情况,对所需要的施工生产劳力、施工生产材料、施工生产机具和施工临时设施,经过科学计算、精心比较及合理安排后而编制出的一套在时间上和空间上进行合理生产施工的战略部署文件。

根据焊接生产施工经验,施工组织设计编制程序如图 10.7 所示。

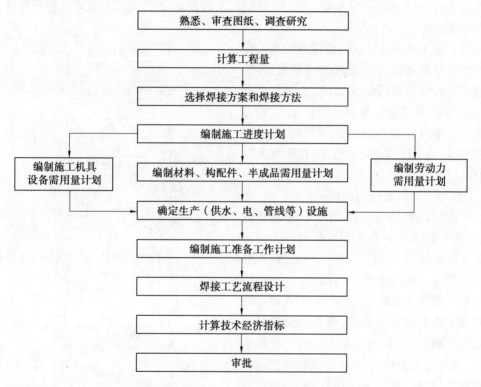

图 10.7 施工组织设计编制程序

2.施工组织设计的贯彻实施

(1)施工组织设计的贯彻

为保证施工组织设计的贯彻实施,应做好以下几个方面的工作:

①做好施工组织设计的交底工作。

②制定各项管理的规章制度。

③推行技术经济承包制。

④搞好统筹安排与综合平衡。

⑤切实做好施工准备工作。

（2）施工组织设计的检查

①主要指标完成情况的检查。对于施工组织设计提出的主要指标,通常采用比较法来进行检查,即将各项指标的完成情况与计划规定的指标相对比。检查的内容应包括工程的进度和质量、材料消耗、机械使用、成本费用等,并将主要指标检查与其相应的施工内容、施工方法和施工进度的检查结合起来,发现问题,找出差距,为进一步分析原因,提供依据。

②施工总平面图合理性的检查。在施工中,必须根据施工总平面图的布置要求,按规定的位置建造临时设施,敷设管网和施工便桥便道,合理地存放机具和堆放材料,施工现场还要符合文明施工的要求。一般情况下,施工总平面图不得随意改变,但如果发现与实际情况不相符,存在不合理性时,则应及时制定改进方案,报有关部门批准后进行修改,以不断地满足施工进展的需要。

③对施工组织设计执行情况的检查。施工组织设计虽然在开工之前进行了贯彻,但在施工过程中的执行情况如何,是否有违背原则的现象,是否能实现预定的目标,这就需要在施工中进行必要的检查,维护生产的正常秩序,使施工能按预定的方案、程序和方法展开。

（3）施工组织设计的调整

焊接结构件的施工活动是一个动态过程,工地上的情况是千变万化的,而施工组织设计在实施过程中,其原定的一些条件、程序和方法都有可能因各种原因而发生改变,因此有必要对施工组织设计进行局部调整。

施工组织设计的贯彻、检查和调整是一项经常性的工作,必须随着工程施工的进展情况,加强施工中的信息反馈,而且要贯穿施工过程的始终。施工组织设计的贯彻、检查和调整程序如图 10.8 所示。

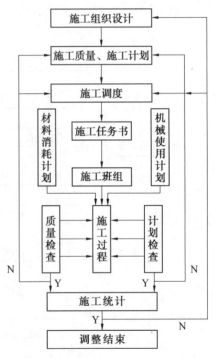

图 10.8　施工组织设计的贯彻、检查和调整

10.3　焊接生产的现场管理

10.3.1　焊接生产现场的定置管理

所谓定置管理,就是企事业单位强化现场管理和谋求系统改善的科学管理方法。它以生产和工作现场为研究对象,探讨生产要素中人、物、场所等的状况及它们在生产和工作活动中的相互关系。

1.定置管理的内容

根据定置管理的原理和先进企业的实践经验,定置管理的内容大体可用以下语言及含义来说明:"物分4类,按图定位;ABCD,常转代废;颜色各异,红蓝黄黑;坚持定置,文明之最。"

物分4类:即根据现场中人、物的结合状态,将物品分为4种类型。A类:表示常用物品,如正在加工的对象和加工的手段物等,用红色来表示;B类:表示随时要转化为A类的物品,如周转中的半成品和周转使用的工位器具等,用蓝色表示;C类:表示代为保管的物品,如待发运的产品和暂时封存的工位、器具等,用黄色表示;D类:表示等待处理的废品、废料等,如钢渣、垃圾等,用黑色表示。

上述4类物品,需定置在合理的位置上,并按标准设置标志牌,做到图物一致。

2.定置管理的对象

定置管理的对象有以下几个方面:

(1)场地定置

通过工艺分析和作业研究,科学合理地划分生产区、绿化区、卫生区和物品堆放区等,按要求设计合理的定置图,使区域、工序和生产现场井然有序。生产现场又要分原材料、半成品、成品、检修品、废品等存放区,防止混乱;要按标准设置安全通道,并要标示清楚;绿化区、卫生区和各种物品堆放区都要制定管理制度,落实责任,定期考核。

(2)设备定置

通过动作研究、时间研究和工艺流程分析,使焊接设备优化组合,工位器具布局合理;工作台、操作台高度要适当,确保操作者感到轻松自如;对易损件,要提前准备,定置在设备的备件箱内;各种材料零配件要按照生产工艺要求的需用量,定置在该机台或流水线旁指定的容器中,按每班的需要量,定时补充。

(3)特殊物品的定置

对易燃易爆、有毒有害、污染环境的物品以及对不安全的作用场实行特殊定置,预防事故、控制污染、实现安全文明生产。

(4)仓库的定置

通过调整物品的位置,使仓库里的各种物品摆放井然有序,定位准确、标准整齐,从而促使仓库管理更加安全、文明,充分发挥仓库的功能,确保在指定的时间内准确、及时地向生产工序提供所需的一定数量的材料、零部件等。

(5)工具箱的定置

确定工具箱规范化标准和摆放位置及箱内物品的堆放科学化、标准化。

(6)操作者的定置

每位操作者都要根据工序、岗位的分工坚守在自己的操作岗位上。不能混岗,特别是特种焊接作业,如压力容器的焊接,一定要持证上岗。

3.定置管理范围

定置管理分为生产现场定置管理和工作现场定置管理,企业开展定置管理的重点应是生产现场的定置管理。它对提高产品质量、提高劳动效率和经济效益有着直接的作用。

焊接生产现场的定置管理主要有：

①设备及工装的定置管理。

②工具、量具、验具的定置管理。

③工位器具与物料箱(盒)的定置管理。

④在制品、半成品、成品的定置管理。

⑤不良品件的定置管理。

⑥运料设施及装置的定置管理。

⑦操作者的定置管理。

⑧工艺文件及操作指导书的定置管理。

⑨质量控制点与质量检验人员的定置管理。

⑩生产现场的区域定置管理。

⑪消防、安全设施的定置管理。

10.3.2 焊接生产现场的质量管理

通过对工程实施质量管理,可以做到心中有标准,施工有准则,施工后能达到预定目标。其具体内容如下：

1. 技术管理

企业应建立完整的技术管理机构,建立有各级技术岗位责任制的厂长或总工程师技术责任制。企业必须有完整的设计资料、正确的生产图纸和必备的制造工艺文件等,所有图样资料上应有完整的签字,引进的设计资料也必须有复核人员、总工程师或厂长的签字。

2. 钢材管理

检查钢材是否准确地用在设计所规定的结构部位上,这是施焊前一个重要问题。所以要做好钢材进库、出库的记录以及加工流程图,并应造表登记,核对轧制批号、规格、尺寸、数量以及外观情况。

3. 焊接材料管理

施工单位对焊接材料要严格保管,通常要有专用库房(一级库、二级库等),库房中通风要好,要除湿、干燥,不同规格型号的焊条要分类摆放,并标注明显的型号或牌号标签。焊接材料在使用前都需要烘焙,其吸潮程度会因包装的完整性、仓库环境和库存时间的不同而有很大的差别,所以应严格要求焊接材料的仓库管理,定期对焊材库存期间的情况进行检查。

4. 焊接设备管理

以钢材焊接为主要制造手段的企业,必须配备必要的设备与装置并严格进行管理,定期地对焊接设备进行检查和修理。这些设备和装置主要包括：

①非露天装配场地及工作场地的装备、焊接材料烘干设备以及材料清理设备。

②组装及运输用的吊装设备。

③各类加工设备、机床及工具。

④焊接及切割设备、装置及工夹具。

⑤焊接辅助设备与工艺装备。

⑥预热与焊后热处理装备。

⑦检查材料与焊接接头的检验设备与仪器。

⑧必要的焊接试验装备与设施。

5.焊接坡口和装配管理

为保证焊接质量,国家标准制定了各种焊接方法的坡口间隙、形状和尺寸,为使焊接坡口保持在允许范围之内,就要进行焊接坡口的加工精度管理。如果在焊接生产中有一部分坡口超出允许范围,则应按照规定进行坡口修整,或将材料局部进行更换。焊接与拆除装配定位板应严格、仔细,并按工艺要求做适当的焊后修整。

焊接接头坡口处的水分、铁锈和油漆,焊前必须进行清除方可施焊。一般焊接低碳钢时,底漆基本不影响焊接质量,因此可在带漆状态下施焊,但对高强度纲、采用大直径焊条进行平角焊时,如存在油漆则易产生气孔。在不利的气候条件下装配,应采取特殊措施。

6.技术人员和焊工技能管理

企业必须拥有一定的技术力量,包括具有相应学历的各类专业技术人员和技术工人。通常配备数名焊接技术人员,并明确一名技术负责人。他们必须熟悉与企业产品相关的焊接标准与法规。焊接技术人员按技术水平分为高级工程师、工程师、助理工程师和技术员。

从事焊接操作与无损检验的人员必须经过培训和考试合格取得相应证书或持有技能资格证明。操作人员只能在证书认可资格范围内按工艺规程进行焊接操作。技能资格管理的项目,包括焊工名册(要注明等级)、人员调动、在岗的工作情况和技能等,并且,用管理卡进行焊接技能管理,每隔一年在管理卡上记录一次。焊工要进行定期培训和焊工技能考核。

7.焊接施工管理

加强焊接现场的施工管理对焊接质量有重要的影响,特别是锅炉和压力容器生产,更应严格按焊接工艺规程进行施工。焊接施工管理,随所采用的焊接方法不同而不同。一般焊接施工管理项目有对焊接条件的检查核实、焊接顺序以及高强度钢的施焊管理等。

8.焊接检验管理

焊接检验与其他生产技术相配合,才可以提高产品的焊接质量,防止不合格产品的连续生产,避免焊接质量事故的发生。因此,检验管理应贯穿在整个生产过程中,是焊接生产过程中自始至终不可缺少的重要工序。检查人员包括无损检验人员、焊接质量检验员、力学性能检验员、化学分析人员等,其中无损检验人员应持有规定的等级合格证书。

在检验管理中,必须实行自检、互检、专检及产品验收的检验制度和组织质量管理机构,才能保证不合格的原材料不投产,不合格的零部件不组装,不合格的焊缝必须返工修整,不合格的产品不出厂等要求。

10.4   焊接生产中的劳动保护与安全技术

10.4.1   焊接清洁生产的内容与现状

现代化的生产施工采用了先进的技术、工艺、材料、设备,严密的组织,严格的要求,标准化的管理,科学的生产方案和职工较高的素质等,使得焊接领域的清洁生产得到了较好的保证。例如,许多企业都开展"6S"活动这种科学的管理方法,来提高职工素质,实现文明施工,企业都安装有除尘装置、废水处理装置、固体废弃物处理装置等。目前焊接生产环境噪声及其控制问题,也是企业和焊工关注的焦点。

焊接领域的清洁生产应包括以下内容:

①尽可能地减少能源的消耗和节约原材料。例如,采用自动焊接方法取代焊条电弧焊,提高生产率、节能,避免浪费废弃的焊条头。

②尽可能少使用有毒有害的物质,而用无毒低毒的物质来代替,最终淘汰有毒物质。例如,淘汰含铅钎料,研制新型无铅钎料。

③尽可能少产生有毒有害物质的排放,降低粉尘和废弃物的数量和毒性。例如,研制并推广使用低烟尘、低毒的焊接消耗材料。

④在技术和经济可能的情况下,尽可能地使用可再生能源。

⑤产品要设计成在其使用终结后,可降解为无害产物,或者可循环再利用。例如,报废的钎焊电路板钎料的重复利用。

⑥在危险物质产生前,实行在线监测和控制。

⑦通过降低使用成本,降低污染治理的费用,增加产量和提高质量,使企业获得更大的经济效益。

⑧按照清洁生产的原则,对焊接材料和焊接工程进行定量评估。

10.4.2   焊接生产中的劳动保护

1. 焊接防火与防爆

火灾和爆炸是焊接操作中容易发生的事故,特别是在燃料容器(如油罐、气柜)与管道的检修焊补、气焊与气割以及登高焊割等作业中,火灾和爆炸是主要的危险。

(1)防火原则的基本要求

①严格控制火源。

②监视酝酿期特征。

③采用耐火建筑。

④阻止火焰的蔓延。

⑤限制火灾可能发展的规模。

⑥组织训练消防队伍。

⑦配备相应的消防器材。

（2）防爆原则的基本要求

根据爆炸过程的特点,防爆应以阻止第一过程出现,限制第二过程发展,防护第三过程危害为基本原则。主要应采取以下措施:

①防止爆炸性混合物的形成。

②严格控制着火源。

③燃爆开始时及时泄出压力。

④切断爆炸传播途径。

⑤减弱爆炸压力和冲击波对人员、设备和建筑的损坏。

2. 焊接用电安全

（1）触电方式

在地面、登高或水下的焊接操作中按照人体触及带电体的方式和电流通过人体的途径,触电可分为以下几种情况:

①低压单相触电。即人体在地面或其他接地导体上,人体的其他某一部位触及一相带电体的触电事故。大部分触电事故都是单相触电事故。

②低压两相触电。人体两处同时触及两相带电体的触电事故。这是由于人体受到的电压可能高达 220 V 或 380 V,所以危险性很大。

③跨步电压触电。当带电体接地有电流流入地下时,电流在接地点周围土壤中产生电压降,人在接地点周围,两脚之间出现的电压即是跨步电压。由此引起的触电事故称为跨步电压触电。高压故障接地处或有大电流流过的接地装置附近,都可能出现较高的跨步电压。

④高压触电。在 1 000 V 以上的高压电器设备上,当人体过分接近带电体时,高压电能将空气击穿,使电流通过人体,此时还伴有高温电弧,能把人烧伤。

（2）预防触电事故的一般措施

针对焊接发生触电事故的原因,预防焊接触电事故的一般安全措施可分为预防直接电击和预防间接电击两类。

①为了防止在焊接操作中人体触及带电体的触电事故,可采取绝缘、屏护、间隔、自动断电和个人防护等安全措施。

绝缘不仅是保证焊接设备和线路正常工作的必要条件,也是防止触电事故的重要措施。橡胶、胶木、瓷、塑料、布等都是焊接设备和工具常用的绝缘材料。

屏护是采取遮拦、护罩、护盖、箱匣等,把带电体同外界隔绝开来。对于焊接设备、工具和配电线路的带电部分,如果不便包以绝缘体或绝缘体不足以保证安全时,可以用屏护措施。例如,电焊机开关的可动部分一般不能包以绝缘,而需要屏护。屏护装置不直接与带电体接触,对所用材料的电性能没有严格要求,但应当有足够的机械强度和良好的耐火性能。焊机的有些屏护装置是用金属材料制成的(如开关箱等),为防止意外带电造成触电事故,金属的屏护装置应接地或接零。

间隔是防止人体接触焊机、电线等带电体,避免车辆及其他器具碰撞带电体,防止火灾等,在带电体与地面之间、在设备与设备之间及带电体相互之间保持一定的安全距离。间隔在焊接设备和焊接电缆布设等方面都有具体规定。

此外,电焊机的空载自动断电保护装置和加强个人防护等,也是防止人体触及带电体的重要安全措施。

②防止在焊接操作中,人体触及意外带电体而发生事故,一般可以采取保护接地或保护接零措施。

电焊机的线圈或绕组、引线如果绝缘损坏,焊机外壳会带电。为保证安全,焊机(或焊接设备)外壳必须接地。在三相三线制对地绝缘或单相电网系统中,应装设保护接地线;三相四线制中性点接地系统中,应装设保护性接零线。事故教训表明,由于不重视或为省事而不装接地(零)装置及不符合接地及要求等,是造成焊接触电事故的原因之一。

(3)触电急救

触电者生命能否得救,取决于能否迅速脱离电源和救护措施是否正确。对于从事焊接作业的人员来说,很有必要学习和培训应急救护技能。合理地运用抢救方法,很有可能把触电者从致命电击的死亡线上挽救过来。

触电急救的方法主要有:

①解脱电源。发生触电时,电击引起的肌肉痉挛可使触电者脱离带电体,有时也会被"吸附"在带电体上,导致电流不断流过人体。因此触电急救首先使触电者迅速解脱电源。

在帮助触电者尽快脱离电源时,还应防止触电者摔倒、摔伤。不论何时都不可直接用手或用可导电金属及潮湿的工具救护。救护时最好用一只手操作,以防自己触电。如果事故发生在夜里,应迅速解决临时照明,以利于抢救,避免事故扩大。

②救治方法。触电者脱离电源后应尽量在现场进行对症救治。如果触电者未失去知觉,仅在触电过程中曾一度昏迷,则应保持安静,继续观察,并请医生前来诊治或送医院。如果触电者已失去知觉,伤势严重、呼吸或心跳还存在,应立即使触电者平卧,注意空气流通,解开衣服以利呼吸。还可以用氨水摩擦全身使之发热,如天气寒冷,还要注意保温,同时迅速请医生来救治。如果触电者呼吸困难,不时出现抽搐现象,应准备心脏停止跳动或呼吸停止后立即用人工呼吸和胸外心脏按压的方法以恢复心脏跳动及呼吸功能。

同时在急救中可视具体情况,适时调配药物治疗。

3. 焊接电弧辐射的防护

电弧辐射主要产生可见光、红外线和紫外线 3 种射线,而不会产生对人体危害较大的X 射线。其中,波长范围在 180 ~ 290 nm 的紫外线,具有强烈的生物学作用,会被皮肤深部组织真皮吸收,会造成严重灼伤。

(1)在焊接作业区严禁直视电弧

操作者和辅助工都要有一定的防护措施,应佩戴有专业滤色玻璃的面罩或眼镜。面罩上的滤色玻璃即电焊护目镜片,应该根据不同的焊接方法及同一焊接方法的电流,还有母材种类及厚薄等条件的差异选择不同的编号,护目镜片的编号是按护目镜片颜色深浅程度而定的,由淡到深排列。目前,电焊护目镜片的深浅色差共分 7、8、9、10、11、12 号数种,淡色为小号,深色为大号。

(2)施焊时焊工应穿着标准规定的防护服

焊工专用的工作服和鞋可以防止光线直接照射到皮肤及防止飞溅物落到身上。

（3）施焊场地应用围屏或挡板与周围隔离

为保护焊接工地其他人员的眼睛，一般在小件焊接的固定场所，主要的防护措施是设置围屏和挡板。围屏或挡板的材料最好是用耐火材料，如石棉板、玻璃纤维布、铁板等，并涂以深色，其高度约为 1.8 cm，屏底距地面留 250～300 mm，以供空气流通。

当周围有其他人员时，焊工有责任提醒他们注意避开，以免弧光伤眼。周围工作人员应佩戴一般防护眼睛。

（4）注意眼睛的适当休息

焊接时间较长，使用的焊接规范较大时，应注意中间休息。如果已经出现电光性眼炎症状，应及时治疗。焊工在实践中创造了许多简易可行的治疗办法，如滴用人奶汁，或用黄瓜片覆盖眼睛，都可以收到较好的疗效。

（5）施焊场地必须有较强的照明

施焊场地必须有较强的照明一方面，便于焊接操作，另一方面，可以减轻弧光对眼睛的刺激。

4. 焊接粉尘和有害气体的防护

焊接电弧的高温将使金属产生剧烈的蒸发，使得焊条和母材金属在焊接时会产生各种金属烟气，形成金属有毒气体，同时，它们在空气中凝结、氧化形成粉尘。在高温电弧的作用下，空气中的氧气和氮气形成臭氧和氮氧化物等有毒气体，严重危害焊工的身体健康。

①焊接场地全面通风。在专门的焊接车间或焊接工作量大、焊机集中的工作地点，应考虑全面机械通风，可集中安装数台轴流式风机向外排风，使车间经常更换新鲜空气。

②焊接场地局部通风。局部通风分为送风和排气两种。局部送风只是暂时地将焊接区域附近作业地带的有害物质吹走，虽然，对作业地带的空气起到了一定的稀释作用，但可能污染整个车间，起不到排除粉尘和有毒气体的目的。局部排气是目前采取的通风措施中，使用效果良好、方便灵活、设备费用较少的有效措施。

局部排气通常是在焊枪附近安装小型通风机械，如排烟罩、排烟焊枪、强力小风机和压缩空气引射器等，这样就可以将粉尘和有毒气体排出车间以外。

③在封闭容器或舱室里焊接的通风。在封闭容器或舱室里焊接最好上下都有通风口，使空气对流良好，除了使用排气机外，必要时可用通风管把新鲜空气送到焊工身边，但是，严禁把氧气送入，防止发生燃烧。在特殊情况下，可使用焊工用的可换气防护头盔。

④充分利用自然通风。焊接车间必须有一定的面积、空间和高度，这样，若能正确地调节侧窗和天窗，就可以形成良好的通风。能在露天焊接的工件，尽量在露天焊接。一般情况下，只要保证焊接场所的自然通风，适当采用通风装置，焊工操作时在上风口，就能起到防毒、防尘的作用。

⑤合理组织、调度焊接作业。避免焊接作业区过于拥挤，造成粉尘和有毒气体的聚集，以免形成更大的危害。

⑥积极采用焊接新工艺、新技术，扩大自动焊和半自动焊的使用范围。

⑦加强研制和推广使用低尘、低毒焊条。

另外，目前在机械零件中使用的某些塑料制品，受热后要分解产生有毒气体。因此，在对零件进行焊接前，应把塑料消除。若无法消除，焊接时应该使用专用防毒工具，同时应保证把焊接烟尘排出,防止中毒。

5. 高温热辐射的防护

焊接电弧可产生 3 000 ℃以上的高温。手工焊接时电弧总热量的20%左右散发在周围空间。而且,电弧产生的强光和红外线还造成对焊工的强烈热辐射。红外线虽然不能直接加热空气,但在被物体吸收后,辐射能转变成热能,使物体成为二次辐射热源。因此,焊接电弧是高温强辐射的热源,尤其夏天,必须采取措施防暑降温。

焊接工作场所加强机械通风或自然通风,是防暑降温的重要技术措施,尤其是在锅炉等容器或狭小的舱间进行焊割时,应向容器或舱间送风和排气,加强通风。

在夏天炎热季节,为补充人体内的水分,给焊工供给一定量的含盐清凉饮料,也是防暑降温的保健措施。

10.4.3 焊接生产中的安全技术

安全技术措施,是指企业为了防止工伤事故和职业病的危害,保护职工生命安全和身体健康,促进施工生产任务顺利完成,从技术上采取的措施。通常,在编制的施工组织设计或施工方案中,应针对工程特点、施工方法、使用的机械、动力设备及现场环境等具体条件,制订相应安全技术措施以及确定各种设备、设施所采取的安全技术装置。安全技术措施是改善生产工艺,改进生产设备,控制生产因素不安全状态,预防与消除危险因素对人产生伤害的科学武器和有力手段。

1. 根除和限制危险因素

根除和限制生产工艺过程或设备的危险因素,就可以实现安全生产。可以通过选择恰当的焊接结构设计方案、工艺过程、合适的原材料来彻底消除危险因素。例如,道路采用立体交叉,防止撞车;去除物品的毛刺、尖角或粗糙、破裂的表面,防止割、擦、刺伤工作人员等;采取通风措施,限制可燃性气体浓度,使其不达到爆炸极限等。

2. 隔离

隔离是最常用的安全技术措施。一旦判明有危险因素存在,就应该设法把它隔离起来。预防事故发生的隔离措施包括分离和屏蔽两种。前者是指空间上的分离,后者是指应用物理屏蔽措施进行的隔离,它比空间上的分离更可靠,因而最为常见。如射线探伤,宜在采取物理隔离技术(铅房)的室内进行;而大型构件需在生产现场开展射线探伤时,则必须设立隔离区,杜绝非操作人员进入。

3. 为设备进行故障-安全设计

在系统、设备的一部分发生故障或破坏的情况下,在一定时间内也能保证设备安全运行的安全技术措施称为故障-安全设计。一般来说,通过精心的技术设计,使得系统、设备发生故障时处于低能量状态,防止能量意外释放。例如,设备电气系统中的熔断器就是典型的故障——安全设计。当系统过负荷时熔断器熔断,把电路断开而保证安全;又如,使用冲床进行大批型钢的冲剪下料,工人操纵冲床,每班喂料近万次,一旦某次操作失误,就会冲伤工人的手,而在冲床上设计装上光电感应等安全装置,当工人的手进入危险区时,冲床自动断电停机,就能防止冲手事故的发生。

4.减少设备故障及失误

机械、设备故障在事故原因中占有重要位置。虽然利用故障-安全设计可以使得即使发生故障时也不至引起事故,但是,故障却使设备、系统或生产停止或降低效率。另外,故障-安全机构本身发生故障会使其失去效用而不能预防事故发生。因此,应努力使故障最少。一般来说,减少故障可以通过 3 条途径实现:采用安全监控系统;增大安全系数;增加可靠性。

5.警告

警告是生产中最常用的安全技术措施。在生产操作过程中,操作人员需要经常注意到危险因素的存在,以引起注意,提高安全意识。警告是提醒人们注意的主要方法。通过警告提醒,把人的各种感官注意到的各种信息传达到大脑,来强化安全意识,避免安全事故。根据所利用的感官之不同,警告分为视觉警告、听觉警告、气味警告、触觉警告及味觉警告。

(1)视觉警告

眼睛是人们感知外界的主要器官,视觉警告是最广泛应用的警告方式。视觉警告的种类很多,常用的有下面几种:

①亮度。让有危险因素的地方比没有危险因素的地方更明亮以使注意力集中在有危险的地方。明亮的变化可表明那里有危险;障碍物上的灯光可防止行人、车辆撞到障碍物上。

②颜色。明亮、鲜艳的颜色很容易引起人们的注意。设备、车辆、建筑物等涂上黄色或橘黄色,很容易与周围环境相区别。在有危险的生产区域,以特殊的颜色与其他区域相区别,可以防止人员误入。有毒、有害、可燃、腐蚀性的气体、液体管路应按规定涂上特殊的颜色。国家标准规定,红、蓝、黄、绿 4 种颜色为安全色。

③信号灯。信号灯经常用来表示一定的意义,也用来提醒人们危险的存在。一般地,信号灯颜色含义如下:

a.红色表示有危险,发生了故障或失误,应立即停止。

b.黄色表示危险即将出现,达到了临界状态,应该注意缓慢进行。

c.绿色表示安全,现在是满意的状态。

d.白色表示状态正常。

信号灯可以利用固定灯光或闪烁灯光。闪烁灯光较固定灯光更能吸引人们的注意,警告的效果更好。反射光也可用于警告,在障碍物或构筑物上安装反光的标志,夜晚被灯光照射反光而引起人们的注意。

④旗帜。利用旗帜做警告已经有很长的历史了,可以把旗固定在旗杆上或绳子上、电缆上等。如探伤作业时,在隔离栏挂上红旗以防止人员进入。在开关上挂上小旗,表示正在修理或因其他原因不能合上开关。

⑤标记。在设备上或有危险的地方可以贴上标记以示警告。如指出高压危险、功率限制、重负荷、高速度或温度限制等;提醒人们有危险因素的存在或需要穿戴防护用品等。

⑥标志。利用事先规定了含义的符号标志警告危险因素的存在,或应采取的措施,如

防火标志、道路急转弯标志、交叉道口标志等。国家标准规定,安全标志分为禁止标志、警告标志、指令标志及说明标志 4 类。

⑦书面警告。在操作过程、维修规程、各种指令、说明手册及检查表中写进警告及注意事项,警告人们存在危险因素,特别需要注意的事项及应采取的行动,如应佩戴的劳动保护器具等。如果一旦发生事故可能造成伤害或破坏,则应该把一些预防性的注意事项写在前面显眼的地方以便引起人们的注意。

(2)听觉警告

在有些情况下,只有视觉警告不足以引起人们的注意。例如,当人们非常繁忙时,即使视觉警告离得很近也顾不上看或者人们可能走到看不见视觉警告的地方去工作等。尽管有时明亮的视觉信号可以在远处就被发现,但是,设计在听觉范围内的听觉警告更能唤起人们的注意。如吊车启动,操作人员会按响电铃,提醒其他工作人员注意避让。

(3)气味警告

可以利用一些带特殊气味的气体进行警告。气体可以在空气中迅速传播,特是有风的时候,可以传播很远。由于人对气味能迅速地产生过敏作用,用气味做警告有时间方面的限制,只有在没有产生过敏作用之前的较短期间内可以利用气味做警告。必须注意,吸烟会降低对气味的敏感度,因此,工作场所应当禁止吸烟。

(4)触觉警告

振动是一种主要的触觉警告。交通设施中广泛采用振动警告的方式。突起的路标使汽车振动,即使瞌睡的司机也会惊醒,从而避免危险。温度是触觉警告的另一种,当接触到较高温度时,人会本能地迅速脱离。

思 考 题

1.焊接生产的组织形式主要有哪些? 各有什么优缺点?

2.焊接生产管理的内容主要哪有些?

3.对焊接施工中的各个环节和因素应怎么进行有效的管理?

4.焊接生产技术准备的主要内容有哪些?

5.焊接生产现场定置管理的主要内容有哪些?

6.怎样对工程实施质量管理?

7.焊接生产中劳动保护应注意哪些方面? 怎么实施?

8.焊接生产中安全技术主要包括哪些方面?

第11章 典型焊接结构的生产

本章简要介绍几种典型焊接结构的制造工艺过程,包括桥式起重机桥架的焊接、压力容器的焊接、船体的焊接、桁架的焊接几部分。

11.1 桥式起重机桥架的焊接生产工艺

11.1.1 桥式起重机的结构与技术标准

通用桥式起重机的分类、技术要求、试验方法及检验规则等参见《通用桥式起重机》(GB/T 14405—2011),起重机的设计、制造应符合《通用桥式起重机》(GB/T 14405—2011)、《起重机设计规范》(GB/T 3811—2008)的规定。

图11.1 所示为常见的桥式起重机,它由桥架、运移机构和载重机构等组成。

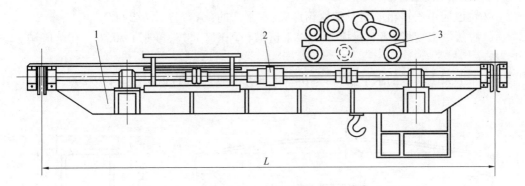

图11.1 桥式起重机
1—桥架;2—运移机构;3—载重机构

大吨位的桥式起重机都是箱形双主梁,再由两端梁连接而成的桥架式结构。

常见的桥式起重机的桥架结构如图11.2 所示,它是由主梁、端梁、走台、轨道及栏杆等组成,其外形尺寸取决于起重量、跨度、起升高度等。

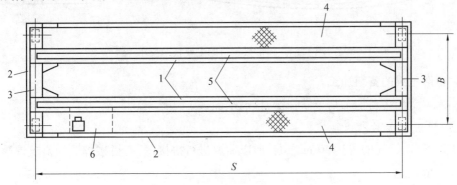

图11.2 桥式起重机的桥架结构(俯视图)
1—主梁;2—栏杆;3—端梁;4—走台;5—轨道;6—操纵室

桥式起重机中的主要受力部件是箱形主梁,其结构形式如图 11.3 所示。

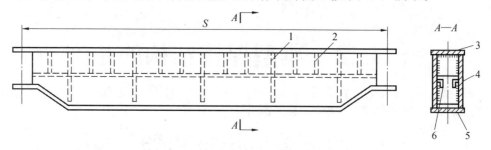

图 11.3 箱形主梁结构

1—长肋板;2—短肋板;3—上翼板;4—腹板;5—下翼板;6—水平肋

11.1.2 主梁及端梁的制造工艺

1. 主梁的主要制造技术要求

①跨中上拱度应为 $(0.9/1\,000 \sim 1.4/1\,000)L$。

②轨道居中正轨箱形梁及偏轨箱形梁:水平弯曲(旁弯)$f_b \leqslant L/2\,000$。

③腹板波浪变形,离上翼板 $H/3$ 以上区域(受压区)波浪变形 $e < 0.7\delta_f$,其余区域 $e = 1.2\delta_f$。

④箱形梁上翼板的水平偏斜 $c \leqslant B/200$,箱形梁腹板垂直偏斜值 $a \leqslant H/200$,如图 11.4 所示。

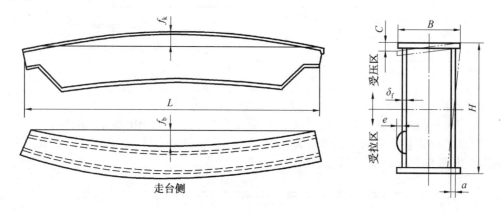

图 11.4 箱形梁制造的主要技术要求

2. 箱形主梁的备料加工

箱形主梁的备料加工与工字形梁、柱的不同点:

(1)拼板对接工艺

①主梁较长,有的可达 40 m 左右,所以需要进行拼接,所有拼接焊缝均要求焊透并无损检测合格。

②翼板与腹板的拼接接头不能布置在同一截面上,且错开距离不得小于 200 mm。

③翼板及腹板的拼接接头不应安排在梁的中心附近,一般应离中心 2 m 以上。拼板

多采用焊条电弧焊(板较薄时)和埋弧自动焊。

(2)肋板的制造

①肋板多为长方形,长肋板中间一般有减轻孔。肋板可采用整块材料制成,长肋板为节省材料可用零料拼接而成。由于肋板尺寸影响装配质量,故要求其宽度只能小1 mm左右,长度尺寸允许有稍大的误差。

②肋板的4个角应严格保证直角,尤其是肋板与上翼板接触的两个角,这样才能保证箱形梁在装配后腹板与上翼板垂直,并且使箱形梁在长度方向上不会产生扭曲变形。

(3)腹板上拱度的制备

制造箱形梁的主要技术问题是焊接变形的控制。从梁断面形状和焊缝分布看,对断面重心左右基本对称,焊后产生旁弯的可能性较小,而且比较容易控制;但对断面水平轴线上下是不对称的,因小肋板都在上方,即焊缝大部分分布在轴线上部,焊后要产生下挠变形,这和技术要求规定上拱是相反的。因此,为了满足技术要求,腹板应预制出数值大于技术要求的上拱度,具体可根据生产条件和所采用的工艺程序等因素来确定,上拱沿梁的跨度对称跨中均匀分布。

图11.5为制备腹板上拱度的两种方法。

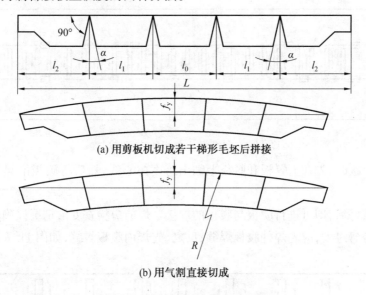

(a)用剪板机切成若干梯形毛坯后拼接

(b)用气割直接切成

图11.5　制备腹板上拱度的方法

3.箱形主梁的装配焊接

箱形主梁由两块腹板、上下翼板及长、短肋板组成,当腹板较高时需要加水平肋板(图11.3),主梁多采用低合金钢(如16Mn)材料制造。

(1)焊接工艺流程

由于箱形主梁是一个封闭式结构,所以必须先焊梁内的长、短肋板,然后再焊翼板。具体焊接顺序如下:

①先焊接上翼板与长、短肋板间的焊缝,以免产生主梁的扭曲变形,造成矫形困难。

②装两侧腹板,焊接箱形梁的内部焊缝及两条较长的纵向焊缝暂不焊接。

③装配下翼板后,应先焊下翼板与腹板间的两条纵向角焊缝,要求两面对称同时进行焊接,以减小焊接变形。若下翼板装配后上拱度超过工艺规定,可以先焊上翼板的两条纵向角焊缝。

(2)装焊 π 形梁

①π 形梁由上翼板、腹板和肋板组成。其组装定位焊多采用平台组装工艺,又以上翼板为基准的平台组装居多。

②为减少梁的下挠变形,装好肋板后即进行肋板与上翼板焊缝的焊接,如图 11.6 所示。

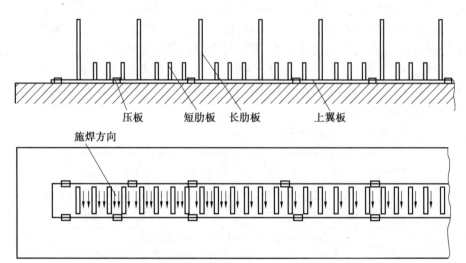

图 11.6　肋板与上翼板的装配与焊接

③组装腹板时,先在上翼板和腹板上划出跨度中心线,然后将腹板吊起与上翼板、肋板组装。

④腹板装好后,即可进行肋板与腹板的焊接。焊前应检查变形情况以确定焊接顺序。

⑤如果旁弯过大,应先焊外腹板焊缝;反之,先焊内腹板焊缝,如图 11.7 所示。

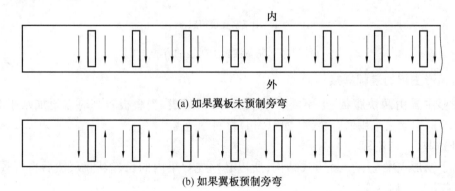

图 11.7　肋板的焊接方向

⑥现在较理想的方法是二氧化碳气体保护焊,可减小变形并提高生产率。

⑦为使 π 形梁的弯曲变形均匀,可沿梁的长度方向布置偶数名焊工对称施焊。

（3）下翼板的装配

下翼板的装配关系到主梁最后的成形质量。装配时在下翼板上先划出腹板的位置线,将 π 形梁吊放在下翼板上,两端用双头螺杆将其压紧固定,然后检验梁中部和两端的水平度和垂直度及拱度,如图 11.8 所示。

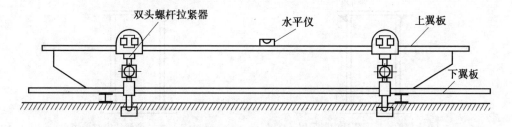

图 11.8　下翼板的装配示意图

下翼板与腹板的间隙应不大于 1 mm,定位焊应从中间向两端两侧同时进行。主梁两端弯头处的下翼板可借助吊车的拉力进行装配定位焊。

（4）主梁纵缝的焊接

主梁的腹板与翼板间有 4 条纵向角焊缝,最好采用自动焊方法（在外部）焊接,生产中多采用埋弧自动焊和粗丝二氧化碳气体保护焊,如图 11.9 所示。

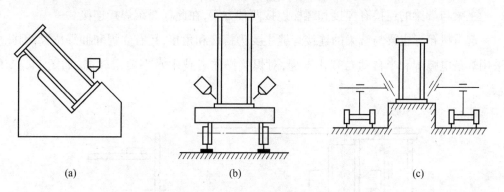

| (a) | (b) | (c) |

图 11.9　主梁纵缝的焊接

装配间隙应尽量小,最大间隙不可超过 0.5 mm。当焊脚尺寸为 6 ~ 8 mm 时,可两面同时焊接,以减少焊接变形;焊脚尺寸超过 8 mm 时,应采用多层焊。

焊接顺序视梁的拱度和旁弯的情况而定。当拱度不够时,应先焊下翼板两条纵缝;拱度过大时,应先焊上翼板两条纵缝,如图 11.10 所示。

（5）主梁的矫正

箱形主梁装焊完毕后应进行检查,每根箱形梁在制造时均应达到技术条件的要求,如果变形超过了规定值,应进行矫正。矫正时应根据变形情况选择好加热的部位与加热方式,一般采用气体火焰矫正法。

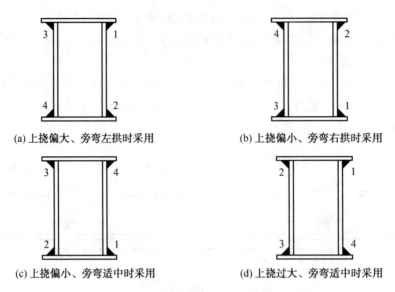

(a) 上挠偏大、旁弯左拱时采用   (b) 上挠偏小、旁弯右拱时采用

(c) 上挠偏小、旁弯适中时采用   (d) 上挠过大、旁弯适中时采用

图 11.10   主梁 4 条主焊缝的焊接顺序选择方案

4. 端梁的制造

端梁的截面也是箱形结构,其备料加工及装配焊接工艺与主梁基本相同,不再阐述。

11.1.3   桥架的装配与焊接工艺

主梁与端梁的连接有焊接和螺栓连接两种方案,在此仅介绍焊接连接。

起重机箱形主梁与端梁的连接焊缝主要为搭接和角接,且有立焊和仰焊位置,因此多采用焊条电弧焊和半自动二氧化碳焊,对焊接操作者技术水平要求较高,如图 11.11 所示。

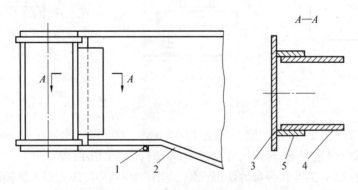

图 11.11   箱形主梁与端梁的连接

1、5—连接板;2—主梁下翼板;3—端梁腹板;4—主梁腹板

11.2　压力容器的焊接生产

11.2.1　压力容器的结构与技术标准

根据《固定式压力容器安全技术监察规程》(TSG R0004—2009)和《移动式压力容器安全技术监察规程》(TSG R0005—2011)的规定,凡具备下列 3 个条件的容器统称为压力容器:

①最高工作压力 $p_w \geqslant 0.1$ MPa(不含液体静压力)。

②内直径(非圆形截面指其最大尺寸)≥0.15 m,且容积 $V \geqslant 0.025$ m³。

③盛装介质为气体、液化气体或最高工作温度高于等于标准沸点液体。

有关压力容器的通用要求、材料、设计以及压力容器的制造、检验和验收等规定参见《钢制压力容器》(GB 150—2011)。

1.压力容器的分类

压力容器的分类方法很多,主要的分类方法如下:

(1)按设计压力(p)分类

按设计压力(p)分类可分为 4 个承受等级,即:

①低压容器(代号 L):0.1 MPa≤p<1.6 MPa。

②中压容器(代号 M):1.6 MPa≤p<10 MPa。

③高压容器(代号 H):10 MPa≤p<100 MPa。

④超高压容器(代号 U):p≥100 MPa。

(2)按综合因素分类

在承受压力等级分类的基础上,根据综合压力容器工作介质的危害性(易燃、致毒等程度),可将压力容器分为Ⅰ、Ⅱ和Ⅲ类。

2.压力容器的结构特点

压力容器有多种结构形式,最常见的结构为圆柱形、球形和锥形 3 种,如图 11.12 所示。

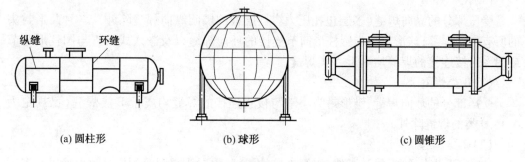

| (a) 圆柱形 | (b) 球形 | (c) 圆锥形 |

图 11.12　典型压力容器的结构形式

以圆柱形容器为例,其结构包括筒体、封头(几种常见的封头结构形式如图 11.13 所示)、法兰、开孔与接管、支座。

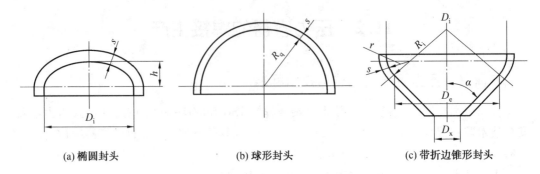

(a) 椭圆封头　　　　　(b) 球形封头　　　　(c) 带折边锥形封头

图 11.13　封头的结构形式

3. 压力容器焊缝规定

按《钢制压力容器》(GB150—2011)的规定,把压力容器受压部分的焊缝按其所在的位置分为 A、B、C、D 4 类,如图 11.14 所示,其中,A 类焊缝最为重要。

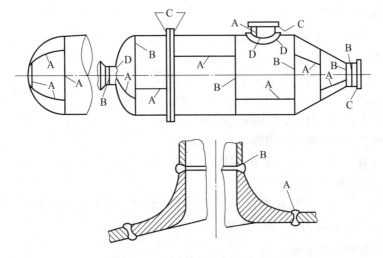

图 11.14　压力容器上焊缝的分类

(1)A 类焊缝

受压部分的纵向焊缝(多层包扎压力容器层板的层间纵向焊缝除外),各种凸形封头的所有拼接焊缝,球形封头与圆柱形筒节连接的环向焊缝以及嵌入式接管与圆柱形筒节或封头对接连接的焊缝均属于 A 类焊缝。

(2)B 类焊缝

受压部分的环向焊缝、锥形封头小端与接管连接的焊缝均属于 B 类焊缝(已规定为 A、C、D 类的焊缝除外)。

(3)C 类焊缝

法兰、平封头、管板等与壳体、接管连接的焊缝,内封头与圆筒的搭接角焊缝以及多层包扎压力容器层板的纵向焊缝,均属于 C 类焊缝。

(4)D 类焊缝

接管、人孔、凸缘等与壳体连接的焊缝,均属于 D 类焊缝(已规定为 A、B 类焊缝的除外)。

11.2.2　薄壁圆柱形容器的制造

典型薄壁圆柱形容器的结构如图 11.15 所示。

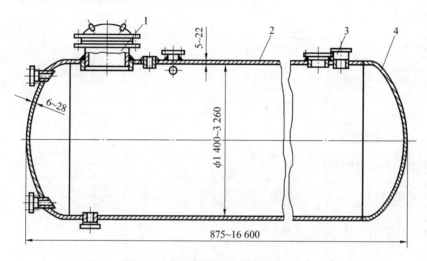

图 11.15　典型薄壁圆柱形容器的结构
1—人孔;2—筒体;3—接管;4—封头

薄壁容器一般是指壁厚与直径之比很小的容器。此类容器具有结构成熟、设计理论较完善;工艺成熟,工艺路线(流程)简单;可利用热处理方法提高材料的性能等优点。

薄壁容器的制造难点是:焊接变形的控制,尤其是壳体的波浪变形和焊接区的棱角(失稳变形);焊缝质量要求高;重要结构(如航天用壳体等)还要求很高的密封性。

薄壁卷制容器的生产过程主要有:

①焊前准备。
②制定工艺流程。
③备料加工。
④装配和焊接。
⑤检验及成品加工等。

1. 焊前准备

①产品加工前应熟悉图纸和技术要求。

②压力容器用钢一般均经过各种焊接性试验,以确定与之匹配的焊接材料和焊接工艺的适应性。

③压力容器用钢还应当具有适应各种形式热处理的特性。

④沸腾钢一般不允许作为压力容器用钢。

⑤所有焊接工艺规范参数均应由焊接工艺评定来确定。

2. 制定工艺流程图

典型单层卷制薄壁容器生产工艺流程一般如图 11.16 所示。值得注意的是,除了无损探伤外,其实每个生产环节也都应贯穿着质量控制(检验)工作。另外,封头直径较小时,可用一块钢板制成,无需拼接工艺。

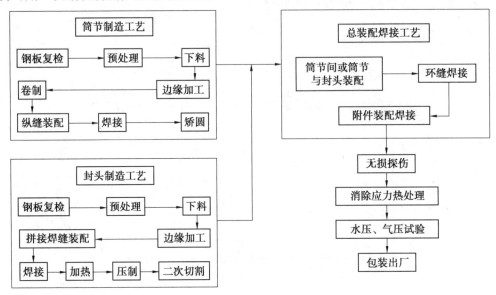

图 11.16　典型单层卷制薄壁容器生产工艺流程图

3. 备料加工

备料加工就是各种零、部件毛坯料的准备过程。

(1)筒节的备料加工

首先应对所用母材进行复检,内容包括化学成分、各种力学性能、表面缺陷及外形尺寸(主要是厚度)的检验。一般采取抽检的方法,抽检的百分比由容器的种类决定。

划线前要进行展开,可采用计算展开法,考虑壁厚因素,一般按中径展开,具体展开公式如下:

$$L = \pi(D_g + \delta) + S \tag{11.1}$$

式中　L——筒节毛坯展开长度,mm;

　　　D_g——容器公称直径,mm;

　　　δ——容器壁厚,mm;

　　　S——加工余量(包括切割余量、刨边余量和焊接收缩量等),mm,如两侧均需刨边,则取 10 ~ 15 mm。

划线后进行下料加工,薄板和宽度较小的毛坯料可用剪板机剪切下料;中厚板(8 ~ 30 mm)的低碳钢和低合金钢板多采用气体火焰切割,奥氏体不锈钢板和铜、铝等有色金属及其合金,则需采用等离子弧切割。现在,由于数控切割机的普及,实际上人工划线工序已被省略,只需将尺寸数据输入数控切割机即可完成划线工序的工作。毛坯料切割好后,要进行坡口的加工,一般采用刨边机完成此工作。

(2)封头的备料加工

母材的复检合格后,进行划线下料。倘若封头毛坯直径较大,由于板材宽度的限制,需进行毛坯料的拼接,要求拼接焊缝必须焊透。

4. 成形加工

（1）筒节的卷制

可选用三辊或四辊卷板机，对已加工好的筒节毛坯料进行卷制加工。对厚度超过 20 mm 的高强钢可考虑热卷。要保证筒节的卷制质量，不可以产生错口、鼓形、锥形及椭圆等缺陷。

（2）封头的成形

封头的成形方法主要有 3 种，即：

①借助于胎、模具的冲压成形。

②旋压成形。

③爆炸成形。

以使用冲压成形（也称压制或压延）方法居多。

对于直径 3 000 mm 左右的低碳钢和低合金钢中厚板封头，常采用 1 000 ~ 1 500 t 四柱式液压机进行压制。考虑到常温下压制（冷压）时母材变形抗力较大等因素，多采用加热后压制（热压）的方法来加工封头。封头压制成形后，进行二次划线，并借助于焊接回转台进行二次切割，经验收合格后待装配。

5. 筒节纵缝装配焊接

筒节卷制完成后，进行纵焊缝的装配焊接。

（1）筒节纵缝的装配

①筒节的装配一般在 V 形铁或焊接滚轮架上进行，若成批生产，可设计或选用专门的装配装置来提高生产率。

②通过采用夹具保证纵缝边缘平齐，且沿整个长度方向上间隙均匀一致后，可进行定位焊，定位焊多采用焊条电弧焊，焊点要有一定尺寸，且焊点间距应为 200 ~ 300 mm。

③为防止纵缝装配后在吊运和存放过程中筒节产生变形而导致横截面偏离圆形，往往可在筒内点焊临时支承。

（2）筒节纵缝的焊接

对重要容器，纵缝焊接时要备有焊接试板。为提高焊接生产率，对结构钢母材制造的筒节常用埋弧焊。中厚板对接焊缝通常有以下几种具体的焊接方法：

①无衬垫双面埋弧焊。

②焊条电弧焊封底的单面埋弧焊。

③焊剂垫或铜垫上单面或双面埋弧焊。

为提高焊接生产率和产品质量，可借助平台式焊接操作机或伸缩臂式焊接操作机进行筒节纵缝的焊接。当板材厚度较大时，多采用双面多层多道焊。靠平台上的焊接小车或伸缩臂沿焊缝线移动来完成焊接。

筒节焊接结束，割去引弧板、熄弧板和试板后需进行无损探伤和矫圆，合格后筒节的成形加工即告完成，等待装配。焊接试板在与筒体一起热处理后，进行力学性能试验。

6. 筒体环缝装配焊接

（1）环缝装配

环缝装配分筒节间装配和筒节与封头间装配。

筒节间的环缝装配方法有立式装配法和卧式装配法两种。立式装配法是在装配平台或车间地面上进行，而卧式装配法多在焊接滚轮架或 V 形铁上进行。

筒节的立式装配法如图 11.17 所示。立式装配时，除将筒节的端口调整至水平外，还应在距离端口 50 ~ 100 mm 处用水平仪标定一条环向基准线，用作以后各筒节组装的测量基准。

立式装配的主要特点是间隙调整方便，占用车间作业面积小，但要求厂房高度大，焊工高空作业及定位焊为横焊（要求焊工水平高）。一般立式装配法适合大直径薄壁容器筒节的组装。

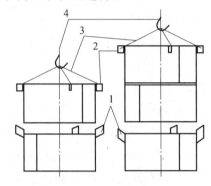

图 11.17　筒节的立式装配法

1—定位板;2—吊耳;3—钢丝绳;4—吊钩

筒节的卧式装配法如图 11.18 所示。卧式装配的主要特点是焊工无需高空作业，定位焊质量好，工作空间不受限制，但间隙调节不方便，占用的作业面积大。卧式装配法适合小直径容器筒节的组装。

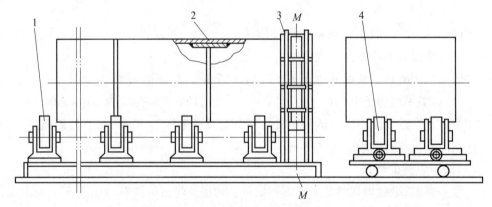

图 11.18　筒节的卧式装配法

1—滚轮架;2—顶焊搭板;3—装配夹具;4—小车式滚轮架

立式装配法和卧式装配法各有所长，但不论采用何种装配方法，施工时都要注意错开筒节间的纵缝以避免焊缝十字交叉，同时要保证筒体的平行度。筒节环缝装配比筒节纵缝装配要困难些。

封头的装配焊接程序：一是装配一端封头并焊接全部焊缝后再装配另一封头；二是两封头全装配好后再焊接。不论哪种方法，都应在最后一道环缝装配前开人孔。封头装配最简单的方法如图 11.19 所示。

（2）环缝焊接

筒体装配好之后，就可进行环缝焊接。环缝焊接方法有电焊条电弧焊、埋弧焊、气体保护焊、电渣焊和窄间隙埋弧焊等。其中以埋弧焊应用最为广泛，它通常由埋弧焊机或机头与焊接操作机和焊接滚轮架相互配合来完成。焊接时，置于操作机上的焊机或机头固定不动，由焊接滚轮架带动筒体旋转。

环缝埋弧焊技术与筒节纵缝埋弧焊技术类似。为了保证焊接质量，可将电焊条电弧焊打底，改为氩弧焊打底，这样，既可避免电焊条电弧焊打底时在焊缝根部易产生缺陷，又可免去劳动强度较大的清理焊根工作。

环缝焊接的容器直径小于 2 000 mm 时，如焊丝所处位置不当，将会造成焊缝成形不良。为了防止上述问题的产生，环缝焊接时，焊机机头所处的位置要有一个提前量，其值应在环缝最高点或最低点前移 30～50 mm，如图 11.20 所示。这样可使熔池大致在水平位置凝固，以得到正常成形的焊缝。

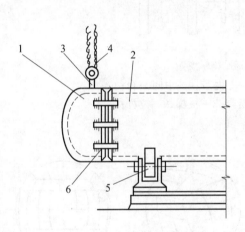

图 11.19　封头简易装配图
1—封头；2—筒体；3—吊耳；
4—吊钩；5—滚轮架；6—固定板

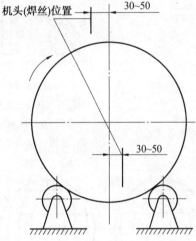

图 11.20　环缝焊接时机头所处位置

7. 总装配焊接

总装配焊接之前对环缝进行无损检测，按规定，容器封头拼接焊缝、环缝和纵缝等对接焊缝应采用射线探伤，执行《承压设备无损检测》（JB/T4730—2005）标准。检测合格后即可加工各种孔（人孔除外）并装配法兰、管件和支座等附件。

11.2.3　球形容器的制造

钢制球形储罐的设计、制造、组焊、检验与验收的要求参见《钢制球形储罐》（GB 12337—1998）。

1. 球形容器的结构及特点

（1）球罐的结构形式

球罐主要由球瓣、立柱、拉杆、底盘、梯子等部分组成，如图 11.21 所示。其中球瓣又分为橘瓣式、足球瓣式、混合瓣式,如图 11.22 所示。

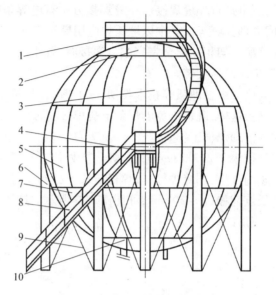

图 11.21 典型球罐结构示意图

1—顶部平台;2—上极板;3—上温带;4—中间平台;
5—赤道带;6—柱脚;7—下温带;8—扶梯;9—拉杆;
10—下极板

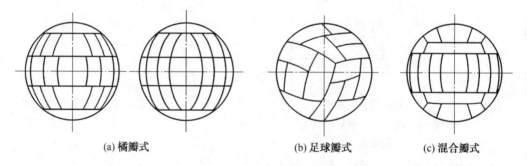

(a) 橘瓣式   (b) 足球瓣式   (c) 混合瓣式

图 11.22 常见球壳板结构分割形式

(2)球形容器的特点

球形容器(俗称球罐)与圆柱形容器相比,具有以下特点:

①表面积小,即在容积相同的条件下,球形容器表面积最小,节省材料。

②壳板的承载能力比圆柱形容器大一倍,即在直径和应力相等的条件下,球形容器的板厚只是圆柱形容器的一半。

③占地面积小,且可向空中发展,有利于地表面的利用。

④基础工程量少,维修、保养简单。

⑤造型美观。

⑥球壳板加工困难。

⑦焊接工艺复杂,要求严格。

因此,球罐的制作技术比单层卷焊圆柱形容器要难得多,要求也高得多。球罐散装法现场施工工艺流程如图 11.23 所示。

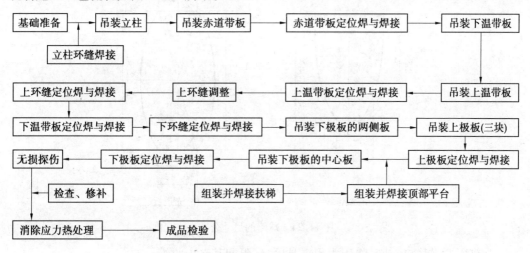

图 11.23 球罐散装法现场施工工艺流程

球瓣加工、组装和焊接是最重要的几道工序,对球罐的加工质量和生产效率影响极大。值得注意的是,球瓣出厂前必须在厂内进行预安装,以检验其尺寸和精度是否达到技术要求。

2.球瓣的加工

(1)对原材料的要求

若钢板的状态与使用状态相符则应按技术要求从每台球罐中取一块钢板进行拉伸、弯曲和常温冲击试验。当板厚大于 38 mm 时,按规定对钢板逐张进行超声波探伤。

(2)球瓣的成形

球壳为双曲面,是不可能在平面上精确展开的。因此,球瓣一次精确下料困难很大。通常先近似展开即下荒料,在压制成形后再进行二次切割。

多数球罐分为 5 带,即赤道带、南温带、北温带、南极板和北极板。

球瓣成形加工后球瓣的主要尺寸公差有(图 11.24):长度方向弦长±2.5 mm,对角线的长度±3 mm,两条对角线间的垂直距离≤5 mm,任意宽度方向上的弦长 b_1、b_2、b_3 均为±2.5 mm。

①热压成形工艺。

热压成形具有效率高、成形均匀、能保证钢材性能等优点。但由于冷却收缩不均匀,将直接影响球瓣的曲率精度,加热还带来氧化和烧损问题。为保证热压球瓣的精度,需要进行二次下料。

热压时注意事项有:

a.热压温度要严格控制,加热温度过高会造成脱碳和晶间氧化。保温时间要尽量短。始压温度应在大于材料 Ac3 以上某一适当的温度,终压温度不小于 500 ℃,以防止冷作硬化。

b.胎模球面曲率必须精确,下胎曲率尤为重要。

c.板材要求正火处理,如未处理可以用热压时的加热来代替正火处理。

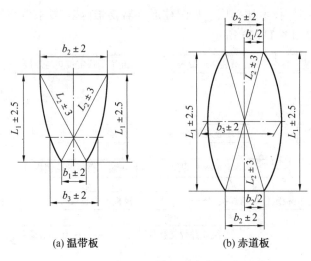

(a) 温带板　　　　　(b) 赤道板

图 11.24　球瓣的尺寸公差

d. 热压要平稳,冷却时将周边用夹具固定,限制其自由收缩。

②冷压成形工艺。

冷压成形方法分局部成形和点压成形,前者效率高但需较大功率的冲压设备,后者压延接触面积小,所需压力和设备的功率均小,但效率低。目前应用较多的还是点压成形法。图 11.25 为点压成形模具示意图。它是逐点、逐遍进行压制,加工时不能一次压到底,而要按不同顺序逐点、逐遍压制,如图 11.26 所示。

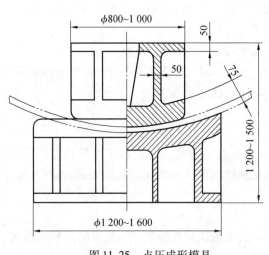

图 11.25　点压成形模具

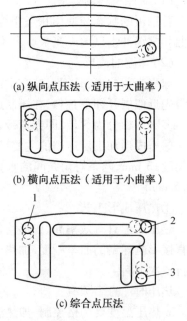

(a) 纵向点压法(适用于大曲率)

(b) 横向点压法(适用于小曲率)

(c) 综合点压法

图 11.26　点压成形法

1—第一遍压延轨迹;2—第二遍压延轨迹;3—第三遍压延轨迹

（3）球瓣坡口加工

球瓣成形后都要进行二次下料,用气割切去加工余量的同时开出坡口。球瓣的坡口加工后必须仔细检查表面质量和曲率。经着色和超声波检验,坡口表面不得有分层、裂纹或影响焊接质量的其他缺陷。检验合格后,在坡口上涂上防锈漆,焊接时不必除去。

3. 球罐的组装

出厂前要对加工后的球瓣进行预装配。

球罐在现场装配工艺方法很多,根据球罐的大小和施工条件可采用散装法和环带组装法等。

（1）散装法

散装法是将单片球瓣逐一组装成球体,它是国内应用最普遍的一种安装方法。分瓣散装法可以下寒带（或下温带）为基准和赤道带为基准（图 11.27）两种方式进行。

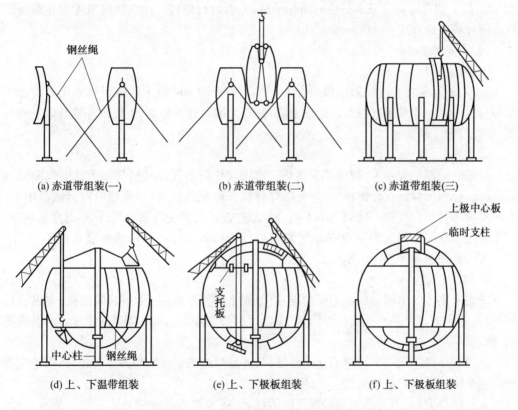

（a）赤道带组装(一)　　（b）赤道带组装(二)　　（c）赤道带组装(三)

（d）上、下温带组装　　（e）上、下极板组装　　（f）上、下极板组装

图 11.27　以赤道带为基准的散装法

分散组装法的优点:对施工设备要求低,不需要大型平台、大型滚轮架及起吊设施。

分散组装法的缺点:安装精度较差,且焊缝为全位置焊接,对焊接技术要求高,劳动强度大。

（2）环带组装法

环带组装法是先分别装焊好各环带（如赤道带、温带等）,再用积木式合拢各环带及两极板。此种方法适合在工厂内制造施工。

4. 球罐的焊接

球罐的焊接方法主要取决于其组装方法、焊接设备和现场施工条件。目前,国内球罐制造中常用的母材有低碳钢、16MnR、15MnVR 和 15MnVNR。常用的焊接方法是电焊条电弧焊和埋弧自动焊,前者在现场焊接尤为普遍。另外,在条件允许的情况下也可以采用气电焊进行球罐的焊接,如采用半自动 CO_2 气体保护焊可代替焊条电弧焊;可用自动 MIG 或 MAG 焊进行球罐纵缝的焊接,并可由药芯焊丝代替实芯焊丝。

为防止焊接变形、缓和残余应力、防止裂纹的产生,应在充分进行工艺评定基础上,选择正确的焊接材料,确定合理的焊接顺序和焊接工艺参数,采取必要的预热和焊后热处理措施等,即制定一套完整的电弧焊工艺。

(1)施焊环境

施焊现场若出现雨雪天气、风速超标(大于 8 m/s)、环境温度低于 -5 ℃和相对湿度在 90%以上情况时必须采取适当的防护措施,方能进行焊接。注意环境温度和相对湿度应在距球罐表面 500 ~ 1 000 mm 处测得。

(2)焊前准备

①焊接坡口。

壁厚 18 mm 以下钢板采用单面 V 形坡口,壁厚 20 mm 以上的钢板多采用不对称 X 形坡口。一般赤道带和下温带环缝以上的焊缝,大坡口开在里面;下温带环缝及以下的焊缝,大坡口开在外面。

②预热。

球罐的壁厚一般较大,焊前要求预热。常用液化石油气或天然气作为球罐焊前预热的热源。焊内侧焊缝在外侧预热,焊外侧焊缝则在内侧预热,预热火焰应对准坡口中心。预热温度因材质和规格不同而有所不同,壁厚越大、母材强度级别越高,预热温度也越高,但不超过 200 ℃。温度测量点在距焊缝中心线 50 mm 处,每条焊缝测温点应不少于 3 对。焊接高强钢球罐不能中断预热。

(3)焊接工艺

采用散装法的球罐是以赤道带为准,故原则上焊接顺序是:由中间向两极,先纵缝后环缝,先外后里。为了使焊接收缩均匀,应以对称焊为原则,因此对同一带的各条纵缝要同时焊接。

纵缝和环缝一般都采用单道摆动多层焊,各层焊缝的引弧和熄弧点应错开,以免交界处产生缺陷。所有焊缝均采用分段逆向焊接。

在外侧焊完后,内侧必须用碳弧气刨清根,要将未焊透及根部缺陷等全部清除,并用磨光机磨去碳弧气刨的硬化层,经磁粉或着色检验合格才可预热、焊接。

(4)消除应力处理

球罐焊后要进行整体或局部消除应力处理,其方法有:

①温水超载试验消除法。

②低温度场应力消除法。

③爆炸法。

④红外线加热局部热处理。

⑤内部整体加热热处理等。

内部整体加热热处理技术：将球罐本身作为一个燃烧炉，借助于底部开口（人孔）安装喷火嘴，以燃油或液化石油气为燃料，热处理前球罐外部包覆保温材料如细纤维玻璃棉等，然后进行内部加热热处理。

11.3 船体的焊接生产

11.3.1 船舶结构的类型及特点

船舶是一座水上浮动结构物，作为其主体的船体则由一系列板架相互连接而又相互支持构成的。船体结构的组成及其板架简图如图11.28所示。

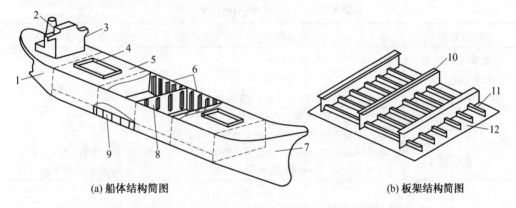

(a) 船体结构简图　　　　　　　　(b) 板架结构简图

图11.28 船体结构的组成及其板架简图
1—尾部；2—烟囱；3—上层建筑；4—货舱口；5—甲板；6—舷侧；
7—首部；8—横舱壁；9—船底；10—桁材；11—骨材；12—板

1.船舶板架结构的类型及使用范围

船体板架结构的类型及特征见表11.1。

表11.1 船体板架结构的类型及特征

板架类型	结构特征	适用范围
纵向骨架式	板架中纵向（船长方向）构件较密、间距较小，而横向（船宽方向）构件较稀、间距较大	大型油船的船体；大中型货船的甲板和船底；军用船舶的船体
横向骨架式	板架中横向构件较密、间距较小，而纵向构件较稀、间距较大	小型船舶的船体，中型船舶的弦侧、甲板，民船的首尾部
混合骨架式	板架中纵、横向构件的密度和间距相差不多	除特种船舶外，很少使用

2.船体结构的特点

①零部件数量多。

②结构复杂、刚性大。

③钢材的加工量和焊接工作量大。各类船舶的船体钢材质量和焊缝长度见表11.2。

④使用的钢材品种少。各类船舶所使用的钢材见表11.3。

表11.2 各类船舶的船体钢材质量和焊缝长度

船舶类型	载重量/t	主尺度/m			船体钢材质量/t	焊缝长度/km		
		长	宽	深		对接	角接	合计
油　船	88 000	226	39.4	18.7	13 200	28.0	318.0	346.0
油　船	153 000	268	53.6	20.0	21 900	48.0	437.0	485.0
汽车运输船	16 000	210	32.2	27.0	13 000	38.0	430.0	468.0
集装箱船	27 000	204	31.2	18.9	11 100	28.0	331.0	359.0
散装货船	63 000	211	31.8	18.4	9 700	22.0	258.0	280.0

表11.3 各类船舶使用的钢材种类

船舶类型	使用钢种	备　　注
一般中小型船舶	船用碳钢	
大中型船舶、集装箱船和油船	船用碳钢 $\sigma_s = 320 \sim 400$ MPa 船用高强度钢	用于高应力区构件
化学药品船	船用碳钢和高强度钢 奥氏体不锈钢、双相不锈钢	用于货舱
液化气船	船用碳钢和高强度钢,低合金高强度钢0.5Ni、3.5Ni、5Ni 和9Ni 钢,36Ni、2Al2 铝合金	用于全压式液罐、半冷半压和全冷式液罐和液舱

11.3.2 船舶结构焊接的工艺原则

①船体外板、甲板的拼接焊缝,一般应先焊横向焊缝(短焊缝),后焊纵向焊缝(长焊缝),如图11.29 所示。对具有中心线且左右对称的构件,应该左右对称地进行焊接,最好是偶数个焊工同时进行,避免构件中心线产生移位。

②构件中如果同时存在对接缝和角接缝时,则应先焊对接缝,后焊角接缝。如果同时存在立焊缝和平焊缝,则应先焊立焊缝,后焊平焊缝。

③凡靠近总段和分段合拢处的板缝和角焊缝应留出200～300 mm 暂不焊,以利于船台装配对接,待分段、总段合拢后再进行焊接。

④手工焊时长度小于等于1 000 mm 可采用连续直通焊,大于等于1 000 mm 时采用分中逐步退焊法或分段逐步退焊法。

⑤在结构中同时存在厚板与薄板构件时,先焊收缩量大的厚板多层焊,后焊薄板单层焊缝。多层焊时,各层的焊接方向最好要相反,各层焊缝的接头应互相错开,或采用分段退焊法。焊缝的接头不应处在纵横焊缝的交叉点。

⑥刚性较大的接缝,如立体分段的对接接缝(大接头),焊接过程不应间断,应力求迅速连续完成。

⑦分段接头T形、十字形交叉对接焊缝的焊接顺序:T字形对接焊缝可采用直接先焊好横焊缝(立焊),后焊纵焊缝(横焊),如图11.30(a)所示。也可以采用图11.30(b)所

示的顺序,在交叉处两边各留出 200 ~ 300 mm,待以后最后焊接,这可防止在交叉部位由于应力过大而产生裂缝。同样焊缝叉开的丁字形交叉对接焊缝的焊接顺序如图 11.30(d)所示。十字形对接焊缝的焊接顺序如图 11.30(c)所示。

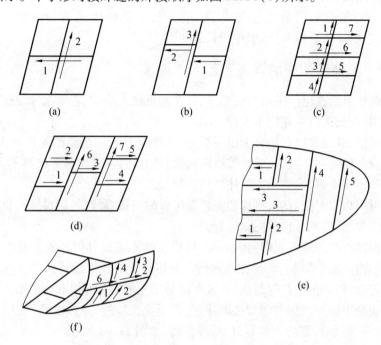

图 11.29 拼接焊缝的焊接顺序

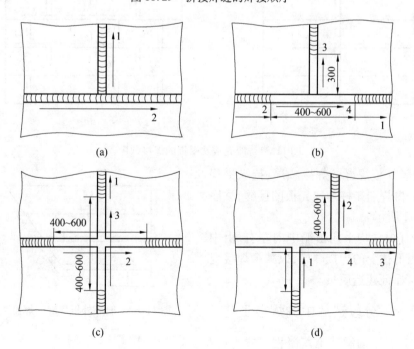

图 11.30 T 字形、十字形交叉对接焊缝的焊接顺序示意图

⑧船台大合拢时,先焊接总段中未焊接的外扳、内底板、舷侧板和甲板等的纵向焊缝。同时焊接靠近大接头处的纵横构架的对接焊缝。接着焊接大接头环形对接焊缝,最后焊接构架与船体外板和甲板的连接角焊缝。

有关船体的建造和安装工艺参见《船舶工艺术语船体建造和安装工艺》(GB/T 12924—2008),船体的焊接参见《船舶焊接手册》。

11.3.3　整体造船中的焊接工艺

整体造船法目前在船厂中用得较少,只有在起重能力小、不能采用分段造船法和中小型船厂才使用,一般适用于吨位不大的船舶。

整体造船法,就是直接在船台上由下至上,由里至外先铺全船的龙骨底板,然后在龙骨底板上架设全船的肋骨框架、舱壁等纵横构架,最后将船板、甲板等安装于构架上,待全部装配工作基本完毕后,才进行主船体结构的焊接工作。

①先焊纵横构架对接焊缝,再焊船壳板及甲板的对接焊缝,最后焊接构架与船壳板及甲板的连接角焊缝,前两者也可同时进行。

②船壳板的对接焊缝应先焊船内一面,然后在外面碳弧气刨扣槽封底焊。甲板对接焊缝可先焊船内一面(仰焊),反面刨槽进行平对接封底焊或采用埋弧焊。也可采用外面先焊平对接焊缝,船内刨槽仰焊封底,或者直接采用先进的单面焊双面成形工艺。

③船壳板及甲板对接焊缝的焊接顺序是:若是交叉接缝,先焊横缝(立焊),后焊纵缝(横焊);若是平列接缝,则应先焊纵缝,后焊横缝,如图11.31所示。

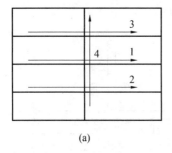 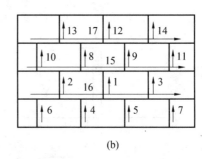

(a)　　　　　　　　　　　(b)

图11.31　船壳板及甲板的焊接顺序

④船艏外板焊缝的焊接顺序:待纵横焊缝焊完后,再焊船艏柱与船壳板的接缝,顺序如图11.32所示。

⑤所有焊缝均采用由船中向左右,由中向艏艉,由下往上的焊接顺序,以减少焊接变形和应力,保证建造质量。

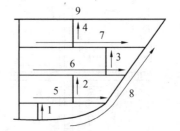

图11.32　船艏外板焊缝的焊接顺序

11.3.4　分段造船中的焊接工艺

分段造船法的制造工艺流程一般为:钢材下料(切割焊接坡口)→加工成形→拼板焊接→成形→小合拢(T形排焊接,平面构架焊接)→中合拢(分段焊接)→大合拢(船台装焊)→下水。

1. 备料加工

钢材下料是按下料草图或软件程序,将钢板、型钢等加工成零件。大型船厂多采用数控和机械化(半自动)切割机进行切割下料,其切口精度高,并可按要求同时切割出焊接坡口。尽可能将坡口加工与下料同时进行,这样既可提高效率,又可以保证坡口加工精度。

2. 拼板焊接

大型造船厂常用的拼板焊接方法有 3 种:

(1)龙门架埋弧焊

龙门架埋弧焊可进行厚度为 3～35 mm 的平板对接。16 mm 厚度以下的钢板采用 I 形坡口,直接对接;厚度为 17～35 mm 的钢板采用开坡口的对接接头。

(2)三丝埋弧焊

单面焊双面成形的三丝埋弧焊是拼板流水生产线的关键工序之一,其生产率高,焊接质量稳定。

(3)胎架拼板

在船体分段建造中,通常需将多张曲形板进行拼焊,为保证拼板的圆滑,要求在胎架上进行拼焊(图 11.33)。焊接可采用单面 CO_2 气体保护焊、双面埋弧焊或 CO_2 气体保护焊打底、埋弧焊盖面的组合工艺。

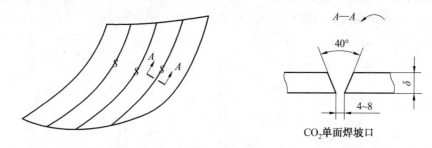

图 11.33 曲形板在胎架上的拼焊

3. 组件焊接

组件合拢是将零件组焊成简单的部件。船舶结构中的零件有 T 形排及平面构架。

(1)T 形排的焊接

T 形排焊接时应先焊非定位边,从中间向两边分段退焊。对于可能产生较大焊接变形的 T 形排,可增加临时支撑来刚性固定或将面板轧制出反变形。

(2)平面构架的焊接

平面构架一般由钢板和型钢(或 T 形排)组焊而成,其中包括上层建筑围壁、各种平台板、纵横隔舱壁等。平面构架的焊接应尽量采用 CO_2 气体保护焊,以减少波浪变形;焊接顺序应采取对称、分段退焊。某些组件要求端部留出 200 mm 的缓焊区,以利于分段组装时方便对准组件,如图 11.34 所示。

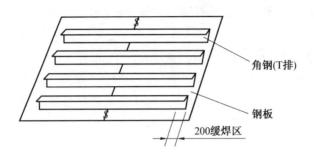

图 11.34 平面构架的焊接顺序

4. 分段焊接

分段焊接包括甲板分段焊接、舷侧分段焊接、舱壁分段焊接、双层底分段焊接等。在此以双层底分段焊接为例介绍船体分段焊接过程。

双层底分段是由船底板、内底板、肋板、中衍板(中内龙骨)、旁衍材(傍内龙骨)和纵骨组成的小型立体分段。根据双层底分段的结构和钢板的厚度不同,有两种建造方法。一种是以内底板为基面的"倒装法",对于结构强、板厚的或单一生产的船舶,多采用"倒装法"建造;另一种是以船底板为基面的"顺装法",它在胎架上建造,能保证分段的正确线型。

(1)"倒装法"的装焊工艺

①在装配平台上铺设内底板进行拼焊。

②在内底板上装配中衍材、旁衍材和纵骨。定位焊后,用重力焊或 CO_2 气体保护焊等方法,进行对称平角焊。内底板与纵向构件的焊接顺序如图 11.35 所示。或者暂不焊接,等肋板装好一起进行手工平角。

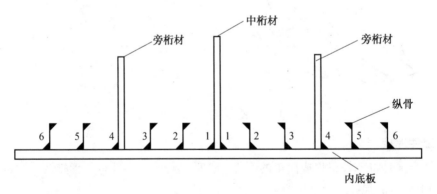

图 11.35 内底板与纵向构件的焊接顺序

③在内底板上装配肋板,定位焊后,手工电弧焊或 CO_2 气体保护焊焊接肋板与中衍材、旁衍材的立角焊,其焊接顺序如图 11.36 所示,然后焊接肋板与纵骨的角焊缝。

④焊接肋板、中衍材、旁衍材与内底板的平角焊,焊接顺序如图 11.37 所示。

⑤在内底构架上装配船底板,定位焊后,焊接船底板对接内缝(仰焊);内缝焊毕,外缝碳刨清根封底焊(尽可能采用埋弧焊)。但有时为了减轻劳动强度,也可采用先焊外缝,翻转碳刨清根后再焊内缝(两面都是平焊),焊接顺序如图 11.38 所示。

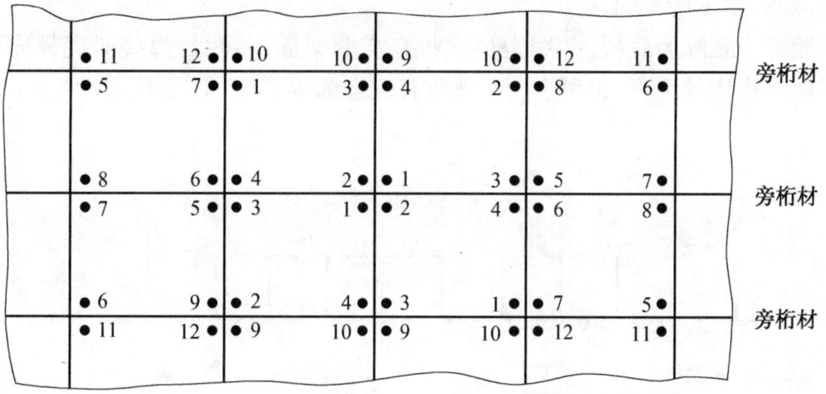

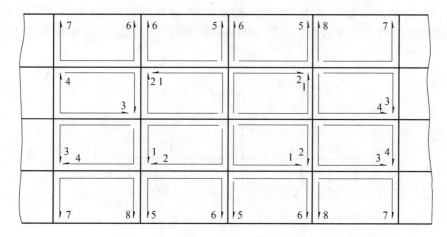

图 11.36　内底板分段立角焊的焊接顺序

图 11.37　内底板分段平角焊的焊接顺序

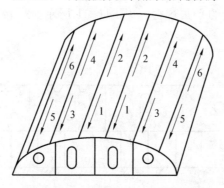

图 11.38　船底外板对接焊的焊接顺序

⑥为了总段装配方便,只焊船底板与内底板的内侧角焊缝,外侧角焊缝待总段总装后再焊。

⑦分段翻转,焊接船底板的内缝封底焊(原来先焊外缝),然后焊接船底板与肋板、中衍材、旁衍材、纵骨的角焊缝,其焊接顺序参照图 11.37。

（2）"顺装法"的装焊工艺

①在胎架上装配船底板，并用定位焊将它与胎架固定，然后焊接船底板内侧对接焊缝。如果船底板比较平直，也可采用手弧焊打底埋弧焊盖面，如图 11.39 所示。

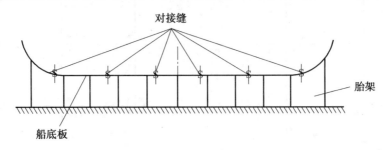

图 11.39　船底外板在胎架上进行对接缝焊接

②在船底板上装配中衍材、旁衍材、船底纵骨，定位焊后，用自动角焊机或重力焊、CO_2 气体保护焊等方法进行船底板与纵向构件的角焊焊缝，如图 11.40 所示。焊接顺序参照图 11.35。

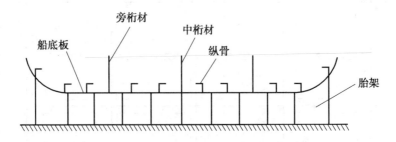

图 11.40　船底外板与纵向构件角焊缝的焊接

③在船底板上装配肋板，定位焊后，先焊肋板与中衍板、旁衍板、船底纵骨的立角焊，然后再焊接肋板与船底板的平角焊缝，如图 11.41 所示。焊接顺序参照图 11.36 和图 11.37。

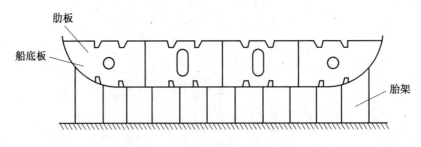

图 11.41　船底外板与肋板的焊接

④在平台上装配焊接内底板，对接缝采用埋弧焊。焊完正面焊缝后翻转，并进行反面焊缝的焊接。焊接顺序参照图 11.37。

⑤在内底板上装配纵骨，并用自动角焊机或重力焊焊接纵骨与内底板的平角焊缝。

⑥将内底板平面分段吊装到船底构架上，并用定位焊将它与船底构架、船底板固定，

如图 11.42 所示。

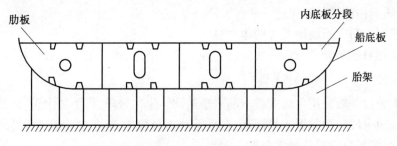

图 11.42　将内底板平面分段吊装到船底构架上

⑦将双层底分段吊离胎架,并翻转后焊接内底板与中衍材、旁衍材、船底板的平角以及焊接船底板对接焊缝的封底焊。

"顺装法"的优点是安装方便,变形小,能保证底板有正确的外形。缺点是在胎架上安装,成本高,不经济。"倒装法"的优点是工作比较简便,可直接铺在平台上,减少胎架的安装,节省胎架的材料和缩短分段建造周期。缺点是变形较大,船体线型较差。

5. 平面分段总装成总段的焊接

在建造大型船舶时,先在平台上装配焊接成平面分段,然后在船台上或车间内分片总装成总段,如图 11.43 所示。最后再吊上船台进行总段装焊(大合拢)。平面分段总装成总段的焊接工艺如下:

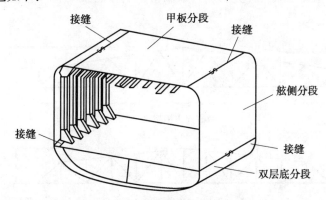

图 11.43　平面分段总装成总段

①为了减小焊接变形,甲板分段与舷侧分段、舷侧分段与双层底分段之间的对接缝,应采用"马"板加强定位。

②由成对(偶数个)焊工对称地焊接两侧舷侧外板分段与双层底分段对接缝的内侧焊缝。焊前应根据板厚开设特定坡口,采用手工电弧焊或加衬垫 CO_2 气体保护焊,焊时采用分中分段退焊法。

③焊接甲板分段与舷侧分段的对接缝。在采用手工焊时,先在接缝外面开设 V 形坡口,进行手工平焊,焊完后,内面碳刨清根,进行手工仰焊封底;也可以采用接缝内侧开坡口手工焊仰焊打底,然后在接缝外面采用埋弧焊。有条件可以直接采用加衬垫的 CO_2 气体保护焊单面焊双面成形工艺方法。

④焊接肋骨与双层底分段外板的角接焊缝,焊完后焊接内底板与外底板的外侧角焊缝,以及肘板与内底板的角焊缝。

⑤焊接肘板与甲板或横梁间的角焊缝。

⑥用碳刨将舷侧分段与双层底分段间外对接缝清根,进行手工封底焊接。

6. 大合拢

船体大合拢一般采用单岛式或双岛式建造法。定位分段,可不留余量,后接留余量端的分段与定位分段。为缩短造船周期,在平行舯体分段中,除嵌补分段外,其余可实现无余量上船台,艏艉分段可部分无余量上船台。

大合拢焊接顺序为:先焊外板、甲板焊缝,再焊内底板、斜板焊缝,最后焊接构架及角焊缝。焊接过程中应注意对称施焊。

11.4　桁架的焊接生产

11.4.1　桁架的结构特点及技术要求

桁架是主要用于承受横向载荷的梁类结构,可以作为机器骨架及各种支承塔架,特别在建筑方面尤为广泛,其结构如图 11.44 所示。

一般来说,当构件承载小、跨度大时,采用桁架制作的梁具有节省钢材、质量轻、可以充分利用材料的优点。

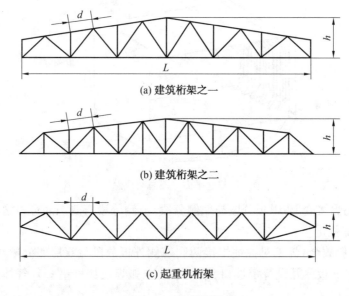

(a) 建筑桁架之一

(b) 建筑桁架之二

(c) 起重机桁架

图 11.44　大跨距桁架

(1)桁架的结构特点

①呈平面结构或由几个平面桁架组成空间构架。

②杆件多,焊缝多而且短,难以采用自动化焊接方法。

③整体看来,对称于长度中心;在受力平面内有较大的刚度,在水平平面内,刚度小,易变形,特别容易弯曲。

(2)桁架的技术要求

①节点处是汇交力系,为保证桁架的平衡,要求各元件中心线或重心线要汇交于一点。

②各片桁架要求保证高度、跨度,特别是连接及安装接头处。

③要求保证挠度,防止扭曲。

(3)型钢桁架节点结构分析

为了保证桁架结构的强度和刚度:桁架杆件截面所用的型钢种类越少越好。杆件所用角钢一般不小于 50 mm×50 mm×5 mm,钢板厚度不小于 5 mm,钢管壁厚不小于 4 mm。杆件截面宜用宽而薄的型钢组成,以增大刚度。

从桁架的技术要求及生产工艺看,分析桁架节点结构的主要目的是:防止在节点处产生附加力矩及减少节点处应力集中。图 11.45 所示为屋顶桁架 A 处节点结构设计的 4 种形式,参见《钢结构焊接规范》(GB 50661—2011)。

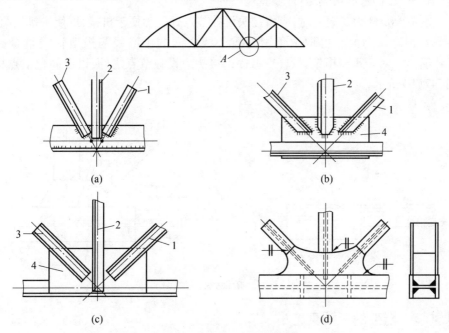

图 11.45　几种节点结构形式比较

图 11.45(a)中节点的几何中心线不重合,将产生附加力矩,同时件 1、2、3 间距小,使施焊比较困难。图 11.45(b)中节点的几何中心线重合,附加力矩小,但型钢 1、3 与件 4 的过渡尖角大,易在尖角处形成应力集中。

为使焊缝不致太密集,又有足够长度以满足强度要求,桁架节点处应多设置节点板,如图 11.45(b)、(c)、(d)所示。原则上桁架节点板越小越好;节点结构形式越简单,切割次数越少越好;最好用矩形、梯形和平行四边形的节点板。

要使型钢桁架节点结构合理,必须要做到以下几点:

①杆件截面的重心线应与桁架的轴线重合,在节点处各杆应汇交于一点。

②桁架杆件宜直切或斜切,不可尖角切割。如图11.46(a)、(b)、(c)所示切割形状较好,图11.46(d)不宜采用。

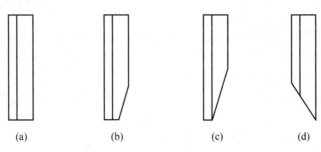

图11.46　桁架杆件的切割

③铆接结构中桁架的节点必须采用节点板,焊接桁架可有可无节点板。当采用节点板时其尺寸不宜过大,形状应尽可能简单。

④角钢桁架弦杆为变截面时,应将接头设在节点处。为便于拼接,可使拼接处两侧角钢肢背平齐。为减小偏心可取两角钢的重心线之间的中心线与桁架轴线重合,如图11.47(a)所示。对于重型桁架,弦杆变截面的接头应设在节点之外,以便简化节点构造,如图11.47(b)所示。

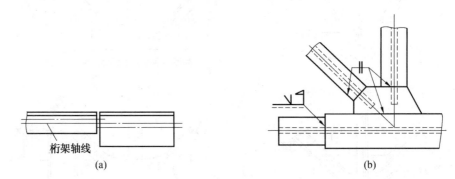

图11.47　桁架弦杆变截面

11.4.2　桁架的装配工艺

在工厂生产中,桁架的装配工时占全部制造工时的比例很大,这将严重影响生产率的提高。桁架的装配方法有下列4种:

(1)放样装配法

放样装配法是指在平台上划出各杆件位置线,之后安放弦杆节点板、竖杆及撑杆等,点固并焊接。这种方法适用于单件或小批生产,生产率低。

(2)定位器装配法

定位器装配法是指在各元件直角边处设置定位器及压夹器。按定位器安放各元件,点固并焊接。这种方法适于成批生产,降低了对工人技术水平的要求,提高了生产率。

（3）模架装配法

首先采用放样装配法制出一片桁架，将其翻转 180°作为模架，之后将所要装配的各元件按照模架位置安放并定位。在另一工作位置焊接，而模架工作位置上可继续进行装配。这种装配方法，也称为仿形复制装配法，其精度较定位器法差。如将模架法与定位器法结合使用，效果将更好。

（4）按孔定位装配法

这种方法适用于装配屋架，如图 11.48 所示。装配时，先定位各带孔的连接板，这就确定了上下弦杆的位置，并且保证了整个桁架的安装连接尺寸。其他节点处如果有水平桁架而带孔的，仍按孔定位；无孔的，则用垫铁或挡铁定位。

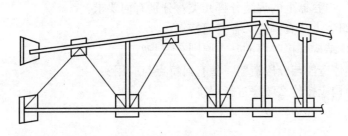

图 11.48　屋架图

11.4.3　桁架的焊接工艺

桁架焊接时的主要问题是挠度和扭曲。由于桁架仅对称于其长度中心线，故焊缝焊完后将产生整体挠度（对于单片式桁架，可能有超出平面的水平弯曲）；在上下弦杆节点之间，也可能产生小的局部挠度。由于长度大，焊缝不对称等因素也可能产生扭曲。所有这些变形都将影响其承载能力。因此，桁架在装配焊接时，要求支承面要平，尽量在夹固状态下进行焊接。

为了保证焊接质量和减少焊接变形，桁架制造时可遵从下列原则：

①从中部焊起，同时向两端支座处施焊。

②上下弦杆同时施焊为宜。

③节点处焊缝应先焊端缝，再焊侧缝，如图 11.49 所示。焊接方向应从外向内，即从竖杆引向弦杆处。

④焊接节点时，应先竖后斜（按图 11.49中 1、2、3 次序）；两端侧缝也可按 I 杆形式焊接，但在焊接焊缝 1 时，焊缝 2 应事先点固，以防变形。焊后变形量超过技术要求时，应选用火焰矫正法进行矫正。

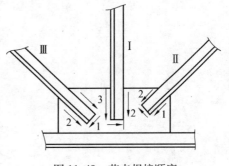

图 11.49　节点焊接顺序

思 考 题

1. 桥式起重机的桥架由哪些主要部件组成？各部件的结构有什么特点？

2. 分析桥式起重机主梁及端梁制造的工艺要点。

3. 箱形主梁的上拱度可否采用焊后加热梁的下部来完成？为什么？

4. 箱形主梁纵向主焊缝的焊接顺序方案如何确定？

5. 压力容器有哪些类型？Ⅰ、Ⅱ、Ⅲ类压力容器是如何划分的？

6. 圆筒形压力容器有哪些主要部件？为什么压力容器制造必须严格执行国家标准？

7. 圆筒形压力容器上的焊缝分哪几类？分别有何要求？

8. 球罐的组装方法有哪些？各有何特点？

9. 制定船体结构焊接顺序的基本原则有哪些？

10. 何谓整体造船与分段造船？各有何特点与应用？

11. 桁架结构应按什么顺序进行焊接？

参考文献

[1] 林尚扬.我国焊接生产现状与焊接技术的发展[J].船舶工程,2005,27:15-24.

[2] 高魁玉.焊接技术的现状和发展趋势综述[J].现代焊接,2007,49(1):8-9.

[3] 王鸿斌.船舶焊接工艺[M].北京:人民交通出版社,2002.

[4] 邢晓琳.焊接结构生产[M].北京:化学工业出版社,2002.

[5] 田锡唐.焊接结构[M].北京:机械工业出版社,1996.

[6] 邓洪军.焊接结构生产[M].2版.北京:机械工业出版社,2010.

[7] 周浩森.焊接结构生产及装备[M].北京:机械工业出版社,2008.

[8] 王云鹏.焊接结构生产[M].2版.北京:机械工业出版社,2010.

[9] 赵熹华.焊接方法与机电一体化[M].北京:机械工业出版社,2001.

[10] 宗培言.焊接结构制造技术与装备[M].北京:机械工业出版社,2007.

[11] 陈裕川.焊接工艺评定手册[M].北京:机械工业出版社,2000.

[12] 吴金杰.焊接工程师专业技能入门与精通[M].北京:机械工业出版社,2009.

[13] 李亚江,王娟,刘鹏.焊接与切割操作技能[M].北京:化学工业出版社,2005.

[14] 程绪贤.金属的焊接与切割[M].东营:石油大学出版社,1995.

[15] 李莉.焊接结构生产[M].北京:机械工业出版社,2009.

[16] 贾安东.焊接结构与生产[M].北京:机械工业出版社,2007.

[17] 郑宜庭,黄石生.弧焊电源[M].3版.北京:机械工业出版社,2003.

[18] 黄石生.弧焊电源及其数字化控制[M].北京:机械工业出版社,2006.

[19] 张建勋.现代焊接生产与管理[M].北京:机械工业出版社,2006.

[20] 黄正闫.焊接结构生产[M].北京:机械工业出版社,1991.

[21] 曾明彬.ISO9001:2008标准图解快易通[M].广州:广东经济出版社,2009.

[22] 凯达国际标准认证咨询有限公司.ISO9001质量管理体系的理解与运作[M].北京:中国电力出版社,2008.

[23] 戴建树.焊接生产管理与检测[M].北京:机械工业出版社,2011.

[24] 吴金杰.焊接生产管理[M].北京:高等教育出版社,2009.

[25] 李亚江,刘强,王娟.焊接质量控制与检验[M].北京:化学工业出版社,2006.

[26] 杨泗霖.焊接安全[M].2版.北京:中国劳动社会保障出版社,2006.

[27] 赵熹华.焊接检验[M].北京:机械工业出版社,1993.

[28] 王国凡.钢结构焊接制造[M].北京:化学工业出版社,2004.

[29] 陈倩清.船舶焊接工艺学[M].哈尔滨:哈尔滨工程大学出版社,2005.